景观设计新视点·新思维·新方法丛书 | 丛书主编 **朱淳** 丛书执行主编 **闻晓菁**

张毅 陈新生 编著

景观设计表现与电脑技法

SKETCH AND COMPUTER TECHNIQUES OF LANDSCAPE DESIGN

·北京·

内容提要

本书的编写参照各高校环境及景观设计专业课程设置情况而进行。在景观设计过程中，设计的思维过程与表现通常通过徒手或电脑来表达，徒手绘画与电脑软件的运用，是一个合格的景观设计师不可或缺的技能。本书编写的宗旨是将这两种技能的运用有机地结合在一起学习与应用。本书通过新颖的电脑景观设计案例、更注重构想表达的手绘方式的步骤分解以及有机结合的实战应用，完整地阐述景观设计的构思是如何通过这两种方式表达的。

本书适用于景观及环境设计专业的学生，对建筑、景观设计的从业者具有现实的指导与借鉴意义。

图书在版编目(CIP)数据

景观设计表现与电脑技法 / 张毅, 陈新生编著. —北京：化学工业出版社, 2015.10
（景观设计新视点·新思维·新方法丛书 / 朱淳丛书主编）
ISBN 978-7-122-24969-2

Ⅰ.①景… Ⅱ.①张… ②陈… Ⅲ.①景观设计－绘画技法－计算机辅助设计 Ⅳ.①TU986.2

中国版本图书馆CIP数据核字(2015)第196064号

责任编辑：徐　娟　　　　装帧设计：闻晓菁
　　　　　　　　　　　　封面设计：邓岱琪

出版发行：化学工业出版社（北京市东城区青年湖南街13号　邮政编码100011）
印　　装：北京瑞禾彩色印刷有限公司
889mm×1194mm　1/16　印张 10　字数 250千字　2015年11月北京第1版第1次印刷

购书咨询：010-64518888（传真：010-64519686）售后服务：010-64518899
网　　址：http://www.cip.com.cn
凡购买本书，如有缺损质量问题，本社销售中心负责调换。

定　　价：58.00元

丛书序

“景观学”是一门新的学科概念。作为一门与环境和艺术相关的设计学科，它又是一门实践性、艺术性很强的应用性学科；同时作为专业学科也涵盖了众多基础学科和边缘学科，以至于很难用简短的文字，清晰、完整地表达它所涉及的所有学科领域概念和发展历史。景观学又常被译为景观建筑学（Landscape Architecture），其实它是一门与建筑学（Architecture）、城市规划学（Urban Planning）并列，而不是从属的学科，虽然容易给人造成的印象它是建筑学的一部分，或是建筑学一门新的分支学科。尽管景观现象的构成，建筑在其中起了重要的作用，但它在专业起源、学科内容以及研究领域等诸多方面都不是建筑学所能包涵的。另一方面，通常被认为与之相近的传统园林学也因为其相对狭窄的学科领域，而并不能完全与之对应。因此，目前国人对这门尚属陌生、边界并很不清晰的学科有着不同的解读和理解，从而衍生出对这一学科的内涵与外延不同的理解。这些学科内涵与外延理解上的差异也同样反映在各专业院校相关专业课程的设置上：各院校在景观设计专业的课程设置上，有的沿袭了原有园林专业的课程，侧重于传统园林景观营造及城市公园设计等的微观层面上；有的参照发达国家，尤其是美国等高校中景观学科的特点，将专业教学的重点置于国土规划与生态景观保护与开发的宏观层面上。本丛书希望从历史沿革及中国景观专业发展现状的角度出发，对景观艺术的学科内涵做一种较宽泛的解读，并希望能以更大的包容性来容纳这个学科的历史沿革、现有状况及未来发展的可能性。

作为设计学科之一，景观设计专业尚属新兴，可是它在每个国家都有着其古老历史和前身。人类的文明史，尤其是生存环境演变的历史，其实也是一门与景观艺术结缘的历史。作为人类生存环境的一种艺术形态，人们对景观艺术有不同的认识方面，因而也有不同的侧重：它可能是偏重自然生态的保护和繁衍；也可能偏重于城市建筑的空间感受；可能是结合历史文化地区的复兴或者农林园艺的美学；也可能被用于旅游经济的开发经营。这就是使景观学所涉及的学科基础变得非常庞杂的原因。事实上，景观艺术的历史也是一门与其他文明形态（如建筑、城市规划、园艺等）发展并行的历史，也正是这种丰富的内涵构成了景观艺术的魅力。同样，景观学也正是一门建立在诸多其他学科基础上的综合性学科。

本丛书的编纂正是基于这样一个前提之下。本丛书所包括的内容，既有从历史的角度来认识景观设计沿革，如《景观设计史图说》，也有基础知识知识与概念的入门，如《景观设计入门与提高》；既有从较宏观层面认识景观规划，如《自然景区规划与设计》，也有从微观层面开始进行的设计实践，如《城市居住区景观设计》；同时，丛书中还有一些书目涵盖了这个学科专业教学过程中的各项基础和技能，如《景观植物配置设计》、《景观设计表现与电脑技法》等，在此不一一列举。而本丛书与以往类似专业教材的另一个较大的区别在于：以往教材的编纂大多基于以“专业设计”这样一个大的范围，选择一些通用性强，普遍适用不同层次的课程，而忽略不同课程自身的特点，因而造成内容雷同，缺乏针对性；本丛书特别注重景观设计学科各领域在专业教学上的重点，同时更兼顾到各课程之间知识的系统性和教学进程的合理衔接，因而形成有针对性、系统性的教材体系。

在丛书书目的甄选上，我们参照了中国各大艺术与设计院校景观及环境设计专业的课程设置，并参照了国外著名设计院校相关专业的教学及课程设置方案。在内容的设置上也充分考虑到专业领域内的最新发展，并兼顾社会的需求。丛书涵盖了景观设计专业教学的大部分课程，并形成了相对完整的知识体系和循序渐进的教学梯度，能够适应大多数高校相关专业的教学。丛书在编纂上以课程教学过程为主导，以文字论述该课程的完整内容，同时突出课程的知识重点及专业的系统性，并在编排上辅以大量的示范图例、实际案例、参考图表及最新优秀作品鉴赏等内容，能够满足各高等院校环境设计学科景观设计专业教学的需求，同时也期望对众多的设计人员、初学者及设计爱好者有启发和参考作用。

本丛书的组织和编写得到了化学工业出版社的倾力相助。希望我们的共同努力能够为中国设计铺就坚实的基础，并达到更高的专业水准。

21世纪的中国，城市化进程迅猛，景观营造日新月异，设计学科任重道远，谨此纪为自勉。

朱 淳

2015年5月于上海

目录

contents

第1章　景观设计构想表达

手绘，指的是设计过程中徒手表达设计构想的绘画方法，通常也是设计专业学生学习设计的一个重要的环节；电脑设计，曾在相当长的时期内被称为“电脑辅助设计”，但随着其功能的不断完善和作用的变化，现在越来越多的场合称为“电脑设计”，指的是借助电脑与相应的设计软件，在设计过程中用以表达设计构想，记录相关设计信息，分析设计过程的一种方法。

手绘与电脑设计，作为设计构想的重要表达方式，对大多设计师并不陌生。手绘是构想最直接与最快速的图示方法，而电脑设计则是一种基于计算机技术、技术与设计方法相结合的构想表达方，这两者对于景观设计构想的表达与发展都起着重要的作用。

作为最为常用的两种设计表达方法，设计师们是否考虑过，手绘的目的究竟是什么？电脑辅助设计的优势究竟是什么？两者间的关系是独立存在的，还是紧密联系的？对于这些问题的探索，便是本章的重要组成部分，也是设计师运用手绘与电脑辅助设计前必须了解的问题。

1.1　构想表达与意义

1.1.1　认识构想表达

什么是设计构想表达？其实人们对它的理解各有不同，有人说设计是产生更新的点子，有人说设计是智慧的结晶，有人说设计是求不同，而还有人说设计在产生之前就是一团乱麻。是的，其实设计是一个复杂的过程，但也是一件十分有趣的事；设计的结论就如同一个目标，设计就是向着目标点的探索与寻找，并得出结论的过程。这就如同一个漫长的行程，必须努力经过每一个节点，最终才能到达目的地（图1-1）。

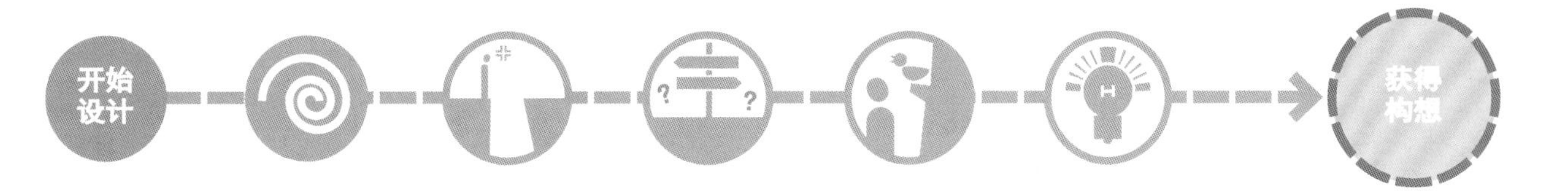

图1-1　构想表达过程
从开始设计，到获得构想，需经历一个复杂的过程，但这也是设计的有趣之处

设计是一个过程，是一个进行时态的表述，正如人们所常说的，世界上也许没有完美的设计，只有不断改进的构想。作为观者，可能只希望看到最后的成果，而作为一名合格的设计师，更应注这个过程，注重整体的思维。

而常见的景观手绘或电脑设计书往往忽略了这个过程的训练与讲解，仅将内容定位为手上功夫或电脑效果图制作书，有的则更将手绘设计书定位为速写书。这忽视了对设计者设计过程的训练，也放弃了对读者设计能力的培养。构想的表达其实存在着更为重要的含义。

1.1.2 构想表达意义

将思维的过程完整、清晰地呈现于观者，以供讨论、评判、展示是构想表达的重点（图 1-2）。

构想表达是个过程，因此每一步转变都有可能影响最终的结果，所以每一步都需认真对待。构想表达的过程，特别是概念阶段，可以是手绘的线条与图形（图 1-3），也可以是计算机的模型，可以很细致，也可以很概括。虽然在构想未确定之前，一切都有可能改变，但是通过这些图示的内容，信息已得到传递，设计师们足以通过这些图纸来讨论脑海中抽象的概念，而学习者也可以通过这一过程来掌握设计的方法。

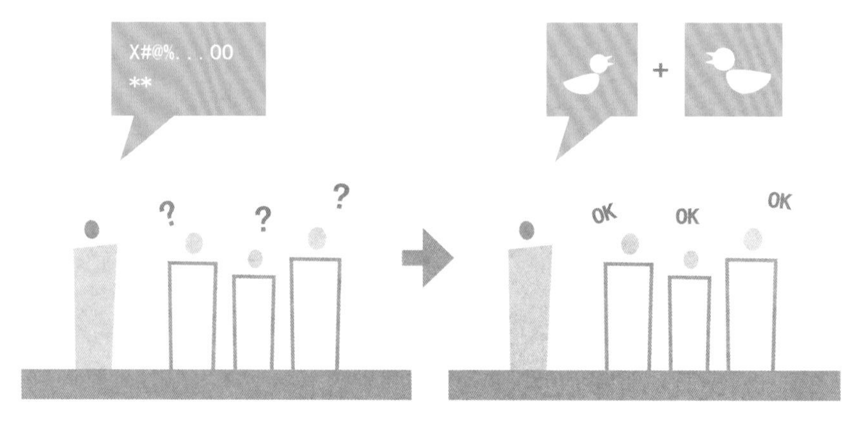

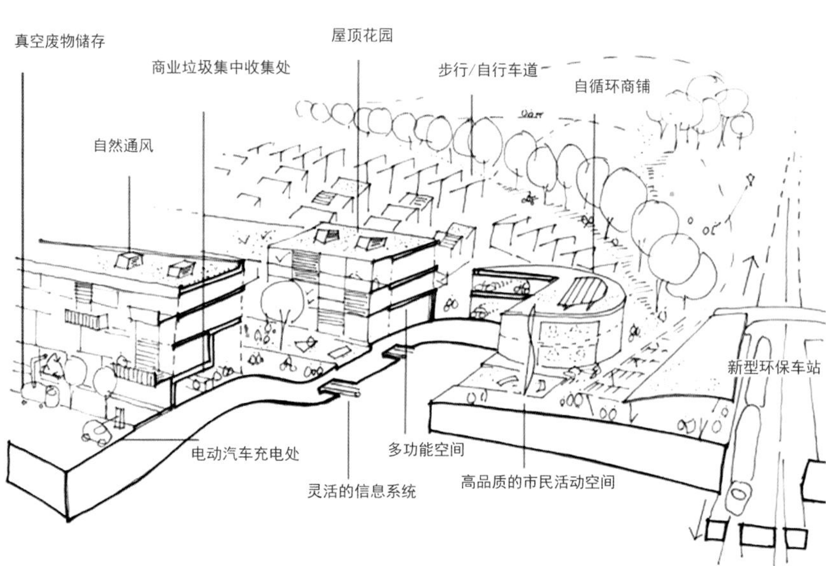

图 1-2 构想表达要点

设计构想需完整、清晰的表达给观者

图 1-3 某生态城市的概念草图

在草图完成后扫描入电脑并标注文字，以进一步解释设计者的构想

1.1.3　构想表达内容

景观设计中，将一个抽象的概念发展成可供最终使用的设计成果，需要经历大量的过程图纸以表达构想内容。

由于大多景观设计既存在着场地条件与周边环境现状的制约，也存在着委托方的不同要求，因此它是众多因素综合或平衡的产物。真正完善的设计构想是理性分析与逻辑推理的结果（图 1-4、图 1-5），而不仅仅是一两张透视图的简单呈现。合格的设计师往往将不同工作阶段的成果或通过草图、或通过计算机模型，进行图面表达，以体现完整的设计思路与工作进程。

因此说，景观设计表达的内容是丰富的，几乎一切有关要素都是构想表达的有机部分（图 1-6）。设计师接到任务委托书后，特别是概念设计阶段，常见的表达内容如下。

① 场地分析，是对设计基地及周边关系的梳理。

② 构想来源，是对设计核心理念的形象阐述。

③ 设计分析，是每一步构想与过程的说明，它存在于构想表达的始终。

④ 规划布局，是对设计对象的功能及流线等内容的平面安排的表达。

⑤ 设计表现，是将设计结果用符合人眼透视及审美习惯的方式来表达。

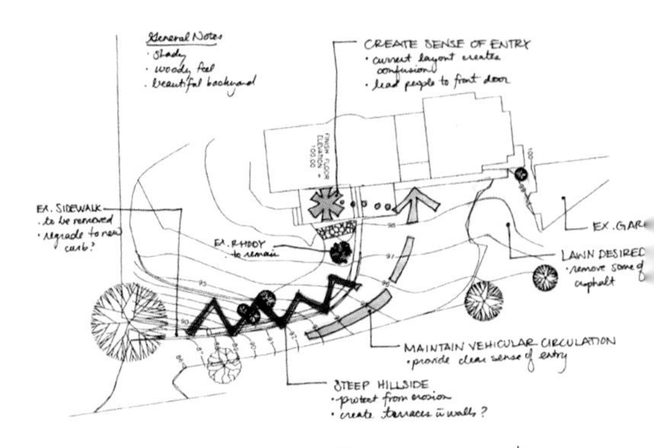

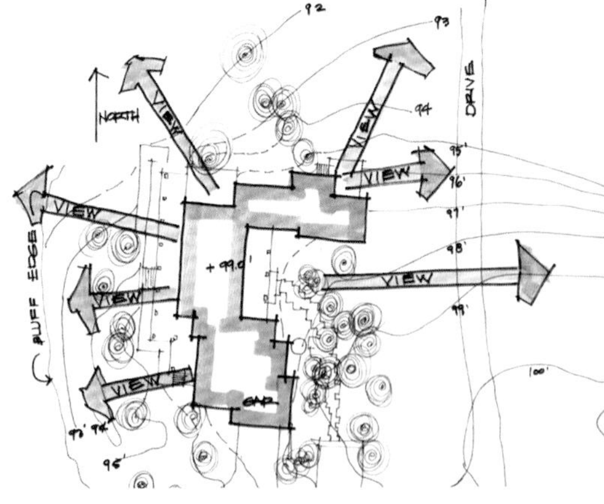

图 1-4、图 1-5　分析草图

通过草图的形式分析设计场地，为真正的设计工作打下扎实的基础

图 1-6　设计构想汇报

通过草图、设计分析，模型等方式的配合，多角度的阐述设计构想

1.2　构想表达方式

1.2.1　手绘设计构想表达

设计的本源是创意，是构想，一切表达方式都应服务于这个宗旨。

设计手绘，尤其是设计草图是设计师必备的技能与构想表达方式，在当今与未来的设计过程中也会是构想表达的重要方式。

什么是手绘？手绘是将脑海中抽象的概念，借助于笔、纸等媒介，通过手来进行记录的一种表达方式。手绘的内容是一种视觉语言，手绘是一种图示化的设计方式。

（1）手绘的作用

人头脑中的概念是抽象的，看不见、摸不着，但人是视觉化的动物，“眼见为实”是一个很形象的成语，而且，景观设计本质就是基于空间及视觉结果的设计，必须借助形象的图示辅助，否则仅靠语言或抽象的概念很难展开设计工作。借助手绘的形象图示，思维有了现实的承载，视觉有了物化的依据，才使观者一目了然。通过此方式，方案的讨论得以展开，构想的发展得以进行。

（2）手绘的特点与优势（图 1-7、图 1-8）

手绘在设计领域几乎是最快速的构想表达方式，因为我们的双手直接连接着大脑，手的运作无需额外设备支撑，设计师可以将脑海中的内容用最直接的方式“输出”。手绘将人的脑、眼、手进行了高效的连接，一张纸、一支笔就能满足手绘的工具要求，这与需要电子设备支撑的计算机设计而言，优势巨大。只要拥有这些简单的工具，设计师走到哪都能进行创作。但与参数化的计算机相比，手绘的训练需要长时间的磨炼，更需要美学的支持，所以它亦是设计师综合能力与素养的反映。通过训练，设计师能将构想快速、准确地表达出来，同时也表现出景观设计成果特有的形式与美感。与艺术的创作一样，这些承载着设计构想的草图，也有相当的艺术价值。许多设计大师信手而来的设计草图，日后竟成为价值连城的艺术品。也许将来，在咖啡馆中，读者不经意留在纸上的手稿，会成为举世瞩目的设计作品。

图 1-7、图 1-8　构想手绘草图
设计师随手记录的设计构想及速写本的展示

（3）新时代下的手绘趋势

传统的手绘是纸与笔间的合作，而今，它的概念已经得到了全面的发展，有时甚至脱离了传统意义上的笔与纸，但保留了用手记录的精髓，如许多设计领域多运用数码板与压感笔进行创作，通过手绘的技法在电脑中表达设计构想（图 1-9）。又如在当今，甚至可以通过平板电脑，用手直接在屏幕上记录转瞬即逝的灵感。从这个意义上说，手绘的艺术与技艺，在电脑技术中获得了延伸；或者说，手绘艺术与电脑设计之间的界限已经很模糊，并趋向于同一化。这一点可以从许多电脑软件的开发趋向模拟、表达手绘的效果，或模仿手绘的表达过程这一事实中得到印证。

图 1-9　数码创作
利用数码板，通过手绘进行场景设计已成为一种流行的设计方法

1.2.2 电脑设计构想表达

（1）什么是电脑设计

简单地说，它指的是借助电脑与相应的设计软件，在设计过程中用以表达设计构想，记录相关的设计信息，分析设计过程的一种方法。电脑设计是当下十分流行与普及的设计方式，也是未来的设计趋势，如参数化设计。它基于计算机技术，并将技术与设计方法相结合进行创作。电脑设计对于当今的设计领域起着举足轻重的作用，那些曾经棘手的各种设计难题，通过电脑设计可顺利解决。在景观设计领域，电脑设计的作用也同样如此。

（2）电脑设计的特点与优势

与手绘艺术一样，电脑设计能将抽象思维图示化于观者，并能精确地表达内容，同时又能高效地修改与编辑。电脑设计提高了工作效率，它架起了思维与表达之间的桥梁。

而电脑设计的又一趋势，是对设计方法的革新。基于虚拟图形的电脑设计，可以突破传统直线的工作方式及技术限制。设计构思可以以一种极为随意的方式出现在屏幕上，它不要求设计师按某个标准的步骤执行工作，不用考虑顺序、不用考虑施工中的技术，这使得以往顾虑重重的构想变为“可行”与“可见”，可谓一种设计方式上的革命（图1-10）。

但有一点必须指出，电脑设计的发展趋势是设计方式与设计过程的变革，而不是拘泥于程式化的计算机操作。基于创作本源的电脑设计过程更应注重设计构想的表达与设计质量的提高，并将两者统一起来。

虽然计算机图形是虚拟的，但由于电脑精确的运算特性，因此它需要设计师在执行某命令前有着明确的目标，这种非模糊的工作方式导致了设计师多余的参数输入，影响了工作的效率。

而现在，用草图方法进行设计的电脑设计软件已开始普及，如SketchUp等软件。它们大多是基于上述理念开发的软件，人们常称之为“草图大师”，它的工作方式如手工切割模型的体块，或用粗略的线条来概括地画出对象的轮廓一样，可由概括整体的构想表达，逐步推进到细节构想推敲的设计过程，改变了原先设计软件需要输入精确参数的设计方法（图1-11）。也有不少的设计软件，直接通过数码板与压感笔，在电脑中记录手绘输入的数据方式，更是一种手绘与电脑设计完美结合的构想表达方法。

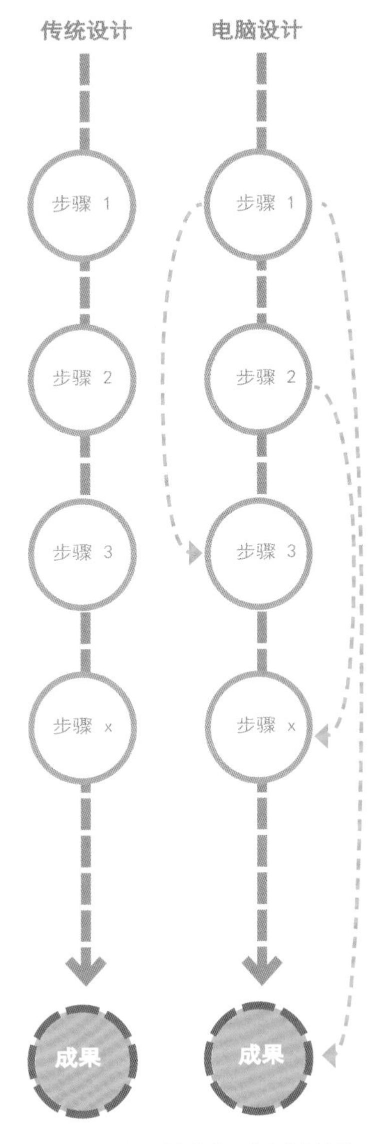

图1-10 电脑设计与传统设计方式的区别

图1-11 由SketchUp记录的设计构想

1.2.3 其他构想表达方式

其他的构想设计表达方式有模型、动画、多媒体等。除手绘与电脑设计，实物模型、三维动画以及多媒体展示等也是景观设计的重要表达方式，通过这些方法的配合，设计师们才能将设计构想完整地呈现出来。

1.3 本书特点

（1）方法性

将手绘与软件操作与设计过程紧密结合，读者在掌握工具的同时已进入设计状态，非一般的手绘教材或软件手册，仅仅是练练手上功夫的定位。

（2）全面性

本书未将手绘作为一门单独的课程来看待，而是将其中的要点，如线条、明暗、构图、色彩作为一种造型要素及审美标准用于电脑设计中；并将手绘的练习、表达与电脑设计相结合，体现两者间的整体关系，使读者完整地了解两种表达方式在设计过程中的作用，体现不同设计方法的配合。

（3）时代性、实用性

以设计师的眼光来看待两种表达方式，并从当下以及未来的趋势来描写手绘与电脑设计，突出手绘技法（草图）在入门学习、设计初步构想及概念表达阶段的重要性，强调电脑设计对于构想的分析与推进作用。不是孤立地将其看做是表现形式，而是将其看做是一种设计方式。

（4）案例整体性

本书中案例与案例间保持循序渐进的关系，如手绘章节的草图为SketchUp章节的构想，SketchUp章节的模型为Lumion章节的素材。通过此方式使读者从全书中了解构想的渐进过程。

（5）内容重点

本书的手绘内容着重最实用的设计草图，通过线稿配合单纯的色彩表达设计构想。而电脑设计，则突出电脑设计服务于设计的思考与表达这一过程，每一步都有构想的支持，而不是简单地制作几张效果图。

本书已为读者整理了较完整的“景观手绘与电脑设计提示”，读者可通过电子文件（Chapter01/1.3/景观手绘与电脑设计提示）查看，并将其运用到接下来的各章中（电子文件可通过化学工业出版社官网的资源下载板块获得，网址 http://download.cip.com.cn/）。

思考延伸：

1. 设计构想表达的目的是什么？

2. 手绘与电脑设计的特点及趋势是什么？

第2章　景观构想手绘基础

手绘是一种视觉语言，是抽象思维的图示化方式，它架起了思维与现实间的桥梁，并将虚拟的构想变为现实的、可供人观看与讨论的图像。一件优秀的手稿或草图，既充满着设计师创意的设计构想，又构成了一副优美的艺术作品，这就是手绘的魅力（图2-1）。

而随心所欲地表达设计的构想、完整地表述设计的结果并不是一件容易的事，尤其对初学者而言。因为手绘的能力并非能信手拈来，它需要一定的艺术基础与美学知识的支撑，并需通过一定时间的绘画训练与设计的实践来完善。而它的学习与练习过程也有一定的规律与特点，只有掌握了这些规律和特点，加上勤奋的练习和实践，才能逐步掌握这一门设计师所需要的基本技能，也才能将这种设计的表达方法变成一种艺术的过程。

本章将通过绘画与设计的结合，介绍景观设计手绘所需的基本技能与美学知识，以及设计构想表达中常用的基本元素，为学习打下基本功，以便在此基础上展开设计工作。本章的部分范例选自建筑与景观的速写作品，因为凭借速写，可以训练如空间、透视、明暗等多种造型因素。速写是一种很好的方法训练方法，但请记住，手绘创作的过程是构想的表达过程，而不是纯粹的绘画练习。本书中的一切美术知识不只是围绕绘画而准备的，而是为设计创意特别梳理的。

由于篇幅的限制，本章不能罗列所有的手绘与艺术原理，但是这也提供了一个机会，将手绘中最实用且与设计表达最相关的草图方法呈现于读者。因此，本章内容不求“泛”，但求实用，实践后已能基本满足构想草图的表达。读者若想进一步了解其他手绘表现技法，可阅读相关的书籍。

特别要说明的是，本章内容不是独立存在的，其中的原理，如构图、明暗、空气透视都适用于电脑设计，这些相互关联的部分会在接下来的章节中体现。

图2-1　设计草图
设计草图不是单纯的图案，而是构想的载体

2.1　表达形式与媒介

2.1.1　表达形式

景观手绘的表达内容与表达形式是丰富多样的，并非只是透视图。

设计手绘，尤其是构想草图，一个圈、一根线、一个图形也许就能记录下设计师巧妙的构思。设计师通过这些图示来分析、比较、推进设计的构想，并逐渐将这些抽象的内容变的精确与可行，无数的图面构成了设计成果。因此说，在设计的过程中，手稿不可能只有简单的一两张透视图。建筑大师弗兰克·劳埃德·赖特说过：“创造出有价值的建筑的人之中，没有任何一个是按照自己的趣味先设计透视图，然后按照图纸捏造一个计划的。这种方法只能生产出风景画。透视图可以成为一种证明，但不能起到什么作用。”

相比电脑的程序化控制，手绘具有随意性与不确定性，也正是这种开放的形式带来了手绘画稿无限的想象空间。譬如，“三角形”对于一位设计师来说可能理解为结构，而另一位设计师则有可能理解为奶酪。因为这种随意性拓展了手绘的思维表达空间，也提高了设计工作的效率。设计师可以不用受制于复杂的视觉规律，如绝对标准的透视或材质纹理。手绘既然是用手画的，就应该遵循它自身的表达规律，而不用刻意地追求电脑般的精确，敢于落笔才是关键，大胆地表达才能沟通，“画得难看”又何妨呢?

设计工作中，设计师常通过概念草图与逻辑草图来推进与深化设计构想。

（1）概念草图

脑海中，初期的设计构想通常是一个模糊的概念，设计师会运用十分简练与概括的图形，在任何时间、任何地点将这些片段记录下来，以给自身一个视觉的回馈。因为那时也许设计师也无法定夺什么是对，什么是错，但当有了一堆的概念草图后，不同构想的优劣才有了比较，分析才得以进行，真正的设计工作才得以展开（图 2-2~ 图 2-6）。

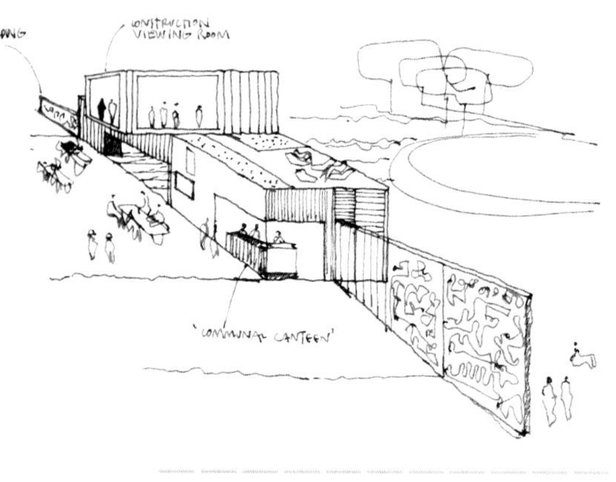

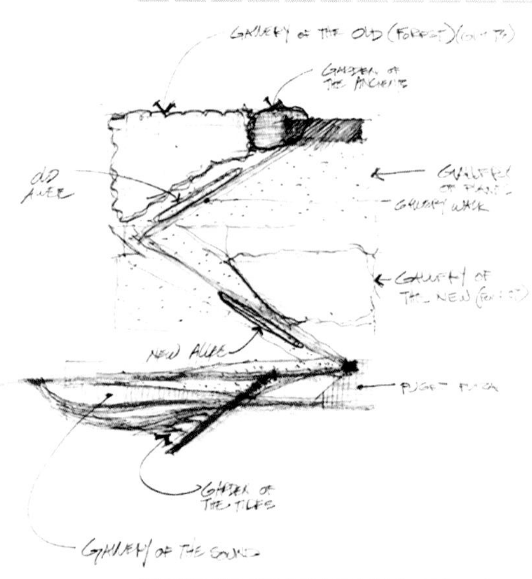

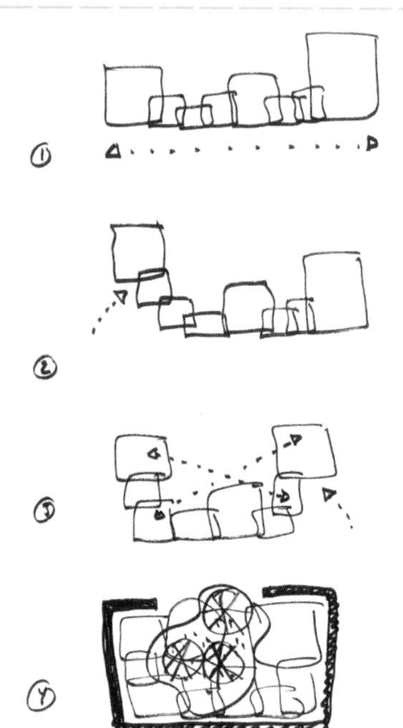

图 2-2~ 图 2-6　概念草图

草图的内容可以十分概念，但足以记录转瞬即逝的设计构想

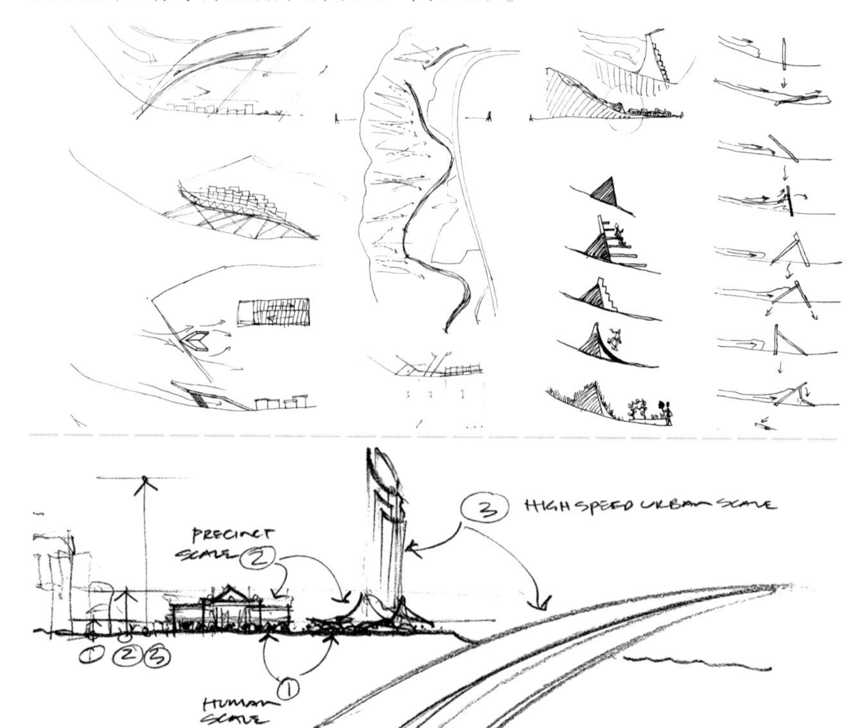

（ 2 ）逻辑草图

真实性与存在性是景观设计的特点。众多构想都将通过工程实施，因此需通过逻辑草图，将概念草图中那些抽象的符号与图形“翻译”为可供人们识别的信息，以展开下一步工作，如数据化或工程图纸制作。届时，概念草图中的一根线，在逻辑草图中将成为一条路；一个圈，将成为一棵树。其实许多委托方并非专业人士，设计师可识别的抽象符号在他们看来可能就是一堆乱线，展示逻辑草图也正好解决了交流问题（图 2-7~ 图 2-10）。

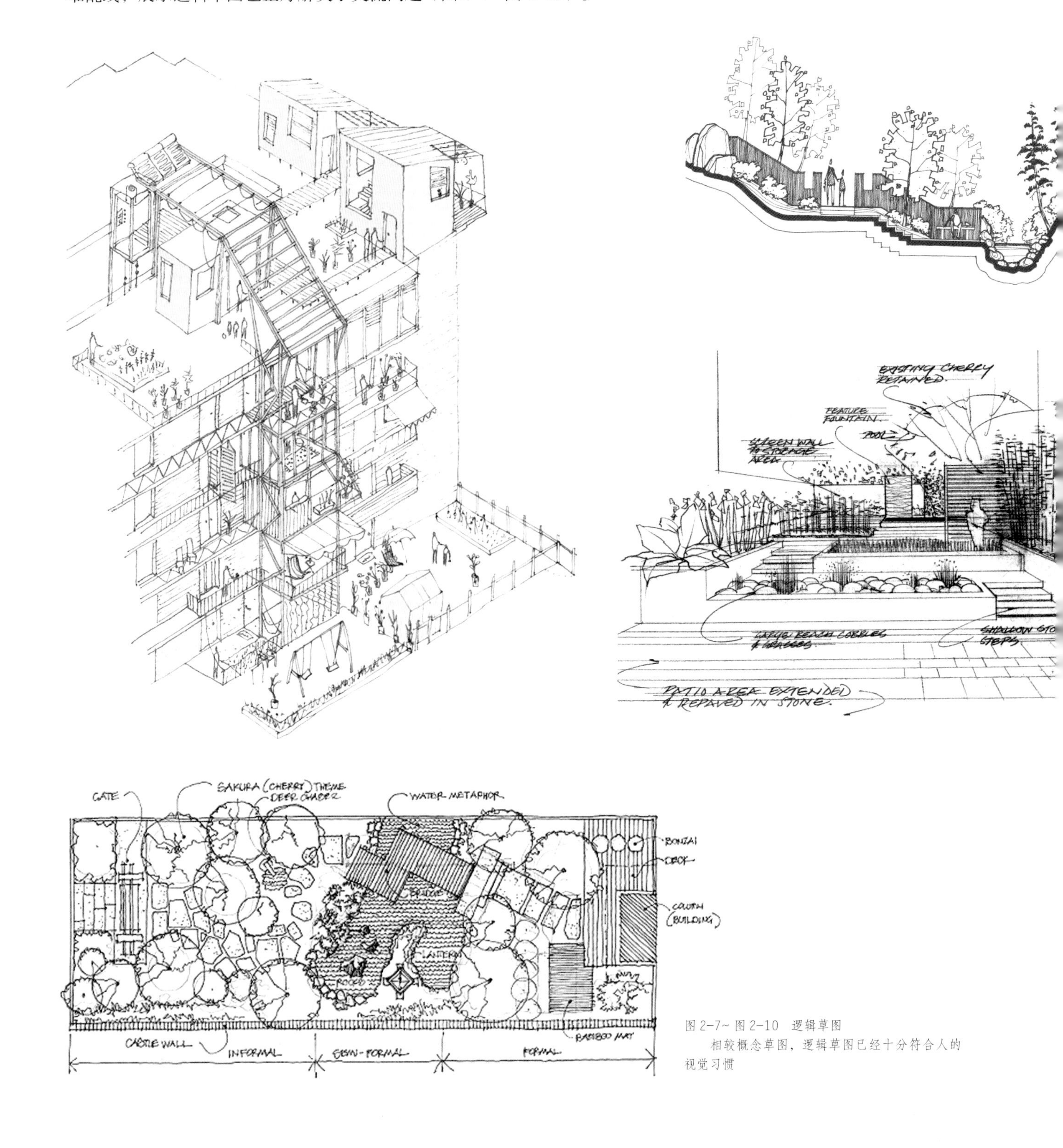

图 2-7~ 图 2-10　逻辑草图

相较概念草图，逻辑草图已经十分符合人的视觉习惯

2.1.2 记录介质

手绘是一种设计方式，也是一种构想与素材的搜集方式，只要符合手绘需求的介质都可成为记录的载体。

（1）物理记录介质

纸张，这是我们再熟悉不过的介质了，几乎任的何纸张都能成为手绘的记录介质。

速写本是一位成功设计师的好帮手。任何的素材、感悟或灵感都能记录在内，而且记录高效，携带方便。平日设计师也十分乐意向同事展示自己的记录内容，而其他设计师也很喜欢翻阅别人的速写簿，以便进行交流与讨论（图 2-11、图 2-12）。

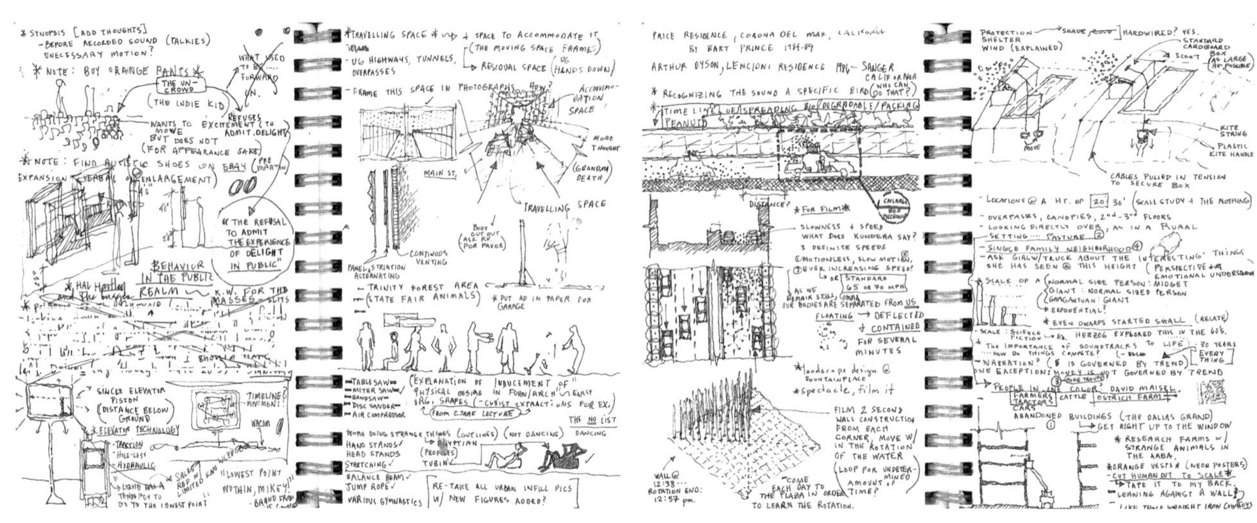

图 2-11、图 2-12 速写本
看似凌乱的速写本，其实充满了设计构想

草图纸或硫酸纸，是可以显现下层内容的半透明纸张，会出现在每位建筑师的工作台上。建筑师可以通过它凸显出的透叠关系进行设计构思的修改（图 2-13~ 图 2-15）。

当然，那些传统意义上的手绘透视图用纸，如水彩纸、水粉纸或有色纸，也可以作为一种尝试。不过在当今的数字时代与高效的工作节奏下，这一类的透视图绘制工作往往由计算机完成。

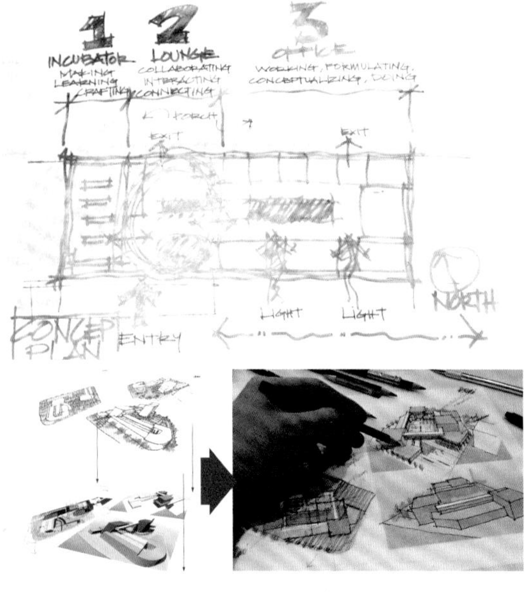

图 2-13~ 图 2-15 硫酸纸
硫酸纸由于拥有透明属性，便于草图的比较

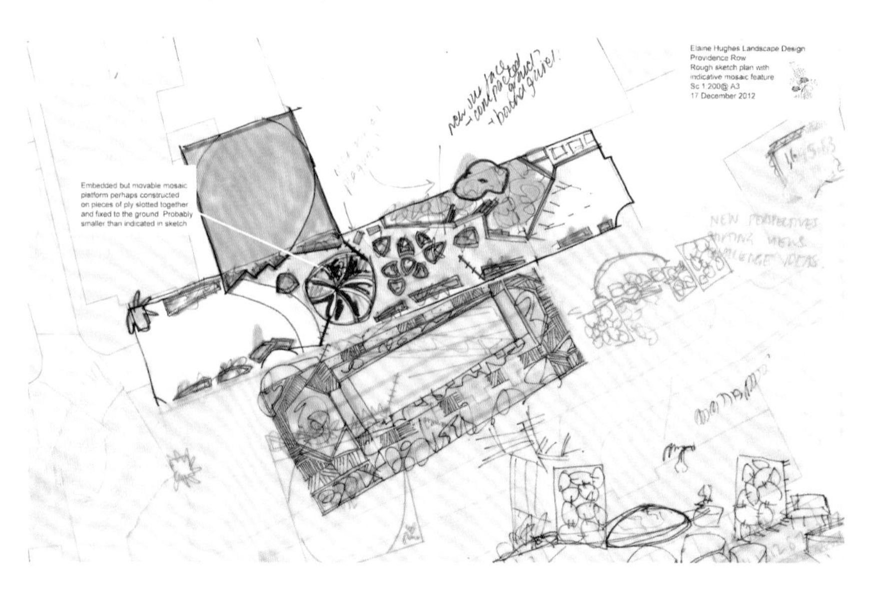

（2）电子记录介质

在技术高速发展的今天，其实电子产品也是一种很好的手绘记录介质，如IPAD等平板电脑，但这些功能往往被其他功能所掩盖了，下载一个合适的应用软件即可随时用手或笔来记录各种形象与素材（图2-16）。平板电脑记录与保存的素材，记录高效，修改便利，搜集后的素材可直接上传至电脑并用于投影，供讨论交流用，这直接省去了手绘扫描的工作。

图2-16 电子记录介质
利用压感笔，在平板电脑上记录设计构想

2.1.3 手绘工具

手绘的工具十分宽泛，设计师们往往抓起身边的任何一支笔就开始了“涂鸦”工作。更有甚者，建筑施工工地上的一根小树枝或一片小沙地便足以进行技术的交流了。

一般而言，设计师常用的手绘工具可分为三类：干性、半干性和湿性。

（1）干性工具

干性工具是未添加任何液体的工具，如铅笔、炭笔、非水溶性彩铅、色粉笔。干性工具使用高效，携带方便（图2-17）。

（2）半干性工具

半干性工具是指使用时呈现湿性笔迹，但干燥起来十分迅速的工具，如针管笔、钢笔、马克笔。半干性工具由于与干性工具一样使用高效，因此可以在几乎任何一个设计师的工作台上看到它们（图2-18）。

（3）湿性工具

湿性工具是需与水或液体混合，才能充分表现出其特点的工具，如水彩、水粉、水溶性彩铅、喷笔。但由于辅材较多，如水彩需要颜料、笔、盛水容器等，并且表达需花费一定时间，因此不适合快速构表达想（图2-19）。

其他的辅助工具，如尺或推尺、橡皮或绘图模板等，作为辅助或修改工具也是手绘工具的重要组成部分。

在实际的设计过程中，这些工具往往是组合起来使用的，如绘制了线描稿后通过马克笔，为画稿添加色调，以表达形体的明暗关系；或在透视图完成后，通过彩色铅笔的添加来表达空间的色彩基调与材料质感。

图2-17 干性工具
彩铅配合针管笔绘制的景观平面图

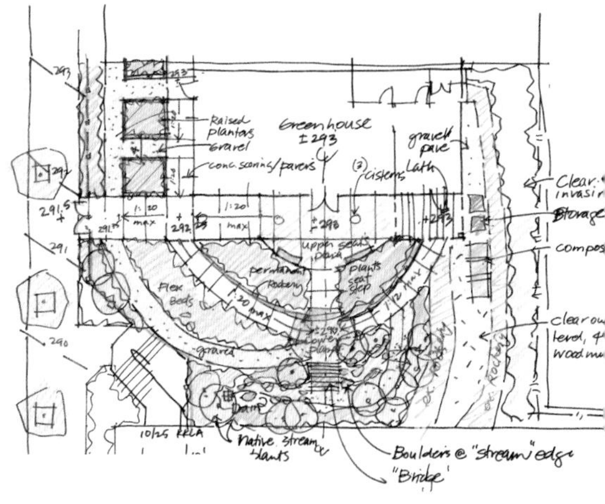

图2-18 半干性工具
CAD打印稿配合马克笔绘制的景观平面图
图2-19 湿性工具
针管笔配合水彩表现的景观鸟瞰图

2.2　造型基础

2.2.1　透视

（1）透视的概念

世界是三维的，物体由近及远发生的大小、疏密的变化产生了透视关系。而景观透视图则是一种在平面图纸上运用透视的作图方法，形成符合人眼视觉习惯的画面，即运用透视原理绘制的平面图形表现出三维空间感觉。它可以在平面的画面上，形象地表现出物体的立体感及空间的深度感。

（2）透视的重要性

在景观设计领域，透视是重要的构想表达方法。透视图可以将构想中的各个符号与元素融入“透视场景”中，以检验设计形式与尺度的关系。设计师往往在有了想法后，简单勾勒几笔透视图，观察一下空间效果，将此作为构想发展的依据，并继续开展工作（图 2-20、图 2-21）。

而传统意义上的设计透视图，如效果图，则是构想结果的表现，用于向人们展示设计综合的空间、色彩、环境等氛围因素。

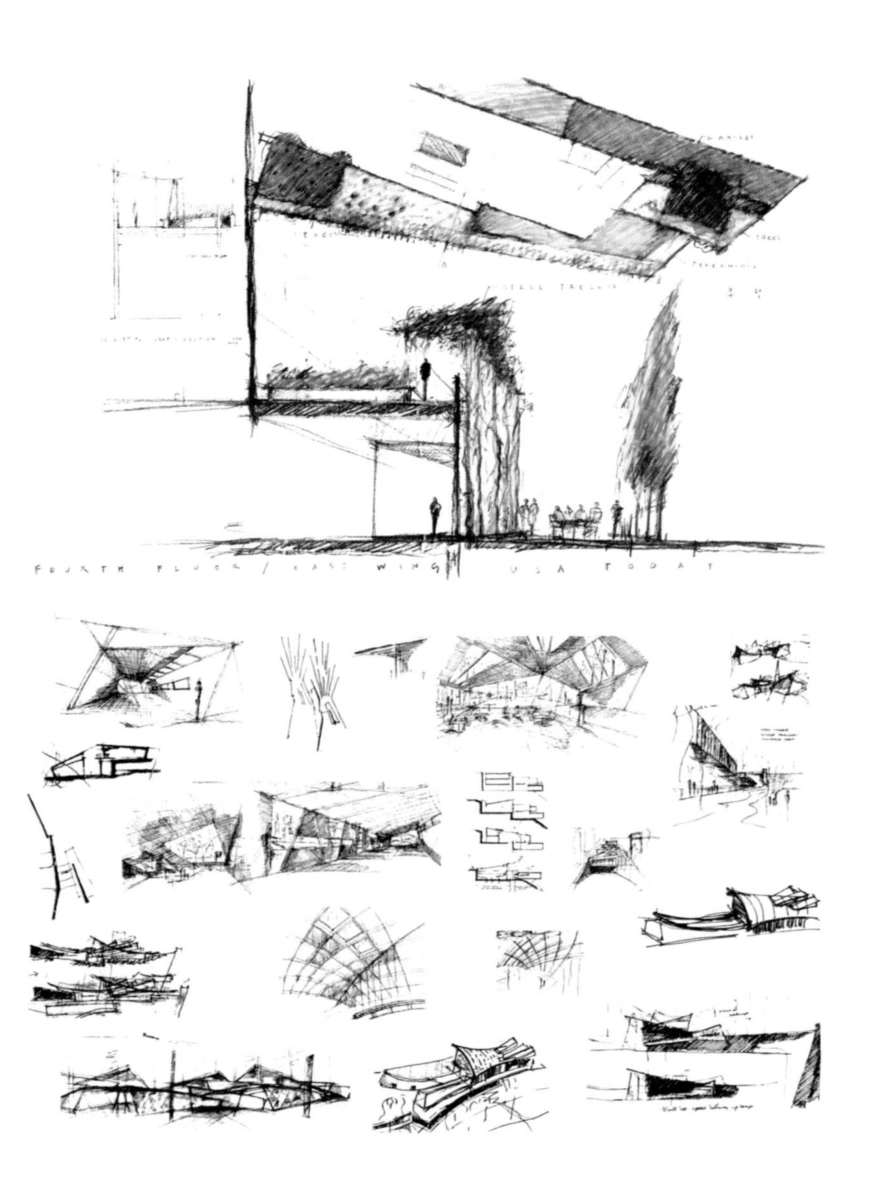

图 2-20、图 2-21　透视图检验尺度
通过小透视检验设计构想的尺度及空间关系，简便而高效

（3）透视原理

透视作图有着系统的原理与方法，可以参考相关专业的书籍。无论是透视图设计法，或透视效果图都需要遵循透视的作图原理，以保证透视画面符合人的视觉习惯。景观设计的常用透视形式为一点透视（平行透视）、两点透视（成角透视）、三点透视（倾斜透视），透视原理如下。

① 一点透视（平行透视）。画面拥有一个消失点，画面内容的高度与宽度的两组线平行于画幅，两组线的交点向远方延伸集中于消失点上。一点透视是最常见的透视，画面构图集中、对称且稳定（图 2-22、图 2-23）。

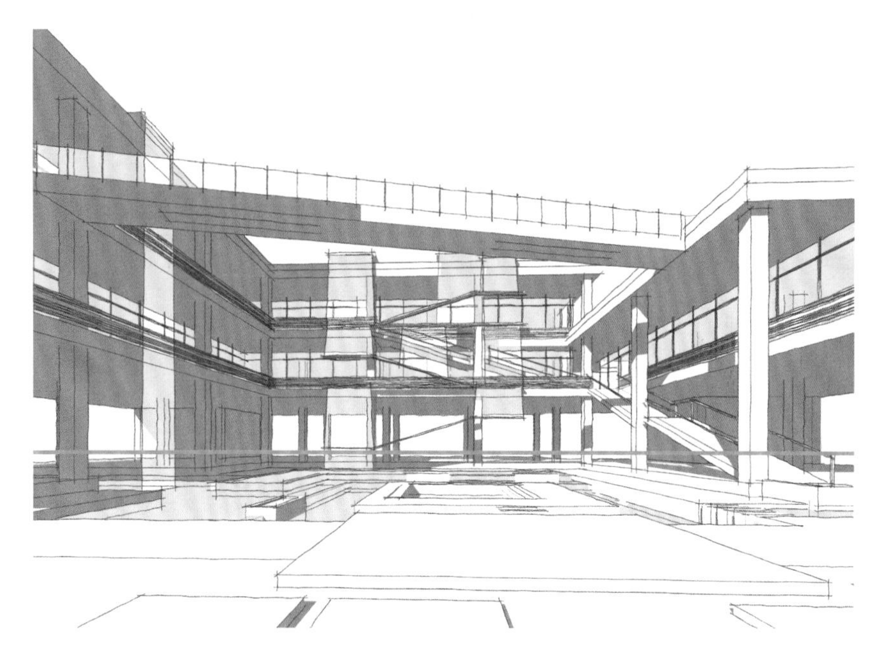

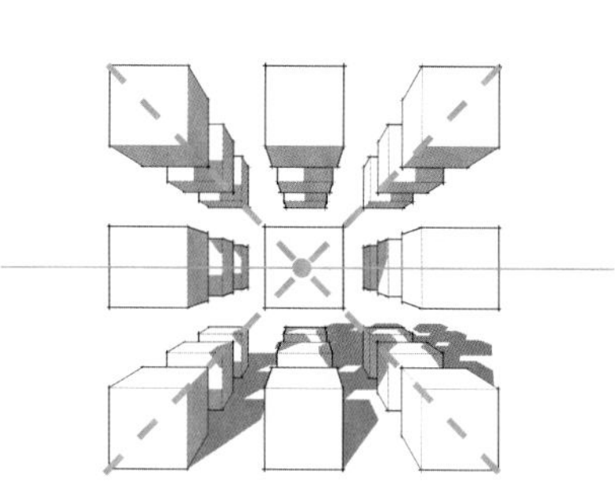

图 2-22、图 2-23　一点透视

② 两点透视（成角透视）。画面拥有两个消失点，画面内容的高度线与画幅平行，宽度与长度两组线倾斜于画幅，并各自集中于两个消失点上。两点透视的构图富有变化，构图生动，具有情节感（图 2-24、图 2-25）。

图 2-24、图 2-25　两点透视

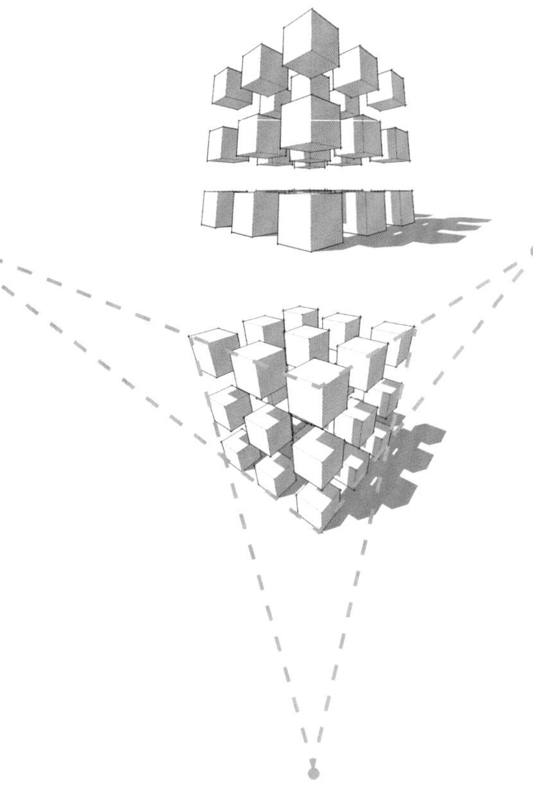

图 2-26、图 2-27 三点透视

③ 三点透视（倾斜透视）。画面拥有三个消失点，画面内容任何结构线呈不同角度倾斜于画幅，并各自集中于三个消失点上。三点透视多用于仰视或俯视，表现高耸感。三点透视易造成建筑或空间变形，故不常使用，但特殊需要的构图，还是会使人们获得强烈的空间感受（图 2-26、图 2-27）。

（4）画面视点、视平线

一点透视、两点透视、三点透视均为景观手绘的常用见透视形式，在绘制时需配合画面视点（视域、视中线、视平线的交点）及视平线才能形成画面。生活中，人眼所能看到的范围，即视域，是一个 60° 的圆锥体。这个圆锥体的中心轴是视者所看方向的视中线，视中线与画面的交点为画面主点，通过主点的水平线为我们常说的视平线。画面视点与视平线的高低决定了透视的形式，即仰视、平时或俯视的视向（图 2-28~ 图 2-30）。

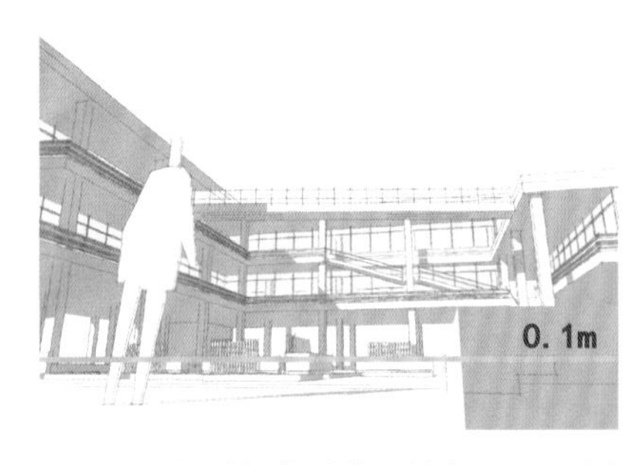

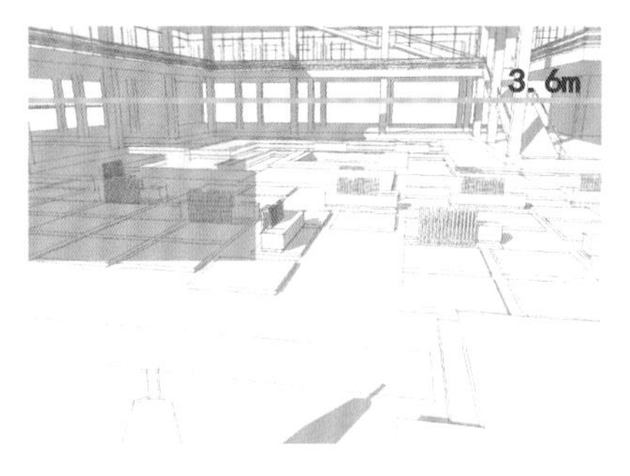

图 2-28~ 图 2-30 视平线
视平线的高度决定了透视的形式

（5）透视与空间（图 2-31、图 2-32）

若想在二维的图纸上表现出三维的空间深度，透视是必不可少的一种作画方式，而且透视的原理还可以被人为地夸大与艺术化地处理，如有意地加大前景，缩小背景，这可产生一种视错觉。运用这种透视原理，可进一步加强透视图的空间深度，特别是前景式构图（图 2-33、图 2-34）。

图 2-31、图 2-32 透视与空间
增加前景内容能加大空间的进深

图 2-33、图 2-34　前景式构图
概念场景设计中的前景式构图草图与 Photoshop 色彩处理稿

2.2.2　结构

（1）结构的概念

世界是三维的，每一个物体都是立体的，都存在形体特性，即一种转折关系，它构成不同单位的结构，如圆柱体是由无数的圆形切面构成、方形是由十二根直线构成。在手绘每一个物体前，需首先理解它的结构，才能更好地落笔或了解用何种步骤来表达对象。结构素描就是一种很好的训练方式。

结构素描要求绘画者将对象视为网格物体，如 SketchUp 的线框显示效果（图 2-35），把物体前后看得见或看不见的轮廓线、转折线表达出来，通过这种方式来训练设计师的三维空间想象能力与表达能力。

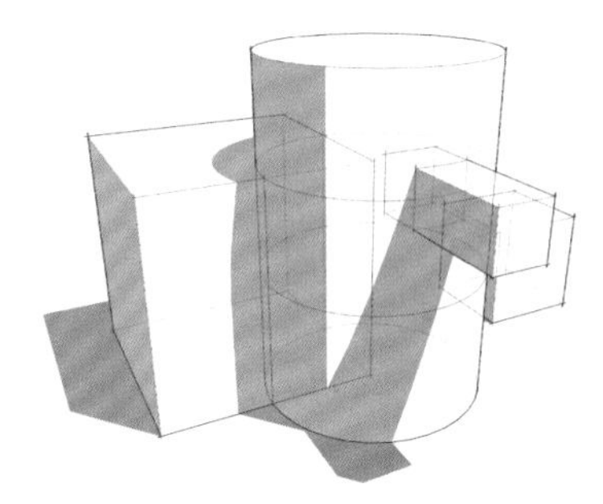

图 2-35　SketchUp 线框显示下的模型

（2）结构线（辅助线）与造型

物体存在结构线，它可以理解为物体剖截面的轮廓线，无数剖截面轮廓线构成了对象的形体。通过凹凸有致的结构线，即使没有明暗色调的辅助，物体的造型也已经得到了明示（图 2-36）。艺术与设计的很多原理还是相通的，表达结构与造型的辅助线，在设计手绘时仍然适用。

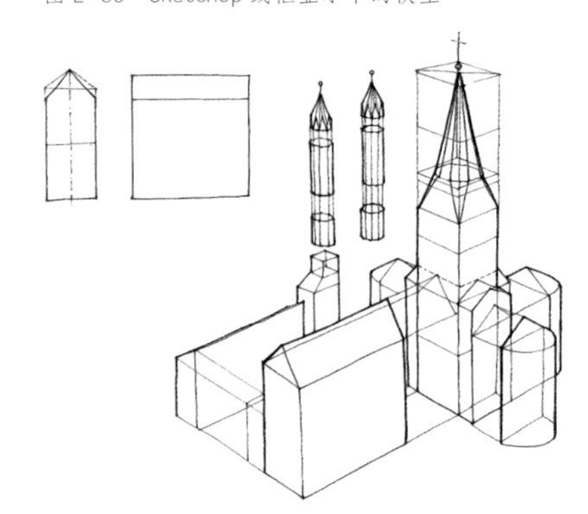

图 2-36　通过结构线表达建筑的体量穿插关系

在纯线稿的手绘草图中，运用结构线辅助表达造型可将形体与空间关系表达得更准确，是一种十分重要的辅助方式。读者不妨尝试在绘制草图时，有意留下透视的辅助线，或者在运笔时多绘制几根中心线（图 2-37）。这些线条的穿插，除了能辅助表达物体的立体感与空间感，也许会在这些线条的形式中，进一步激发你的灵感。

图 2-37　草图中的辅助线
概念场景设计的草图稿，通过辅助线搭建起了空间的结构

2.2.3　构图

（1）构图的概念

与绘画一样，景观手绘也需要构图，而且构图的形式与创意度也是设计的一部分。对于构图，我们已十分熟悉，它来源于造型艺术语言，指作品中各个对象的结构配置方法（图 2-38），若按设计的语言解释，它是一种画面内容的构成方式。构图的方式可以按照画面效果或设计理念进行灵活调整，有的强调整体，有的则强调局部。而一些在绘画构图时忌讳的现象，如画面均分、边缘重叠、主体中央化，则需避免。

西方的概念场景设计中常常采用一种构图方式——强化前景，这是一种有利于表达空间深度与画面戏剧性的构图方式。

其实，设计和艺术还是有众多相通的地方，构图训练还可以通过欣赏优秀的摄影作品及戏剧场景等的设计来学习，并从中获取感悟，用创意的方式来发现“构图”（图 2-39~ 图 2-42）。

图 2-38　艺术中的构图

图 2-39~ 图 2-42　草图中的辅助线
①中心式构图；② S形构图；③前景式构图；④鸟瞰

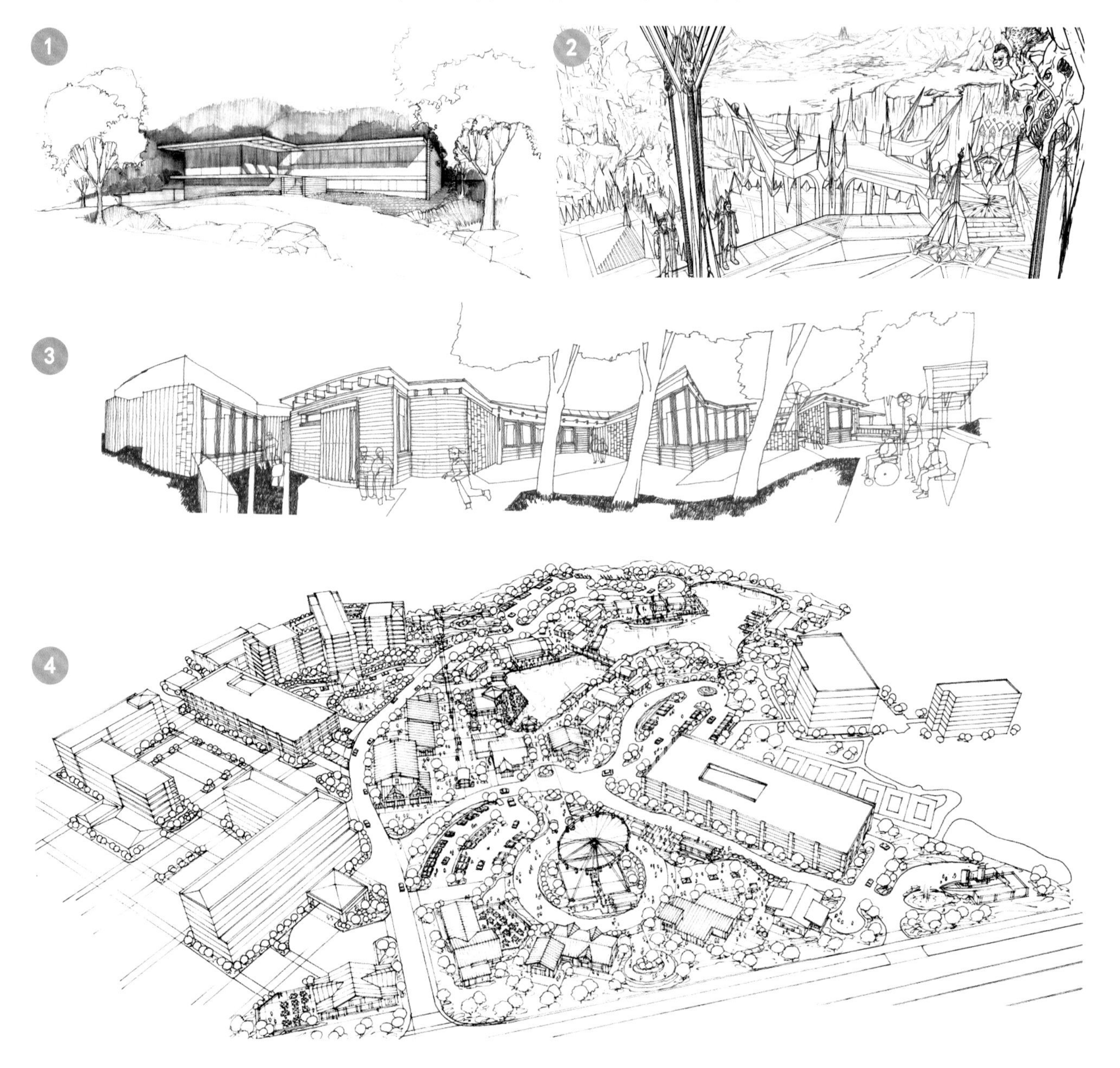

（2）尺度（图 2-43、图 2-44）

画面中物体的尺度与比例是相对的，有大才有小，有长才有短。如何运用这个原理，保持画面各要素之间的比例协调呢？其实这需要参照物的配合才能体现。如在画面中先确定一个人的高度，或一个可确定尺寸的物体，然后按此为标准进行推论；也可从整体出发，按照素描的方式进行构图与起稿，再进行深化。这还是遵循了这个原理——艺术与设计的内容是相通的。

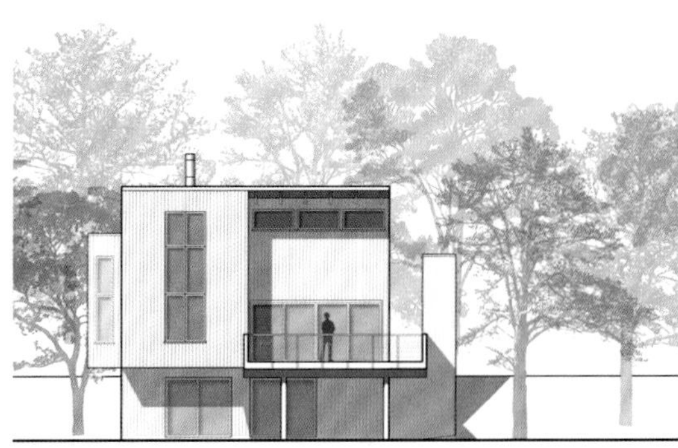

图 2-43、图 2-44　尺度
通过画面中的人，即可获悉建筑的高度

（3）小构图（小透视）

绘制小构图有利于设计师从开始就对造型与画面有一个整体的把握。因为初期的构想往往是模糊的，若直接进行正图勾勒，则需要设计师脑海中有一个明确的结果才能落笔。这容易影响设计师的思路，就如同传统的电脑设计，必须有了明确的目标后才能进行参数化设计。而小构图则是一种浓缩的构想，虽没有复杂的细节，但画面的整体感极强，这使得构想的快速表达得到了充分的体现（图 2-45、图 2-46）。

还有一点，由于人的手腕转动半径有限，难以绘制长直线，否则，需配合手臂的力量，这容易造成紧张与疲劳。而小构图则可通过灵动的手腕，以最小的运作半径记录构想，提高了设计师思想的集中度。

在实际的工作中，设计师通常将构想用几张小构图的形式记录下来，然后观察与比较它们之间的造型与比例关系，接着对其中的一张或几张进行再发展，并不断深化设计。

图 2-45、图 2-46　两种不同风格的场景小构图

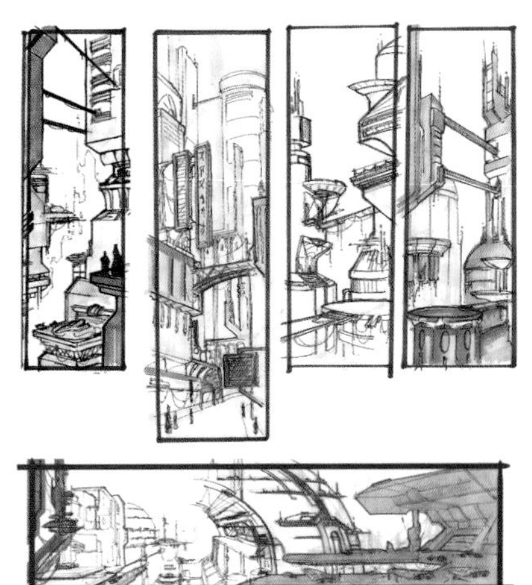

图 2-47 纯线稿草图

2.2.4 线条

（1）线稿的特点与优势

高效与便捷是线条画稿的特点与优势。用线条作草图依靠简单的作画工具，使设计构想的快速表达成为了可能。一支笔、一张纸，设计师便开始了设计工作，一个个的设计构想不断迸发，高效的线稿草图成了设计师的有力助手（图 2-47）。在方案讨论会上，除了设计师，笔与草图纸又是另一个主角，它们飞快地记录着修改的建议与设计的调整，当会议结束后，一摞摞的草图成为了讨论的成果。

（2）线条与空间

在素描练习中可以通过笔墨的浓重或明暗来表现空间的虚实与深度，在手绘中同样可以运用这个原理表现空间或物体的层次，以加强画面主体。

通过线条的粗细表现空间，如前景选用细节丰富的粗线或复线，而背景则用形体概括的细线进行表达。通过线条的疏密表现空间，对于两个重叠的物体，可对其中任意一个添加排线形成灰面，通过黑白灰表现前后空间。通过明暗表现空间，画面的暗部可通过排线的方式进行调子处理，以表现光影关系（图 2-48~ 图 2-50）。

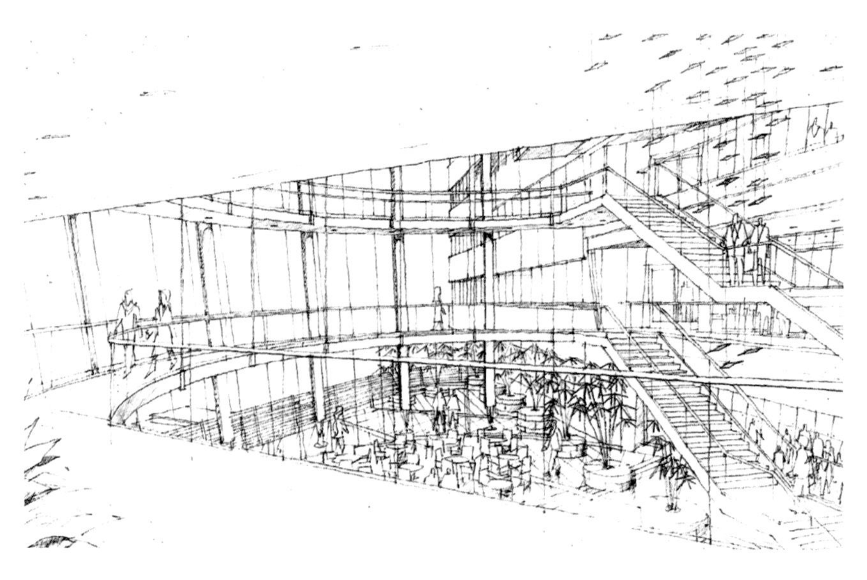

图 2-48、图 2-49 线条与空间（一）

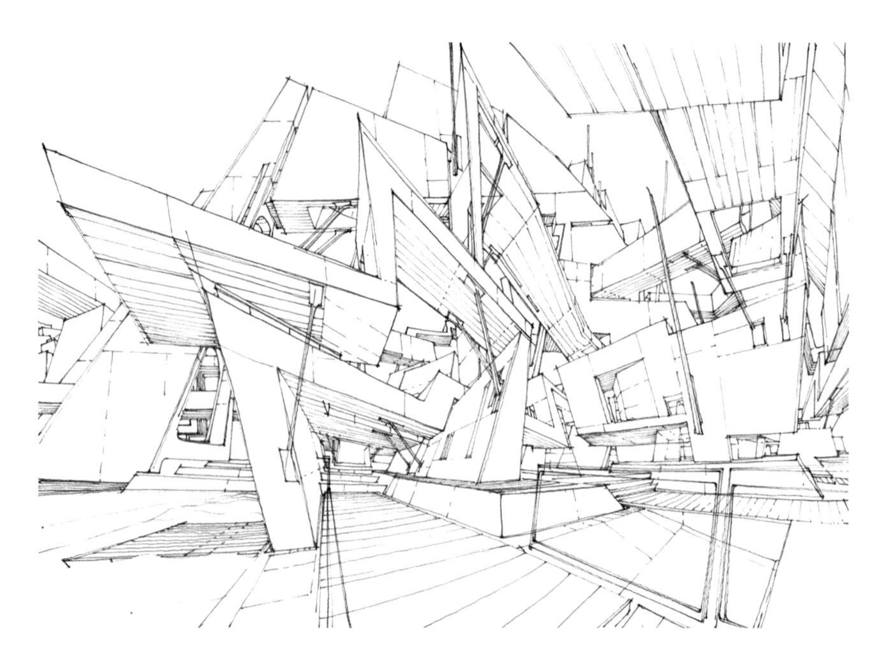

图 2-50　线条与空间（二）

（3）线条与风格

我们时常会听到这样的话，什么样的线条风格是好看的？或这张手绘的线条真棒。其实，线条的风格并无一定的标准可言，颤动的线条是一种表达方式，直线的形式又是一种表达方式，复线也是一种表达方式。世界大师们的手稿风格各异，但他们表达的不是单纯是画面，而是构想（图 2-51）。运用线稿表达构想是一种设计的快速表达方式，是一个创意的过程。虽然其中包含了绘画的成分，但从宏观的角度来看，它是设计，不是艺术。

因此，读者不用刻意追求所谓“帅气”的线条，而应更专注设计的质量，平日通过大量的设计实践训练自身的空间想象能力，并找到一种属于自己的构思表达方式，才是必修的课程。

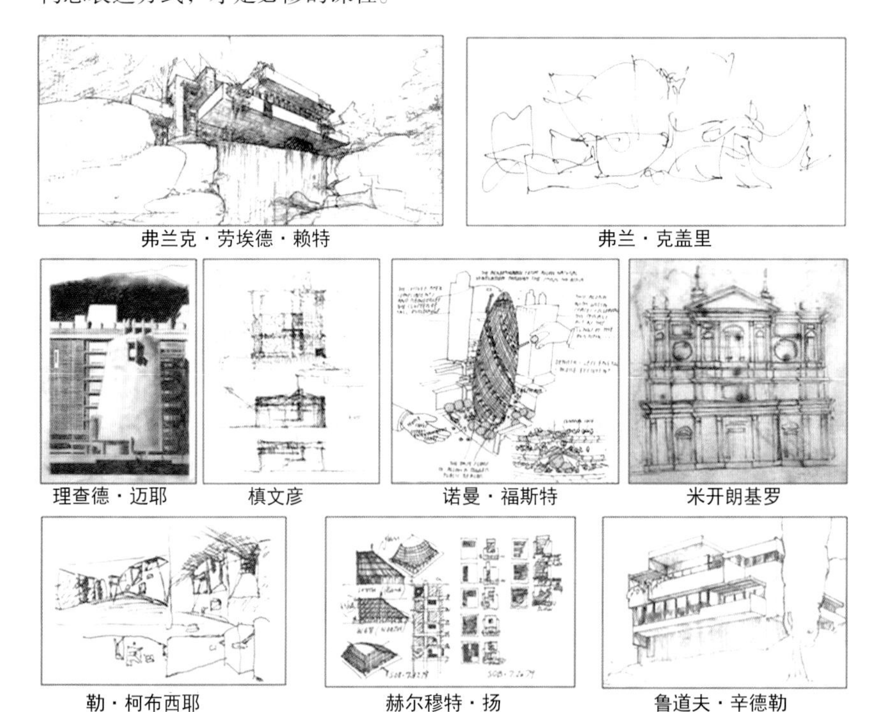

图 2-51　世界大师草图

2.3 色彩基础

2.3.1 明暗

（1）明暗的概念

生活中，有了光才有色彩，物体也才有了体积；而在计算机领域，光线也是 3D 渲染的灵魂，可见光线的重要性。绘画中的明暗调子指物体受光、背光部分的明度变化以及这种变化的表现方法。绘画中常将明暗调子分为 5 个层次（图 2-52）：① 高光；② 灰部；③ 明暗交界线；④ 暗部（反光）；⑤ 阴影。它们之间有着规律性的变化方式。

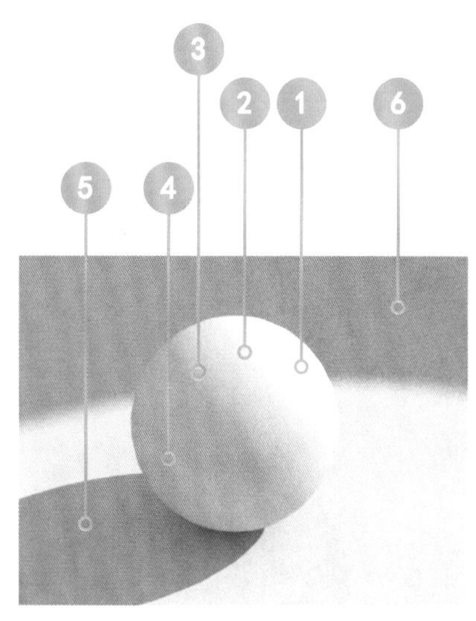

图 2-52 明暗 5 调子

以一个受光白色的几何球体为例，它的每一个调子层次都存在一个明度值范围。层次的光感变化都需“服从”这个明度值，如高光范围的内容不会比灰部暗，灰部的细节会比暗部亮，阴影的明度低于暗部，而明暗交界线则体现了物体的转折，是明度值最低的地方，而背景（⑥）也是一个衬托主体的层次。遵循这些明暗规律后，物体才有了光感与体积。

虽然设计师在快速表达时会选用马克笔进行渲染，但明暗规律的表达并没有越出绘画范畴。我们时常看到很多作品将反光画得很浅，或在同明度值范围内出现了浅色或深色，这些都是违背明暗规律的。

（2）阴影透视

明暗有规律可循，阴影也同样存在规律，即阴影透视。物体由于光的照射产生了阴影，阴影是物体暗部与影部的合称，阴影透视指的是影部的透视。阴影透视分为日光阴影透视与人工光阴影透视两种。

日光即阳光，阳光的物理属性为平行光，它的阴影规律也遵循平行属性（图 2-53）。人工光的种类很多，如点光源的灯泡，线性光的日光灯，这里主要介绍点光源的阴影透视。点光源的光线为辐射状，与平行的日光相比，它是阴影也是辐射状的（图 2-54）。

阴影除了表达对象的明暗体积关系外，还能暗示其他物体的造型，如落在圆形物体上的影子必定呈弧形变化。在严格的尺规透视图中，其实所有的阴影关系都是通过辅助线推理所完成（图 2-55、图 2-56），但在手绘草图中，对阴影表达并无如此严格的要求，但阴影的表现还需符合人眼的视觉习惯，以体现设计师的综合素养。

图 2-53 阳光下的平行阴影
图 2-54 点光源下的辐射阴影
图 2-55、图 2-56 阴影透视与尺规阴影作图

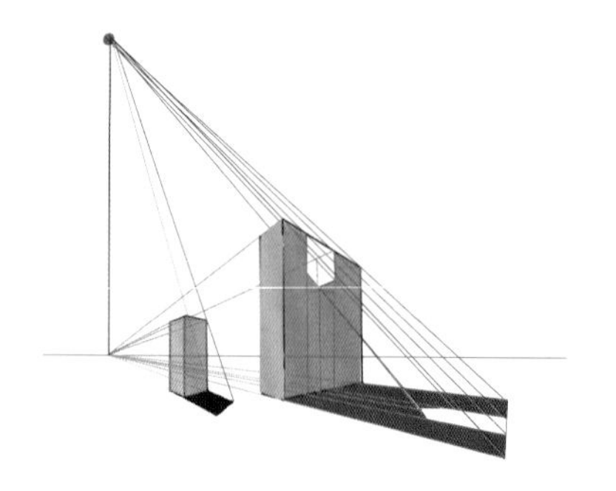

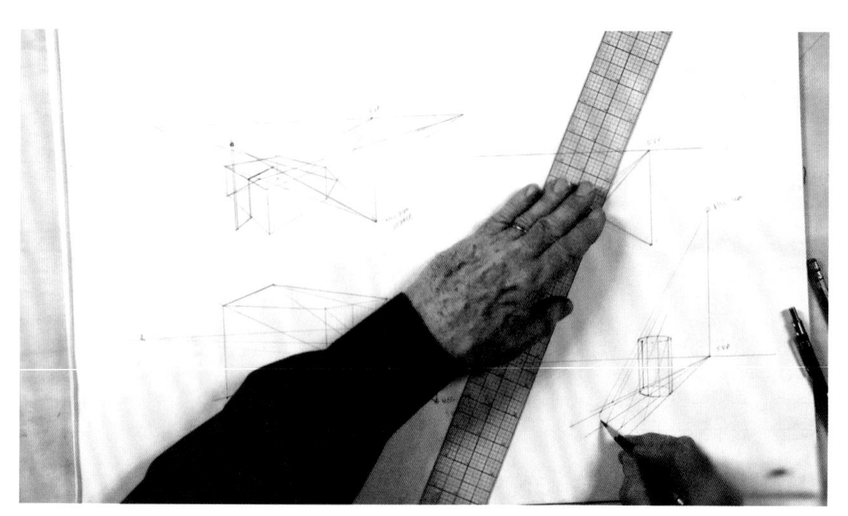

（3）明暗与体积

光与对象的角度变化会对物体的体积感产生影响。如顺光的物体会感到平直，而侧光的物体的则饱满有力，逆光的物体轮廓清晰（图 2–57）。

图 2–57　明暗与体积

在手绘与电脑设计时尝试采用侧光或逆光来表达丰富的体积感，劲量避免正面光

（4）明暗与空间

通过明暗的变化与层次还可以表达出逼真的空间层次感和大气透视（或称空气透视）（图 2–58~ 图 2–60）。

在室外的环境，尤其在雾天时，远处的景物呈浅色，并且对比弱；而近处的物体明显颜色深，相较之也细节清楚，这就是大气透视。明暗与虚实的变化加强了空间的纵深。雾气可以形成大气透视，烟雾也可以形成大气透视。大气透视存在于生活中，这就要求设计师多观察生活，从自然中寻找出其特有的变化规律，并灵活地运用于设计表达中。

图 2–58~ 图 2–60　大气透视

现实中的大气透视与草图中的大气透视比较

2.3.2 色调

（1）色调的概念

色调是画幅中每个物体所共有的颜色，它们形成了画面总体的色彩倾向，即大的色彩效果。也可以将其理解为用一个公共的色彩来“统一”画面中的所有色彩。通过这样有机的统一，画面形成了具有统一趋向的色调。形成色调的画面富有整体感，因为色彩间的关系相互服从，有着色调关系的画面呈现出明显的色彩倾向。

（2）画面的色调

色调的变化多种多样，如阳光下的暖色调、雾气下的灰色调、月光下的冷色调。色调既体现了艺术的审美，也体现了设计材料的搭配的协调性原则。在绘画艺术的范畴里，色调处理的方式很多，如通过有色纸统一色调、通过光源色统一色调或通过固有色统一色调（图 2-61~ 图 2-65）。

而在环境设计范畴，色调则更多的是通过不同色彩的材料相互搭配来实现的。与绘画艺术所不同的是，环境设计更多的是理性思维的表达与功能的实现，而不仅仅是个人情感的宣泄。环境设计的色调应更多地从理性的角度出发，成为表达特有氛围的设计语言。

图 2-61~ 图 2-65 画面色调

概念场景的电脑设计稿，每一副画面呈现出不同的色调

2.3.3　色彩与留白

景观手绘中，对景观的主题应用色彩，而对配景或非景观主体留白可使得画面主体更突出（图2-66）。

图2-66　色彩与留白

2.3.4　冷暖

（1）冷暖色

色彩原理的很多内容可适用于设计手绘，冷暖色便是其中之一。色彩学根据人的心理感受，把颜色分为使人感到温暖的暖色调（红、橙、黄等），以及使人感到寒冷的冷色调（青、蓝等）。冷暖色是绘画中重要的色彩原理，在设计手绘中也同样如此。对物体的体积、空间的远近等的表达，即使不用强烈的明暗对比，色彩上微妙的冷暖变化也足以表达出形体的转折与空间的层次（图2-67~图2-69）。

（2）冷暖色的搭配

借助冷暖色的方法，可以表现出不同环境的氛围和环境的特征，如以暖色为主的幼儿园或居室，或以冷色为主的现代建筑。冷暖色用于调和画面色调，还能表现出画面与物体特有的光感与体积，如白炽灯光源下的物体，受光面呈暖色，而背光面由于天空的反射则相对呈冷色。对于有些受光面与暗部难以区别的造型，往往通过简单的冷暖色变化就可解决。

（3）冷暖色与空间

通过明暗可以表现大气透视的效果，通过冷暖色的搭配也能更加强调大气透视的效果。暖色富有前进感，而冷色则有后退感。尝试将画面的前景配以暖色，而远处的物体配以冷灰色，可在二维的画面产生强烈的纵深视错觉。

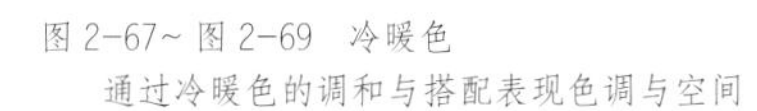

图2-67~图2-69　冷暖色
通过冷暖色的调和与搭配表现色调与空间

2.4 画面构成要素

景观设计是空间与设计元素的综合构成。根据不同的设计构想，所呈现的形式也各有区别，可能是具有写实的风格，也可能仅仅只是概念的轮廓。在画面构成要素的训练过程中，既需要熟练每种方式的表达方式，又要理解它们之间的相互关系，以更好地服务于设计构想表达。

本部分的内容虽是一种概念上的提示，但笔者并不希望读者单独练习这些内容，而应将它们与场景结合在一起使用。

2.4.1 环境配置

（1）植物

植物是景观设计的重要元素，绝大部分设计都会应用到各种不同的植物，它们或是画面的主体，或是画面的衬托或背景，用以表现虚实与疏密。景观植物的手绘要点如下（图 2-70~ 图 2-74）。

① 植物分为乔木、灌木、草本三类，手绘时需要把握高度与形态特点。

② 手绘植物常为写实与概念两种类型。写实比较注重体积与光影，概念则多为白描，其造型概括，两种方法可组合使用。

③ 景观中的植物可分为前景、中景和远景，植物的刻画深度可由此递减。

④ 植物的平面与立面画法也是景观手绘中常出现的形式。

⑤ 配合调子的植物更应注重整体，而不要处处留白，原理同水彩或油画。

图 2-70~ 图 2-74 植物
不同风格与类型的植物手绘

（2）水

水的本质是无色与透明的，通过反射与倒影能巧妙地表达出水的质感。水的手绘要点如下（图 2–75）。

① 刻画倒影可表达出水的质感，但刻画不可太“深入”。

② 通过背景的深，来体现水的亮。画水时不要只关注本身，多从环境映衬来体现水。

③ 适当添加水波笔触也能体现水的质感。

④ 配合适当的色调可以轻松地表达水的质感，通常水的明度要低于天空，但色调要饱满，不要过多留白。

（3）天空

在手绘构想表达中，天空的存在与表现，往往起到了突出画面主体，平衡画面上下关系的作用。天空的手绘要点如下（图 2–76）。

① 手绘草图不是艺术作品，天空的表达可不必过分强调。

② 线性状的云应需避免与主体轮廓重合，影响空间进退关系。

③ 配合调子表达的天空，即使是平涂也足以起到聚焦主体的作用。

④ 冷暖色的配合（地平线出点缀暖色），可使天空表达得更真实。

（4）配饰小品

各类的景观配置，如石头、花盆、装饰物等，也是画面中的单位。这一类的画面构成要素随着设计师的想象力千变万化，在手绘时可多从结构的角度理解，再落笔（图 2–77~ 图 2–85）。

图 2–75　线稿表达的水

图 2–76　配合水彩渲染的天空

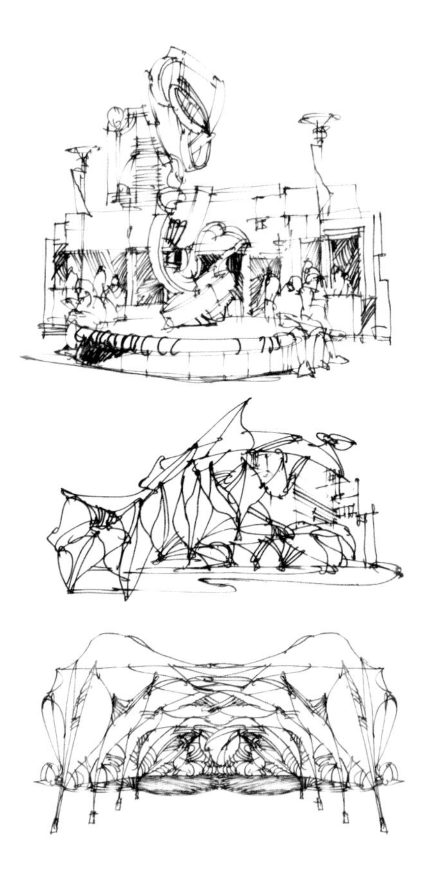

图 2–77~ 图 2–85　不同类型的配饰小品

2.4.2 建（构）筑物

建筑物或构筑物可能是画面的主题，也可能是画面的点缀。景观草图虽无需按建筑设计的标准来绘制这些内容，但还是需将比例与透视关系表达准确，景观草图中的建筑物与构筑物手绘要点如下（图 2-86~ 图 2-89）。

① 根据表达主次的需求，建（构）筑物可简可繁。

② 景观与建（构）筑物可有一定遮挡关系，有利于表现空间感。

③ 将建筑留白，景观添加调子能突出景观的主体设计位置。

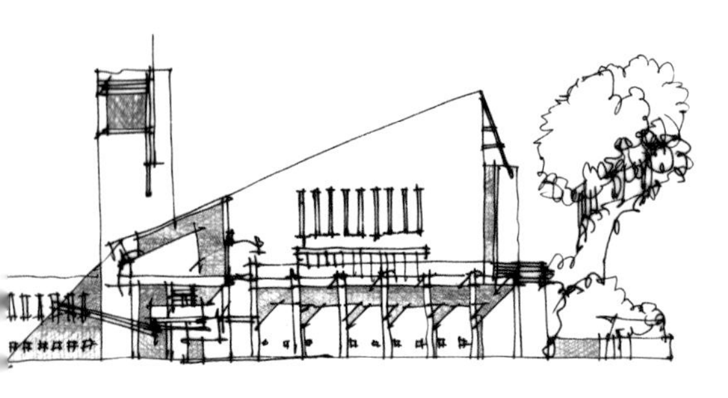

图 2-86~ 图 2-89 建筑物立面与透视图

2.4.3 人物

人物同样是景观表现的构成要素，添加人物具有点缀画面、为景观环境提供尺度的参照、烘托环境气氛的作用，透视变化明显的人物还可加强空间的景深。人物的手绘要点如下（图 2-90~ 图 2-92）。

① 同一副画面的人物高度由视平线决定。

② 画面中的人物也分为前景、中间与背景，刻画深度需有所区别。

③ 即使没有尺寸，只要通过人的高度，也可大致推算出环境尺度。

④ 将人物通过符号化的图形表达，可表达出一种概念设计感。

⑤ 大量的人群可体现热闹的环境氛围。

图 2-90~ 图 2-92 人物

2.4.4 交通工具

交通工具（车辆）同人物一样，也是景观表达中的常见元素。它们的存在，再配合其他的元素可以协调画面立面与平面间的关系，并能增加画面的趣味性。景观设计中的交通工具，虽不必达到工业设计专业的作画标准，但也需透视准确，比例协调。交通工具手绘要点如下（图 2-93、图 2-94）。

① 将交通工具概括成几何体理解，在进行落笔。

② 适当的辅助线更容易把握交通工具的比例。

③ 配合调子的汽车需首先关注体积塑造，不要被复杂的反射所困扰。

图 2-93、图 2-94 交通工具（车辆）

2.5 手绘临摹

2.5.1 平面图

设计的手绘平面是设计构想的综合，它既可以是概念的分析，也可以是理性的布局图。但无论表达何种内容，需立足设计。平面布局是景观设计的核心，需将规划中的各个层面的功能、流线及元素等关系安排协调，不要只追求图面的视觉效果与画面形式，构想的质量才是根本。景观手绘平面要点如下（图 2-95、图 2-96）。

① 将 CAD 图纸输出后直接手绘或修改，是一种十分普及的设计方式，配合图面上的比例尺，更宜把握尺度。

② 通过硫酸纸或草图纸的透叠作图，可对前一次构想不断修改。

③ 线条的疏密与肌理表现能形成调子，有利于处理画面的不同关系。

④ 点缀的阴影可表达出不同体量的高度变化。

⑤ 元素间的疏密关系，既是构想的内容，也会帮助画面形成主体效应。

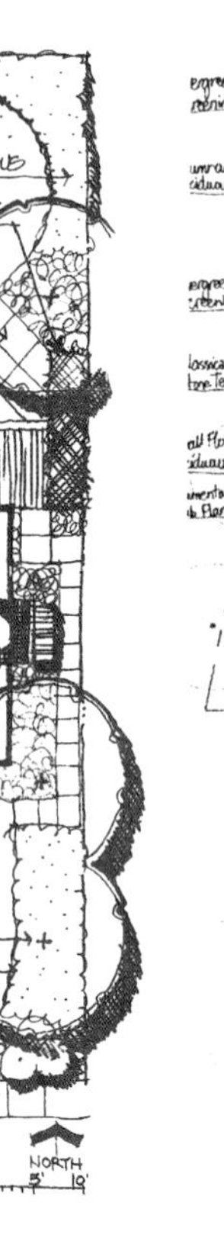

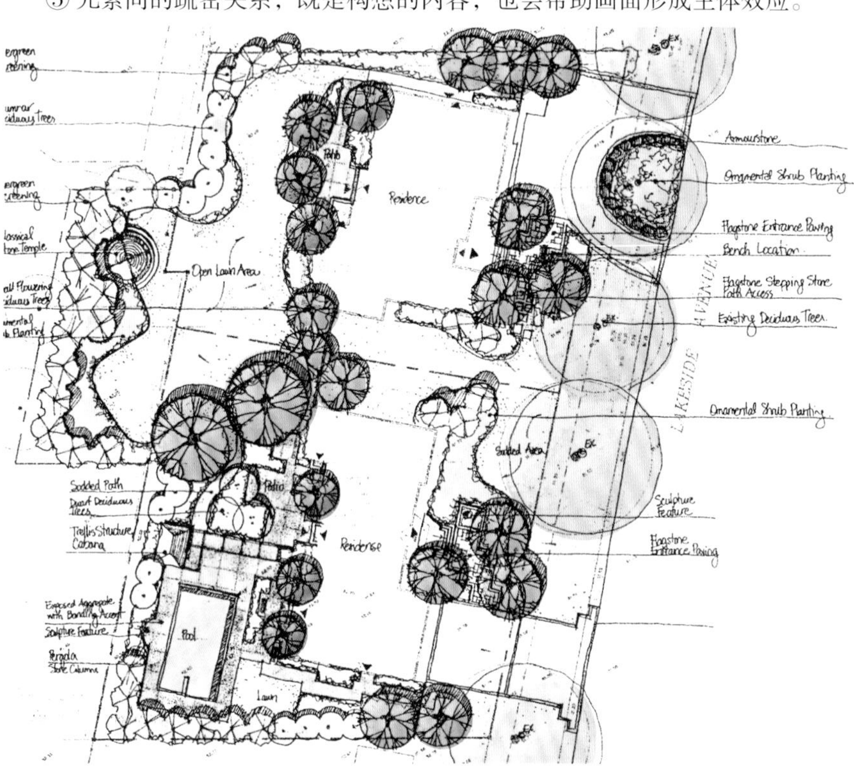

图 2-95、图 2-96 景观设计平面图

2.5.2 剖（立）面图

剖（立）面图能体现设计造型的高度关系与地形的变化起伏，它既是一种设计的表达方式，也是一种设计的分析方式。剖（立）面图的手绘要点如下（图 2-97~ 图 2-100）。

① 先表达出地面的起伏关系，再绘制配景更易把握画面整体感。

② 剖（立）面图的植物可适当符号化，以体现独特的艺术性与整体性。

③ 剖（立）面图常常配合尺寸标注，使观者一目了然。

④ 通过线条或调子的变化可使切面表现出空间感。

⑤ 将剖断部分的单位与关系细节表达充分，容易产生趣味的画面效果。

⑥ 材质及引注也是剖（立）面图常用的方法，但形式需符合画面整体。

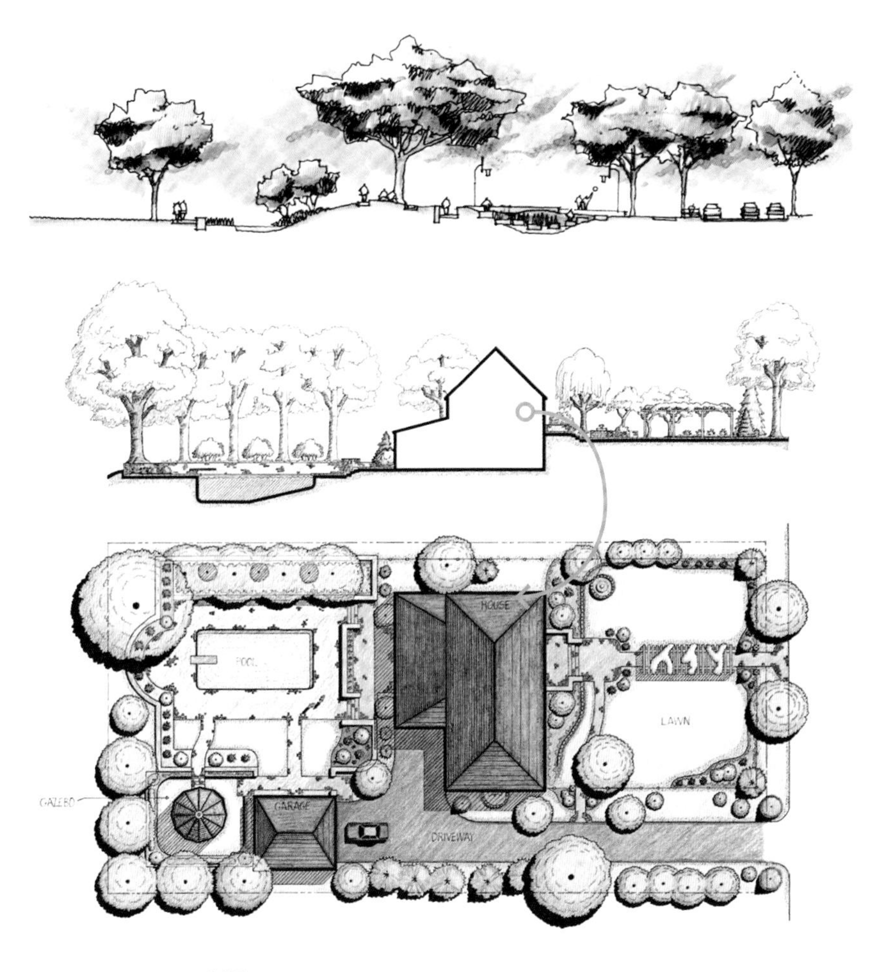

图 2-97~ 图 2-100　景观设计剖（立）面图

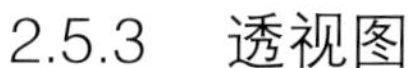

2.5.3　透视图

设计的透视图需要设计理念的支撑，也需要美学基础的支撑，是两者综合的表现，也是所有手绘造型元素的综合。透视图还是设计师空间想象能力的检验，设计师需要通过大量的实践才能将脑中的构想游刃有余地通过手绘表达出来（图 2-101、图 2-102）。

图 2-101、图 2-102　两组广场景观的透视图

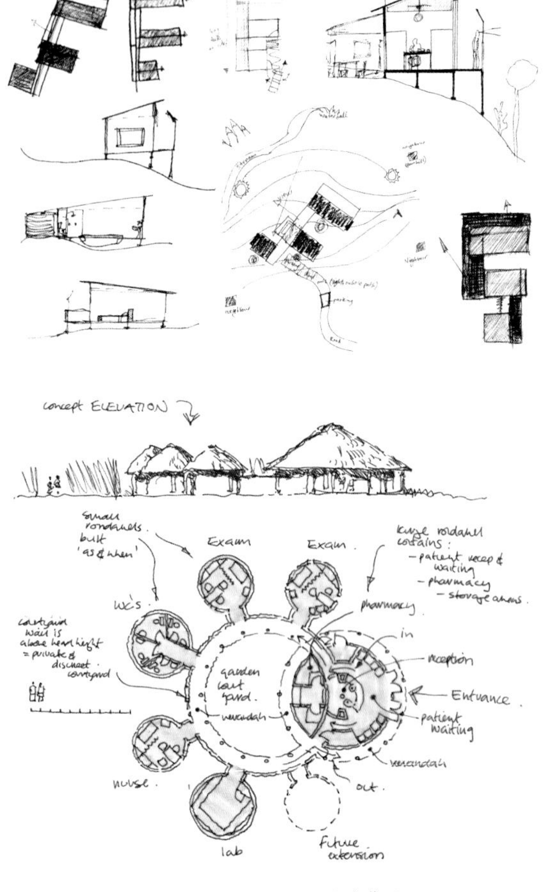

2.5.4 组合草图

将设计的重要内容综合在一张或几张画面中形成了组合草图或分析草图，观者可从极少的画幅中了解构想的整体面貌，将翻阅图书式的思维重新恢复到整体。组合草图既是构想的综合，又是平面的构成，还是设计师综合能力的体现（图 2-103~ 图 2-105）。

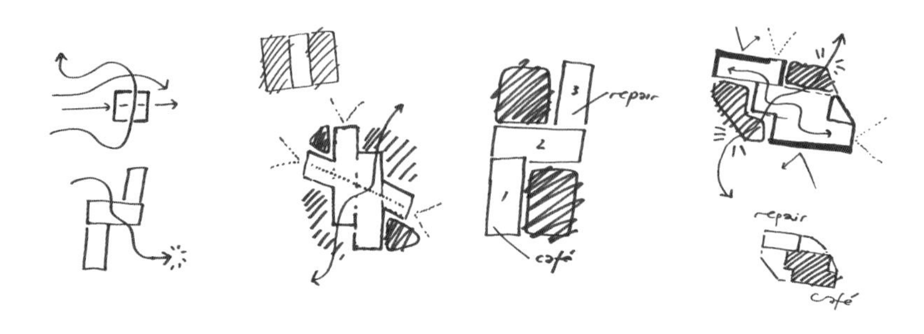

2.5.5 材料与质感

材料的质感有助于体现画面与对象的真实性，它也是设计师对材质理解程度与综合素养的体现。每种材质都有特有的属性与表达规律，在表现时需从此出发。平日应多观察生活，从自然中认识每一种材质。手绘材质要点如下（图 2-106、图 2-107）。

① 适当的纹理有利于表达材质的类别。

② 添加纹理时按从前往后、从上往下的方式，有利于处理画面虚实关系。

③ 适当的调子及色彩更容易表达材质种类与质感。

④ 渐变色与阴影同样有利于表达材质特点。

图 2-103~ 图 2-105 组合草图
图 2-106、图 2-107 材料与质感

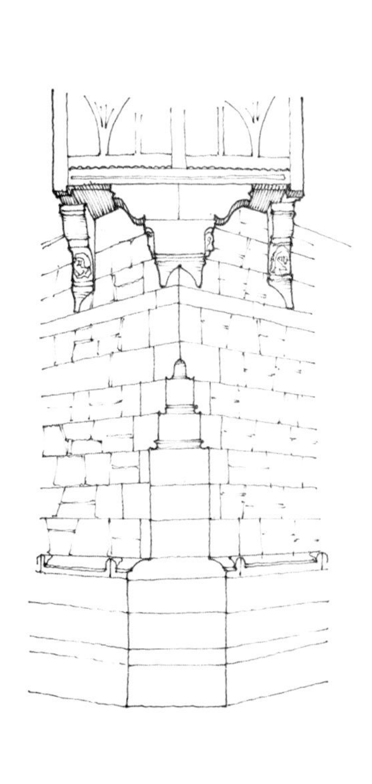

操作提示：

1. 哪些艺术绘画原理可以应用于景观手绘？

2. 试想本章的哪些手绘知识内容可以应用于电脑设计？

3. 运用本章的知识要点尝试绘制一些设计草图。

第3章　实践一：景观构想手绘表达

设计手绘是一种构想表达方式，也是一种设计的方法。而设计是一个渐进的过程，不只是呈现一个单纯的结果，这就如同一两张效果图很难反映设计的完整意图一样。手绘的目的不仅仅是记录设计的透视图，而且是表达与记录一个完整的构想过程。通过设计草图，设计师们可以讨论、分析、比较设计的构想，并将其朝着更合理的方向发展。

而许多设计手绘教材仅将内容局限在透视图的绘画上，于是手绘设计课成了效果图绘画课，这忽视了设计方法的培养。当手绘课程结束后，学生对手绘设计的目的仍不了解，当拿到一个课题后，仍然无从落笔。为此，本章从设计方法的角度阐述设计构想是如何通过草图表达的。在每一组步骤图前，本章都会对设计构想进行描述，以使读者了解：画笔中流动着的是设计构想。

3.1　草图的作用与目的

3.1.1　速写与草图

草图与速写都有画或者是用笔记录的相同点，都有美术原来的成分，但也有区别。当一件优秀速写作品展现于众人前时，对其的评价是“画得真好”，画家的审美和艺术功底“真好”（图3-1）。而当优秀的设计草图呈现在设计师面前时，它的评价应该是“创意真好，有想法”（图3-2）。这就是区别，一个服务于艺术范畴，另一个服务于设计领域。如果一件速写被毁的话，那将失去一件真正的作品，但如果是一幅草图被毁的话，其并没有实质的影响，因为设计师的思考或是构想已得到了呈现，这也许是对设计草图的又一种理解方式。当然，许多设计大师的草图被视作艺术品，其背后可能并不仅仅只是因为它的绘画功底或设计成就这样简单的原因。

相信本书读者中的大多数都梦想成为一名设计师，而不是一位艺术家，因此这就更要求读者用设计的标准来完善记录方式，以创作出更好的作品。

图3-1、图3-2　速写（上图）与草图（下图）

3.1.2 构想与发展

草图可以记录构想、表达理念、推进工作。如果方法得当，往往事半功倍，而且很方便。而传统的计算机设计软件往往需要大量的参数输入，这容易将时间花费在操作层面（为解决这一问题，SketchUp、Lumion 等即时显示的设计软件的出现在一定程度上弥补了这一缺陷）。而在实践中，简单的手绘却能够排除这些技术问题，使思维得到连贯。这也是为什么在当今的电脑设计时代，当设计师遇到问题后，还是愿意放下鼠标，用手来画几笔的原因。

设计师可以在设计的各个阶段，将不同的构想进行记录与表达。通过分析不同阶段间设计构想的优劣与特点，方案的规划、造型、流线等内容才有了实质的依据，工作才得以向前推进。

模糊的构思通过草图，有了能够视觉感知的承载，计算机技术的问题通过草图也可以连贯思维。从这个意义上说徒手绘制草图存在于设计的始终。

3.1.3 绘制草图的技巧

绘制草图不是单纯的绘画能力，练练手上功夫即可，而是一种高效工作方式的体现。熟练掌握了这些技巧，可使设计的思维得到连贯，构思能得到更好的表达。绘制草图的技巧如下（图 3-3~ 图 3-13）。

（1）大胆地绘制草图

一般在绘制草图的过程中不必过分在意线条及用笔的形式，往往先将所构想的内容大胆地记录下来，有了视觉能够感知的形式，才可能有判断的依据。草图的绘制过程也可以有不同的形式，可以根据需要来应用。

（2）在打印稿上添加草图或利用透明纸绘制草图

将设计图纸，如卫星图、CAD 平面立面图打印，将草图绘制在这些图片上，可以直观地反映设计与现场的关系。或通过设计软件，如 SketchUp，创建一个简单的空间模型，并输出成图片，并以此为基础绘制草图，可简化复杂的空间透视的推演工作，并可直观地反映设计效果。

运用透明纸，如草图纸、硫酸纸，用透叠的方式绘制草图，可基于原始前一版内容进行再设计与优化，不断将设计向更合理化推进。

（3）小稿（小透视）绘制草图

对于较复杂的场景，绘制的小幅透视图往往可以快速察看空间与造型的关系，无需复制繁复的细节，更无需精确的透视，但构想足以表达。或将许多构想同时绘制在一张草图中，用于分析比较其中的优劣，便于设计深化。

（4）利用马克笔与单纯的色彩绘制草图

对于稍大的透视图，可尝试用浅色马克笔确定透视关系，再使用墨线进行深化。运用浅色马克笔着色，可以反复叠加，即使错误也无妨；另一方面还由于马克笔笔尖顺滑，容易控制线条走势，待构图确定后，配合深色马克笔，起稿时不精确的线条自然就隐没了。

单纯的色彩能排除一切不必要的视觉干扰，使得设计师更专注于构想的表达上，而不是困惑如何从一大堆彩笔中挑选颜色。

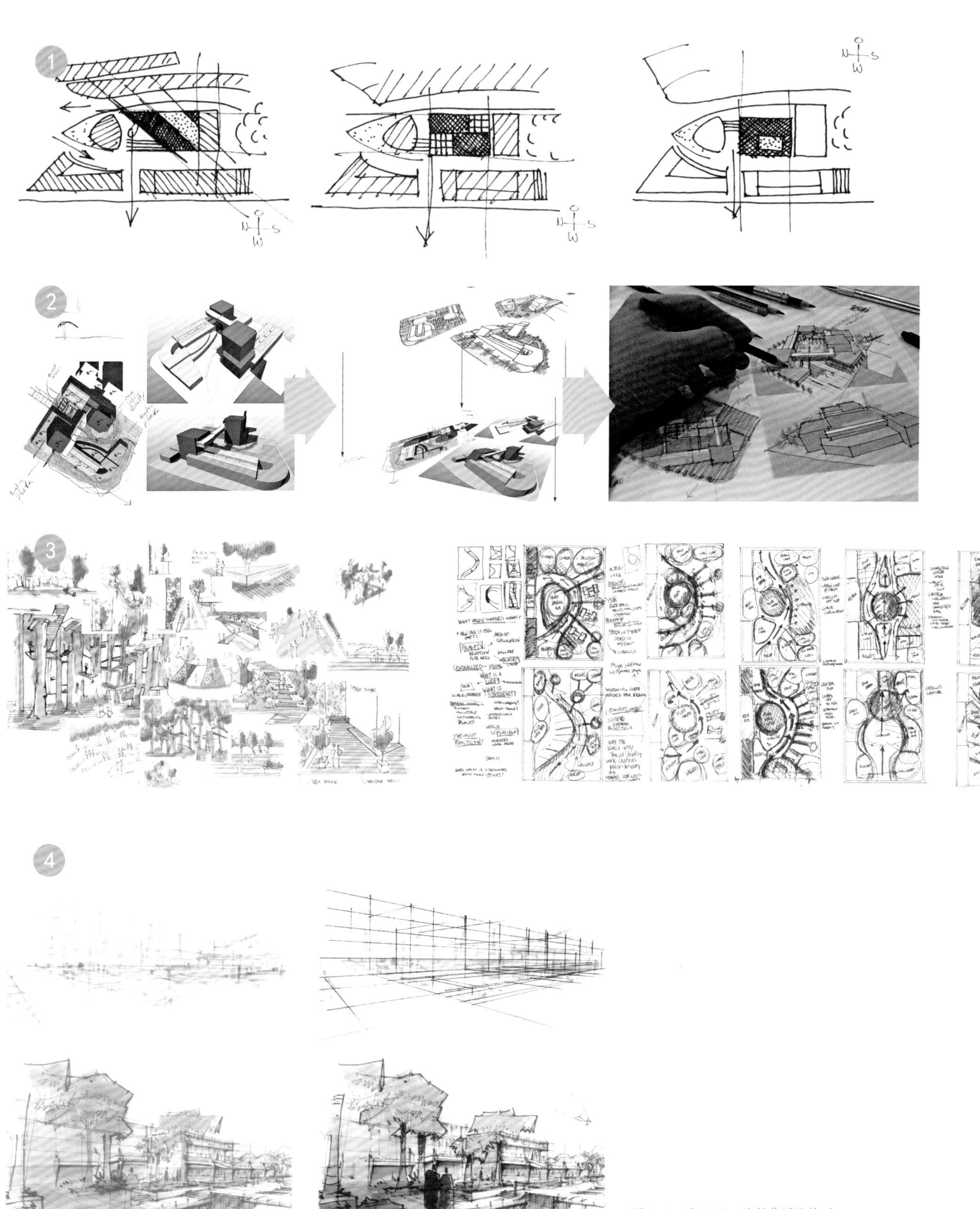

图 3-3~ 图 3-13　绘制草图的技巧

①大胆地绘制草图，初期不用在意构想的绝对好坏，更不用在意笔法与风格；②在打印稿上添加草图或利用透明纸绘制草图；③小稿（小透视）绘制草图，平面图小稿也是一种形式；④利用马克笔与单纯的色彩绘制草图的作图步骤

3.2 微型小庭院设计构想

一般的绘制草图书多专注于透视图，而本书则更多地从用分析的方式绘制草图入手，使读者了解整个设计过程。

3.2.1 构思来源

本案例是通过草图来表达一个概念的构想，读者可了解如何将景观手绘知识付诸实践；当产生设计构想后，如何通过草图进行表达。

案例的设计内容为某建筑前的小花园，建筑设计已完成，现代风格，用材自然。建筑位于山顶，视野开阔，屋前有水流经过。构想的灵感来源于电影《金刚狼 1》的山顶小木屋，设计的核心理念很单纯，希望表现出屋前水景水天一色的效果，还想表现一种居家精致花园的氛围（图 3-14）。

图 3-14 设计构想
本案例的 SketchUp 模型效果

对于比较模糊的设计构想，初学者可通过参考意向图进行设计，以对空的间氛围有一定预想。

注：意向图的寻找方法。建议初学者先有初步的设计构想，再按意图寻找意向，通过意向图来获得构思的图示反馈，而不要开始就急于寻找铺天盖地的意向图，这反而容易“没了方向”。

3.2.2 工具准备

由于是带有分析性质的构想草图，而不是传统意义上的透视完成图，因此记录工具并不复杂（图 3-15）。

纸张。使用最普通的 A4 白纸，用于记录任何创意点及设计分析，并通过硫酸纸用于平面布局的调整与深化。

画笔。笔者根据个人习惯选择了一种小双头光盘笔，细的一头用于记录大的布局，如规划及剖面，以把握整体；极细那头用于深化一些细节，线条的宽度可以根据力度自由调整，并准备了一支水笔交替使用。

色彩。色彩渲染上选择冷色系的油性马克笔，并配合一些彩铅。

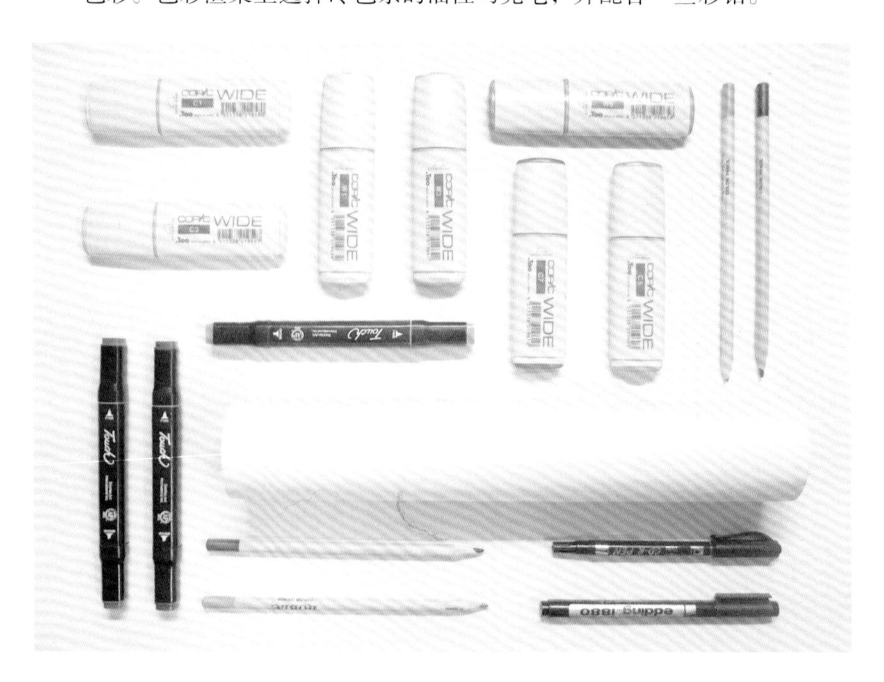

图 3-15 草图工具与记录媒介

3.2.3　概念草图

概念草图主要构想了景观的剖面关系，可以从高处俯览景观，以及平面的布局，用水来连接所有的户外场地（图 3–16、图 3–17）。

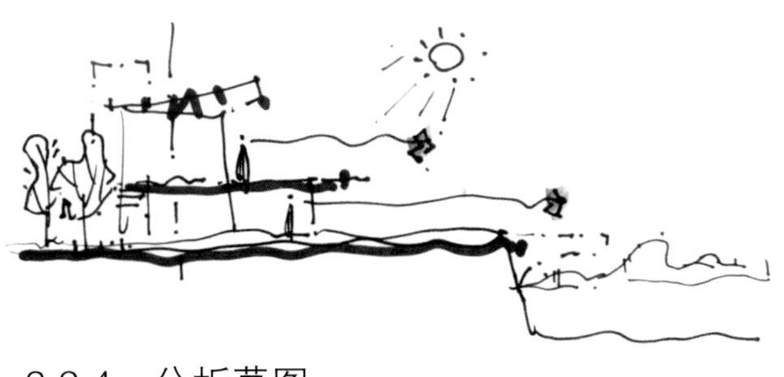

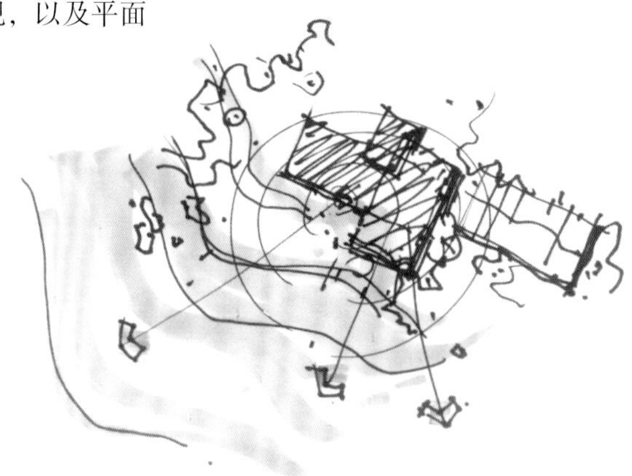

图 3-16、图 3-17　概念草图

3.2.4　分析草图

（1）建筑与水系关系分析图（图 3–18）

该分析图表达从建筑前流过的水，该元素是设计的重点，并且是寻找空间符号的提示信息，它是构想的产生寻找依据。

（2）视线与景观布局分析图（图 3–19）

该分析图表达建筑前端无任何遮挡，视线开阔，景观布局可水平向构图。

（3）小透视分析图（图 3–20~ 图 3–23）

通过小透视的方法分析空间的层次与对景关系。

在这个案例中，手绘分析图用于梳理场地的特性，为产生构想打下基础，其实一些概念设计伴随着这些分析图就已经产生了，如小透视图。在大型的景观规划案例，分析的内容将十分复杂，一切信息都可能成为构想的依据。

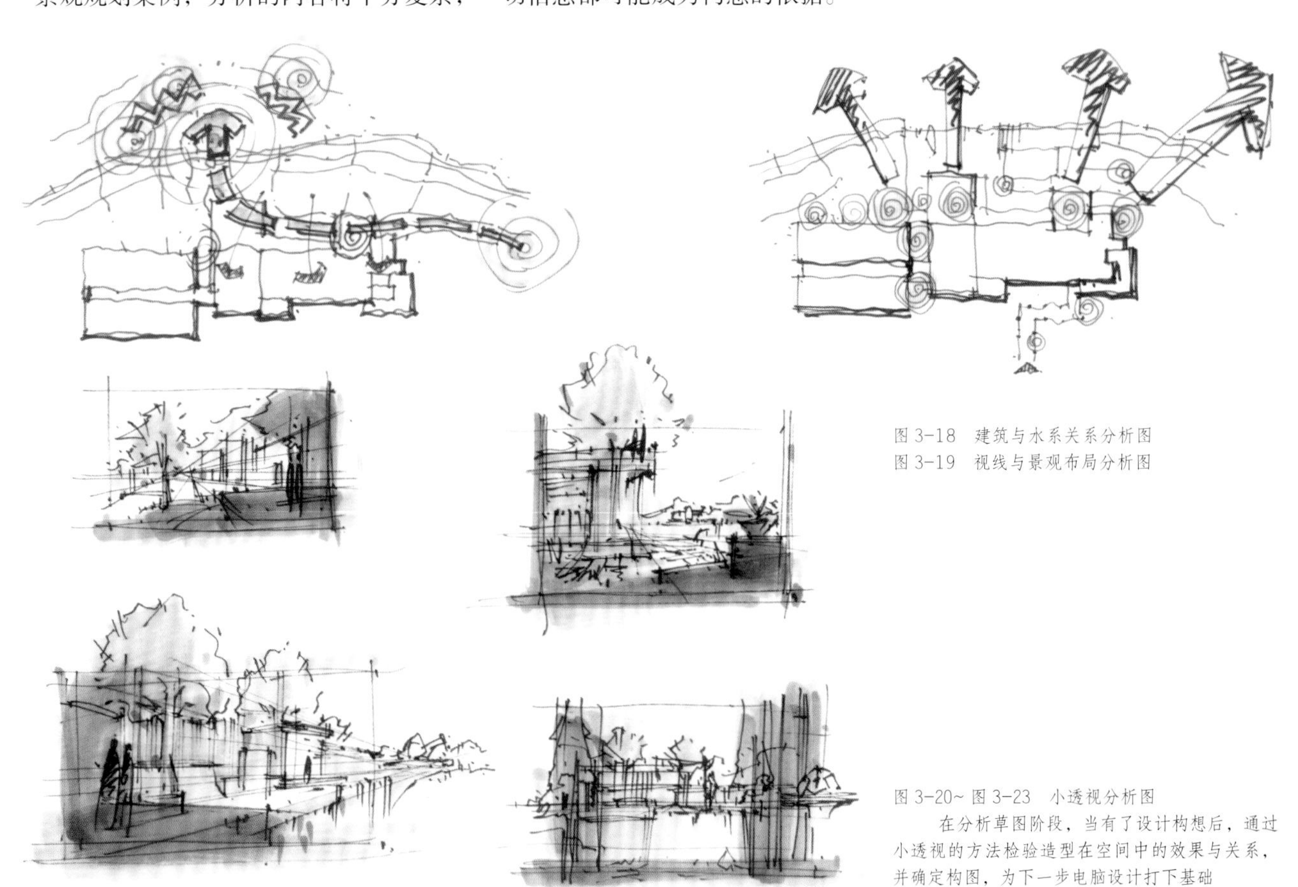

图 3-18　建筑与水系关系分析图
图 3-19　视线与景观布局分析图

图 3-20~ 图 3-23　小透视分析图

在分析草图阶段，当有了设计构想后，通过小透视的方法检验造型在空间中的效果与关系，并确定构图，为下一步电脑设计打下基础

3.2.5 逻辑草图

（1）平面布局图（图 3-24~ 图 3-26）

安排功能、流线等区域的位置，并协调它们的关系，找出最合理布局。

（2）构想剖面（图 3-27）

设计中最有特色的剖面结构。

图 3-24~ 图 3-26 不同的平面布局

平面布局通常不止一个，通过不同的组合表达不同布局的特色。可通过硫酸纸，通过色块区分不同的功能

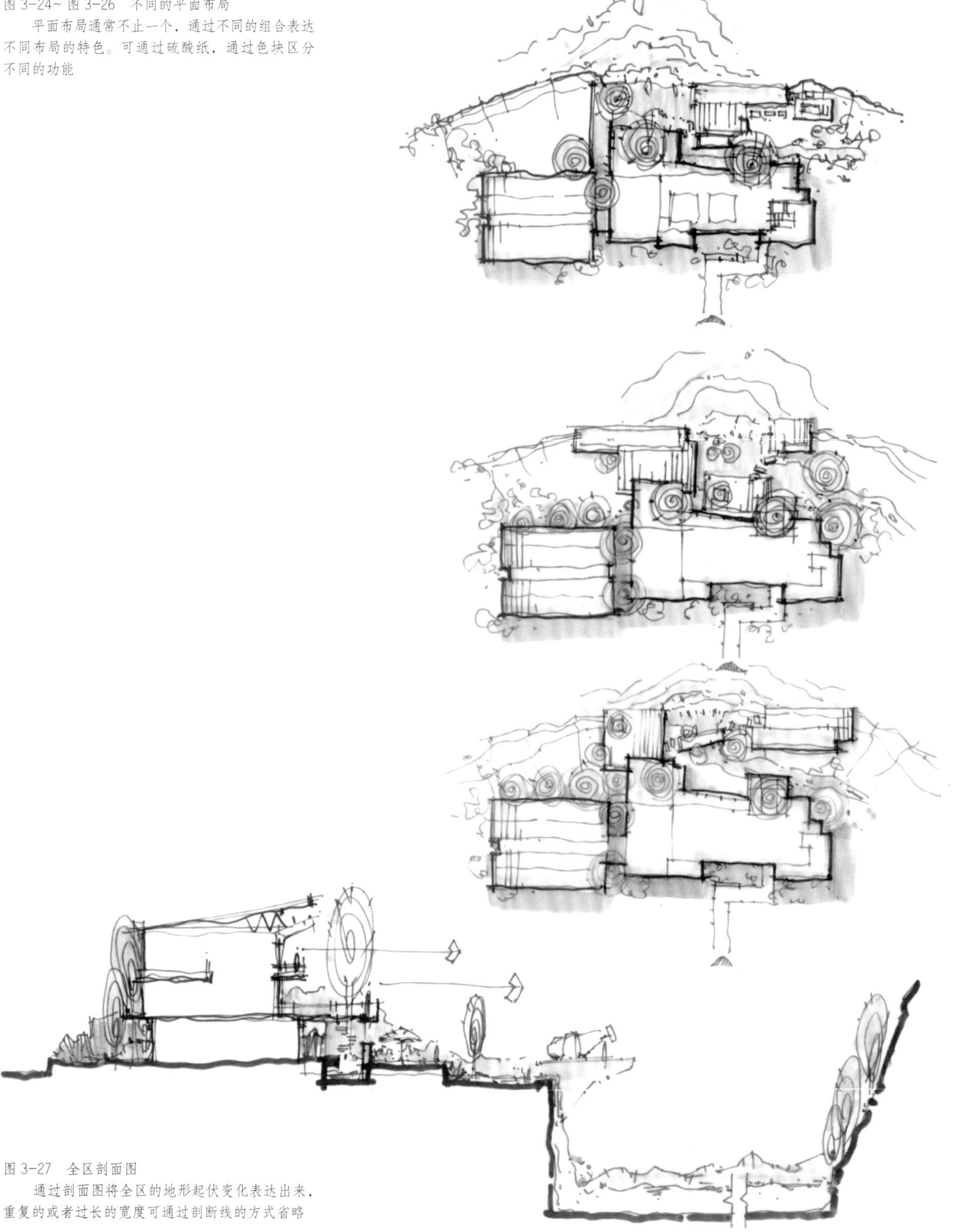

图 3-27 全区剖面图

通过剖面图将全区的地形起伏变化表达出来，重复的或者过长的宽度可通过剖断线的方式省略

3.2.6　透视图

本案例的局部小透视及主场景的透视图见图 3-28~ 图 3-31。

图 3-28~ 图 3-31　透视图

将小透视图适当放大表达，以表现更多的细节及光影效果

3.3 小码头设计构想

3.3.1 构思来源

本部分的内容除了构想草图外，还将用形态生成的方式，将不同的内容集中于一张幅面上，体现前期设计推演的过程。

设计的基地为海港前的小码头，整个码头的规划与建筑风格现代并带有未来感，海港上拥有三栋天桥连接的现代建筑。基地内的建筑通过坡地及天桥连接，水平线条为核心语汇，因此景观设计继续延续这一元素，并表达一种景观与建筑相容，体现立体景观的构想（图 3-32）。

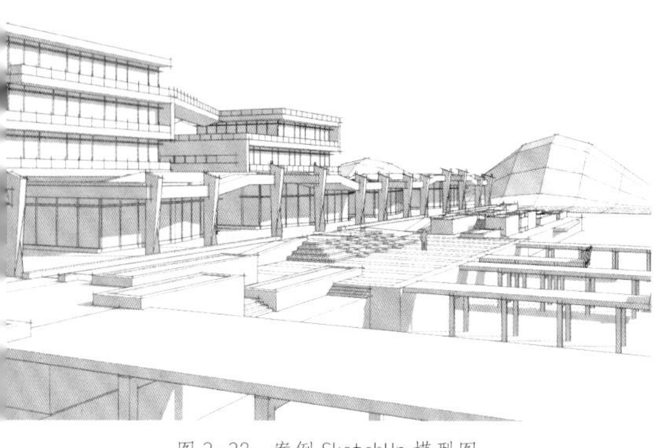

图 3-32 案例 SketchUp 模型图

3.3.2 核心理念草图

运用综合草图的形式将设计构想完整地呈现，内容包括核心符号、空间结构生成以及小透视图（图 3-33）。

图 3-33 核心理念草图

通过综合草图的形式，将设计构想在同一副画面中表达，其实在真实的设计案工作中，设计草图多以这种头脑风暴的方式呈现

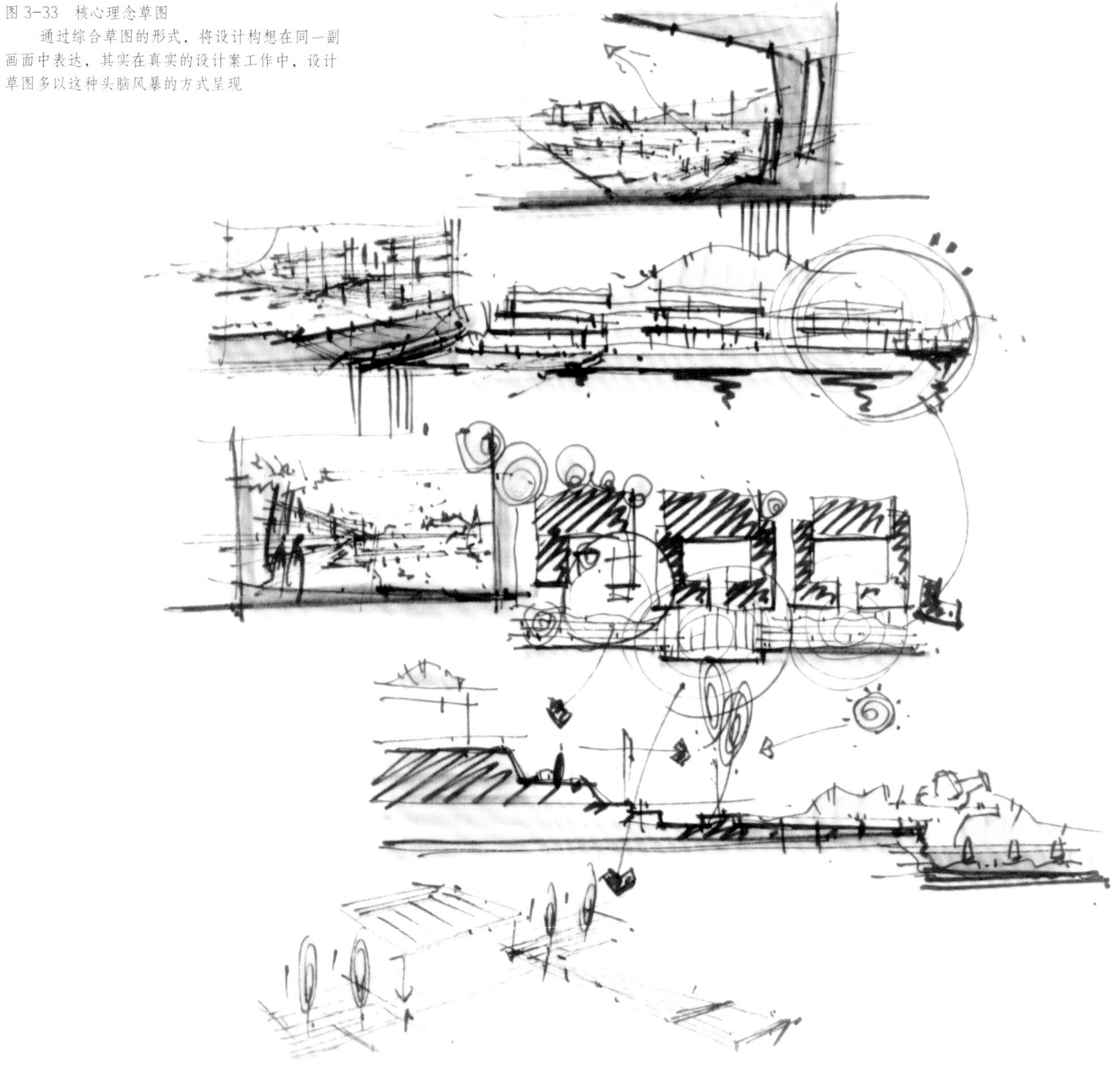

3.3.3　逻辑草图

本案例的全区剖面图与透视图见图 3-34~ 图 3-36。

图 3-34~ 图 3-36　剖面图与透视图

3.4　设计推进

本书准备了三个案例进行设计构想表达，其过程包括构想草图，SketchUp模型，再到Lumion深化构想的全过程。通过这三个案例，将整本书的内容有机地串联在了一起，也将书中的要点融入这些案例中，还使读者了解到，一个设计构想，是如何从抽象的概念，发展到视觉化的成果。

3.4.1　小庭院构想推进

小庭院的设计构想从草图，SketchUp模型一直到Lumion渲染图的推进过程见图3-37~图3-39。

3.4.2　小码头构想推进

小码头的设计构想从草图，SketchUp模型一直到Lumion渲染图的推进过程见图3-40~图3-42。

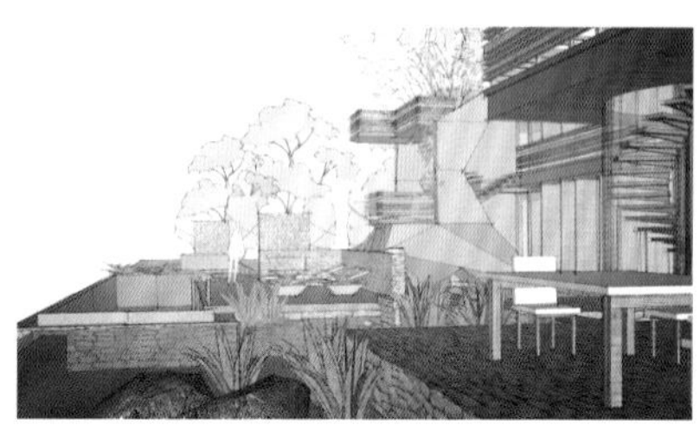

图3-37~图3-39　小庭院设计构想推进
图3-40~图3-42　小码头设计构想推进

思考延伸：

1. 尝试运用小透视的方法构图、浅灰色的马克笔起稿，并体会这种方式所带来的画面整体感。

2. 比较草图阶段单纯与复杂色彩所表达出的空间与造型体量感，并体会单纯色彩的优势。

3. 在草图阶段尝试预想电脑设计深化阶段的画面效果。

第 4 章　SketchUp 工具与操作基础

以往设计软件教程通常采用的教学方式是“广”，即面面俱到，什么功能都讲到，但实践证明，根据专业的不同，工具的使用频率也有高低之分。因此，与第 2 章的景观手绘内容一样，本章的内容仍然着重实用，重点介绍与景观设计有关的工具，使用频率低的工具本章少讲，或留给读者自行研究。

相较目前众多 SketchUp 教学书将工具做单项跳跃式分类，本书更尊重 SketchUp 的原始布局结构，仅基于工具栏标题将其归为：图元创建与编辑、镜头与显示工具、其他重要工具、文件输入与输出。这样的分类方式便于初学者快速查找工具，并从全局上理解工具所处的“位置”。读者可整体阅读再做组合练习。

由于传统软件教科书多限于参数教学，未涉及设计方法，因此本书在 SketchUp 的操作及使用思路上做了整体考量，采用三次递进方式。首先使读者了解软件工具的功能与属性（第 4 章）；其次是工具组合运用（第 5 章）；再次是 SketchUp 表达景观设计构想（第 6 章）。意图通过循序渐进方式使读者从会用软件，向会表达设计构想发展。特别需要说明的是，本章案例素材均由 SketchUp 制作，本书示范使用 SketchUp 2014 版。

4.1　界面与设置

4.1.1　界面向导

首次使用 SketchUp 时会出现【欢迎使用 SketchUp】面板（图 4-1）。景观设计专业选择【模板】，【建筑设计 - 毫米】，按需取消【始终在启动时显示】的勾选。进入软件界面后【模板】修改方式如下。

【窗口】菜单，【系统设置】，【模板】。

图 4-1　【欢迎使用 SketchUp】向导面板

4.1.2 工作界面

SketchUp 工作界面由 4 部分组成：① 标题栏（下设菜单栏）；② 工具栏；③ 状态栏 / 参数栏；④ 绘图区（图 4-2）。

图 4-2 SketchUp 工作界面

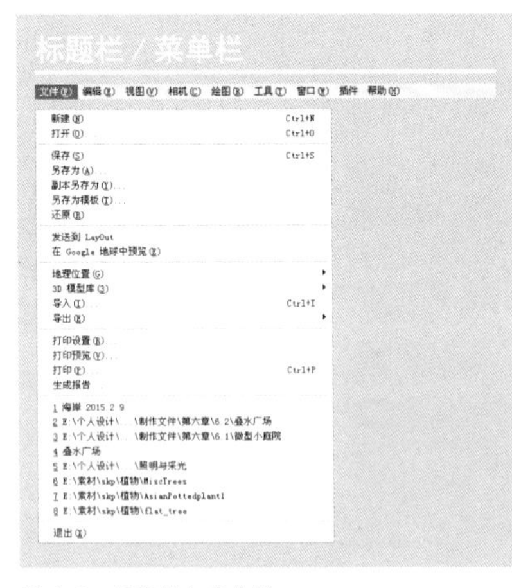

图 4-3 标题栏与菜单栏

（1）标题栏与菜单栏

① 标题栏（图 4-3）

a. 文件：文件新建、保存、输出、输入等功能。

b. 编辑：复制、粘贴、锁定等功能。

c. 视图：工具栏加载、绘图区显示等功能。

d. 相机：视图切换、屏幕操作等功能。

e. 绘图：创建图元。

f. 工具：编辑图元。

g. 窗口：加载控制面板、功能面板等功能。

h. 插件：插件栏（安装插件后会自动生成，否则不显示）。

i. 帮助：帮助中心、软件许可、版本等查看。

② 菜单栏。SketchUp 标题栏下设菜单栏，其内容单纯，且部分菜单格式与标准 Windows 软件基本一致，如【文件】菜单。菜单栏大部分功能已整合于工具栏，或可通过快捷键加载，使用频率不高。

（2）工具栏

① 加载工具栏。工具栏通过【视图】菜单，【工具栏】加载。景观设计常用工具如下（图 4-4）。

a. 相机：屏幕视图操作。

b. 建筑工具：测距及引注文字等功能。

c. 实体工具：实体图元间的修剪与合并工具。

d. 绘图：创建图元。

e. 样式：图元显示效果工具。

f. 图层：图层管理。

g. 编辑：图元编辑。

h. 主要：选择、删除、材质应用等功能。

i. 剖面：创建剖截面。

j. 阴影：阴影管理。

k. 标准：文件打开、新建、保存、输出、输入等功能。

l. 视图：视图切换，如平视图，侧视图。

m. 漫游：视角等镜头功能工具。

n. 沙盒：地形工具。

o. 实体工具：布尔运算工具。

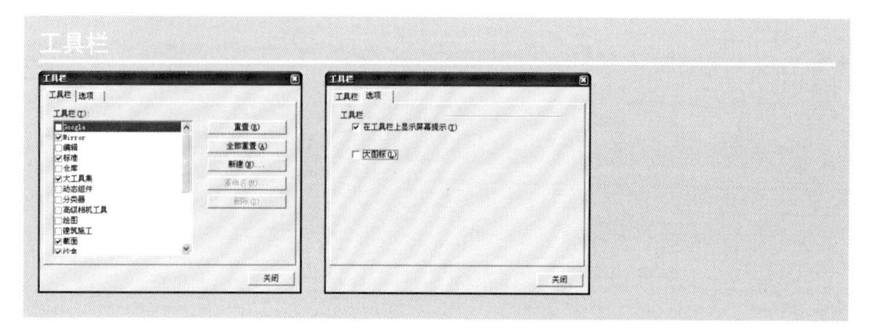

图 4-4　工具栏选项

SketchUp 主要工具已集中于【大工具集】，用户可直接加载此项。工具栏可以根据使用频率以及用户喜好灵活加载，SketchUp 的主要功能几乎都集成在工具栏内

② 自定义工具栏。SketchUp 允许用户自定义工具栏的图标大小及信息提示方式。

a. 图标尺寸设置如下。【视图】，【工具栏】，【选项】，【大图标】。

b. 信息提示设置如下。【视图】，【工具栏】，【选项】，【在工具栏上显示屏幕提示】。通过此功能查看工具功能的文字提示。

（3）状态栏

状态栏包含数值控制框，即【数值】（图 4-5），主要功能如下。

a. 编辑过程中的信息提示，数值会随对象变化而改变。

b. 编辑操作，如拉伸、复制、旋转的参数输入及度量的尺寸值。

注：数据输入无需激活数值控制框，因为数值控制框随时“待命”。

图 4-5　状态栏

（4）绘图区

绘图区是 SketchUp 的灵魂所在，一切创意的构思都从这里迸发。

① 鼠标绘图区基本操作

a. 屏幕缩放：鼠标中键滚动。

b. 屏幕转动：鼠标中键配合鼠标移动。

c. 平移：Shift+ 鼠标中间。

② 系统坐标显示设置。系统默认显示的“红、绿、蓝”轴若造成视觉干扰可关闭，设置方式如下。

【视图】菜单，【坐标轴】。

注：SketchUp 与 Lumion 配合设计时，坐标轴用于两个软件间的模型对齐，应用方式见 7.5.1 中的（1）SketchUp 坐标设置。

③ 屏幕光标设置。SketchUp 可将鼠标指针做“十字光标”显示，便于模型间的位置关系比较，此功能类似 CAD 十字光标最大化，设置方式如下。

【窗口】菜单，【系统设置】，【绘图】，【杂项】，【显示十字准线】（图 4-6、图 4-7）。

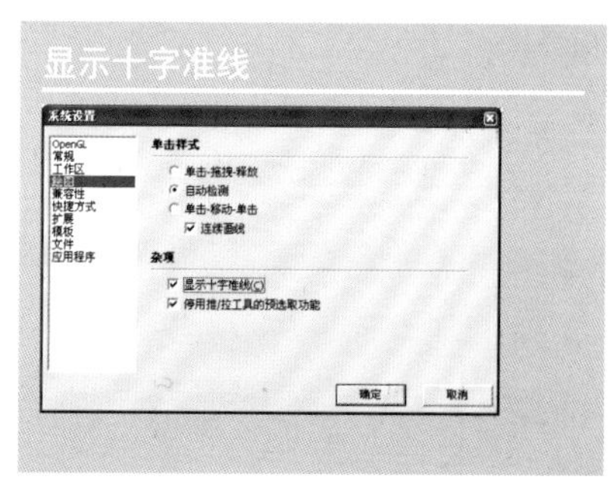

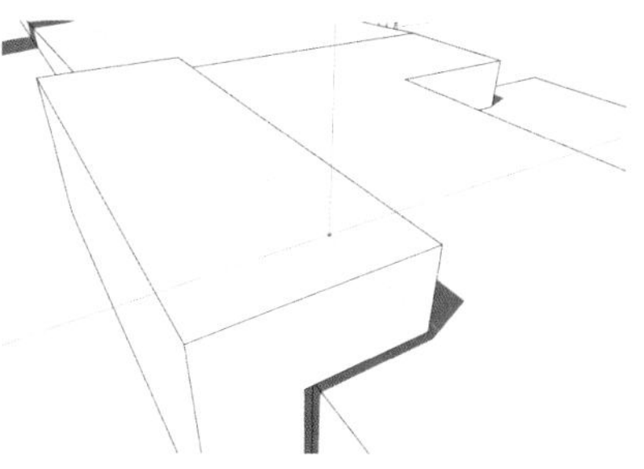

图 4-6、图 4-7　屏幕光标设置

4.1.3 系统基本设置

熟悉SketchUp的工作界面后不是立刻开始软件学习与使用，而需对软件进行设置，以达到设计工作要求。SketchUp根据不同的专业特性有不同的【系统设置】与【模型信息】设置，本部分重点介绍与景观设计有关的设置，或者说这些设置已能基本满足景观设计的工作要求了。

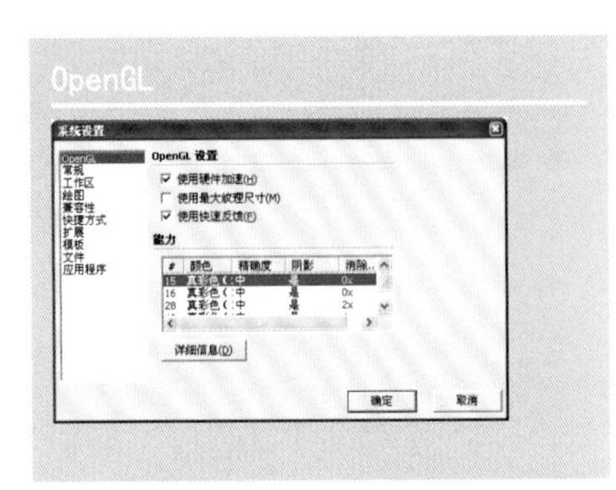

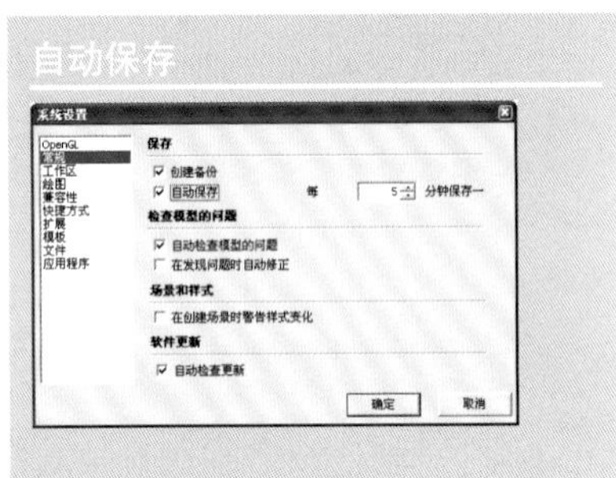

图 4-8 OpenGL 设置
图 4-9 自动保存设置

（1）OpenGL

OpenGL设置是为了解决显卡OpenGL驱动与SketchUp的兼容问题，系统默认勾选。若发现创建图元时场景旋转不顺畅或模型的锯齿效果明显，需检查此项设置，设置方式如下。

【窗口】菜单，【系统设置】，【OpenGL】（图 4-8）。

①【使用硬件加速】、【使用快速反馈（Use fast feedback）】。这两项可提高软件运行速度以及绘图区抗锯齿效果，默认勾选。

②【使用最大化纹理尺寸】。针对贴图显示效果，不勾选则屏幕的材质贴图显示较模糊，但软件运行较快，反之亦然，此项默认未勾选。

（2）自动保存

为避免创作过分投入遗忘保存而造成的数据损失，需设置自动保存，设置方式如下（图 4-9）。

【窗口】菜单，【系统设置】，【常规】。【自动保存】，每 __ 分钟。

① 勾选【创建备份】，文件首次另存后，系统自动生成 **. skb 文件，文件位于保存根目录下，此后每次执行保存操作，文件会自动更新。

② **. skb 文件恢复操作

a.取消电脑操作系统（如XP、WIN7）的【工具】菜单，【文件夹选项】，【查看】，【隐藏已知文件扩展名】的勾选。b.将扩展名skb修改为skp后便可正常使用，如Creative Garden.skb修改为Creative Garden.skp。此方法同CAD备份文件还原。

注：SketchUp虽然提供自动保存功能，但是养成良好的“三步一保存”习惯以及不定期备份文件的意识还需切记。同时，不要总在一个文件内进行修改，时常将文件“另存为”，通过不同阶段文件间的特点，比较和分析不同时期的设计构想，这也是电脑设计的一种思路与方式。

（3）单位

SketchUp并不针对建筑设计而开发，当一个环艺专业设计师在任何一台电脑上使用软件前，需检查软件的长度单位，并将其改为环艺设计的单位。

①【绘图模板】设置方式见 4.1.1。

② 模型单位设置如下。【窗口】菜单，【模型信息】，【单位】。

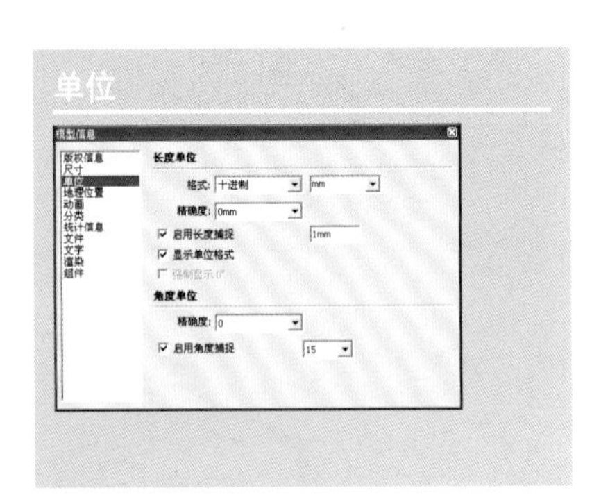

图 4-10 单位设置

a.【长度单位】设置如下。【格式：十进制】，【毫米（mm）】，【精确度：0mm】。

b.【角度单位】设置如下。【精确度：0】。【启用角度捕捉】（系统默认值 15°）（图 4-10）。

注：【旋转】工具操作首先沿设定好的角度（默认 15°）执行，用户可根据需要灵活自定义。

（4）快捷方式

SketchUp 虽有系统预设快捷键，但用户可根据使用习惯自定义，快捷方式设置如下（图 4–11）。

a.【窗口】菜单，【系统设置】，【快捷方式】加载设置面板。b.【功能】栏选择被设定的命令，或通过【过滤器】栏键入名称（根据中英文版选择不同语言）。c.【添加快捷方式】栏输入自定义快捷键字母、符号或快捷键组合，如 P、Z、/、+、Ctrl+G、Ctrl+D。通过【已指定】栏确认设定好的热键。【导入】、【导出】将自定义的快捷键保存为文件，便于换电脑时加载。

注：SketchUp 允许用户为同一个功能设定一个以上的快捷键以进一步提高工作效率。如删除功能可设定成【E（Eraser）】、【Delete】或用户任意喜好的字母或键组合。

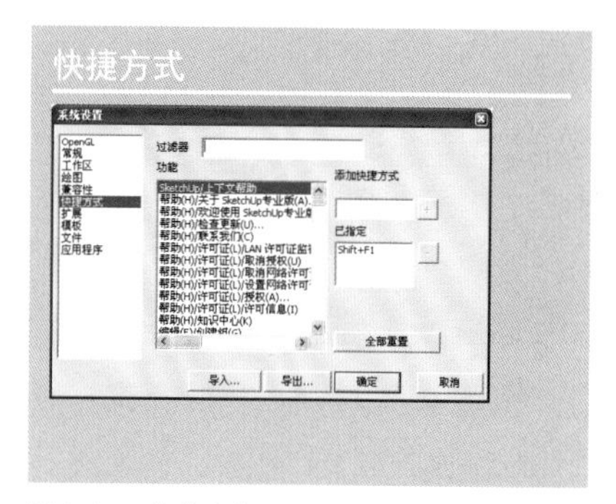

图 4-11　快捷方式

4.1.4　软件使用要点

本部分介绍 SketchUp 整体操作思路以及图元管理的基本方式，其目的是使设计工作的过程更规范与高效。

（1）版本切换（图 4–12）

SketchUp 只能向下兼容文件，将 SketchUp 文件另存低版本即可实现版本间的格式转换。

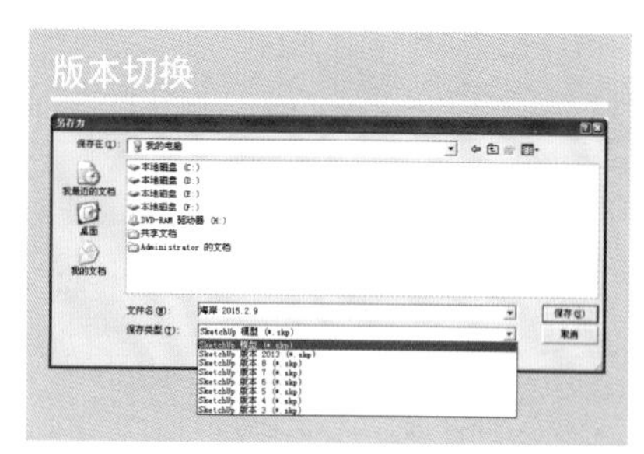

图 4-12　版本切换

（2）视图与操作（图 4–13、图 4–14）

3ds Max 等软件通过平视图、侧视图建模，透视窗口用于观察，其工作方式更倾向于“精确定位”。而 SketchUp 是直接面向设计过程的软件，高效与直观是它的特点。因此，SketchUp 将多视图进行整合，设计工作直接在 3D 界面中展开，这点与 3ds Max 等软件的建模与观察方式完全不同。

当 3ds Max 用户首次使用 SketchUp 时，无需通过【视图】工具切换视角进行工作，而应尝试适应 SketchUp 的 3D 界面，不久就会发现这种建模方式非常直观与高效，特别是对于复杂模型的捕捉以及非正角度图元的编辑。

3D 界面也正是 SketchUp 面向设计过程的直接体现。

（3）图元创建方式（思路）

SketchUp 将所创建的单位称为【图元】，鼠标右键任意单位可查看【图元信息】。【图元信息】内容丰富，如面积、长度、图层、名称等，并可对部分参数进行修改，如直线长度、弧线半径与段数等。实际运用时通过【图元信息】查看楼板面积、或进行切换图层等操作。

图元创建方式（思路）如下。SketchUp 图元最基本单位是“线”，将线闭合后（三条及以上共面的线），系统会自动为其生成“面”（可称之为面的闭合），对面进行拉伸（类似 3ds Max 的【Extrude】命令）操作后才会产生“体”，即多面体，这是 SketchUp 建模的最基本方式（图 4–15）。

SketchUp 通过拉伸操作后产生的“体”，如立方体，虽然外表为视觉整体，但实则其还是线及面的组合，表现为每条边线及每个独立的面可以被单独选择，这点同 3ds Max 直接创建一个独立的、能一次被选中的立方体是不同的。

若意图通过单击选中单元，需进行【创建组件】或【创建群组】操作，用这两种方式将分散的图元“打包”。

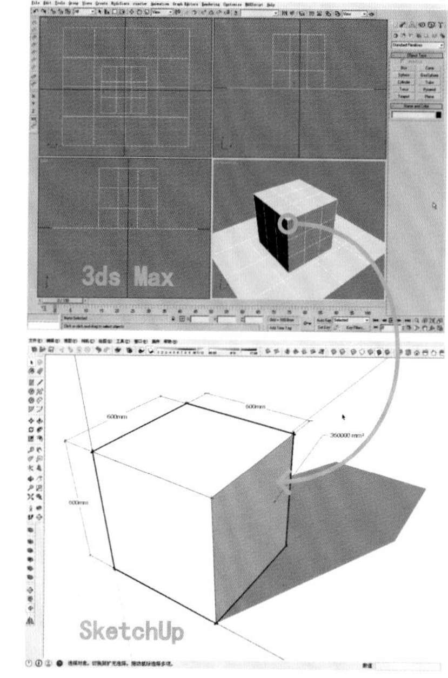

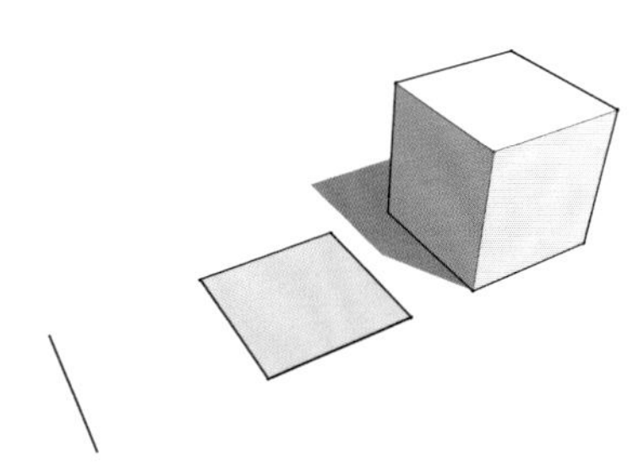

图 4-13、图 4-14　视图与操作
图 4-15　图元场景方式

（4）组件与成组

① 组件。组件是一个或多个图元集合后的独立单位，可使多个图元如整体般操作（图 4–16）。组件可包括任何内容，如线、面、体，甚至是标注符号。经【组件】后的图元间具有关联属性。

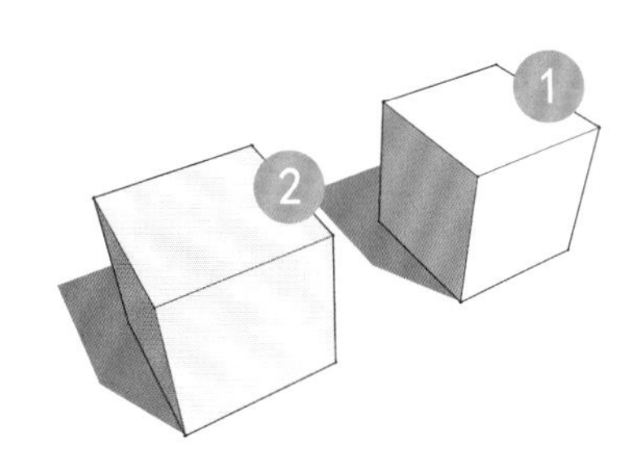

图 4–16　成组与组件
① 组件；② 成组，组件图元可 1 次选中，成组图元需鼠标 3 击全选

为什么要将图元组件化？这是由 SketchUp 的图元创建方式决定的。组件可将分散的图元打包，以提高选择以及编辑效率。更重要的是，组件具有关联属性（类似 3ds Max 的【关联（Instance）】复制），因此组件可应用于图元的批处理操作。如只要修改一组相互关联组件中的任意一个单位，其余单位也会随之发生变化，这可成倍提高编辑效率（图 4–17、图 4–18）。

② 成组。与组件相比，【成组】也是对点、线、面或体的整合，是一种便于选择与编辑的临时性群体管理操作，其没有组件的关联属性。

创建组方式如下。全选待创建图元，鼠标右键【创建群组】，组创建完成。成组后的图元可鼠标左键单击一次选中。

注：不同的【组件】可以通过【成组】“打包”，也可以再次应用【组件】方式“打包”。【创建组件】操作见 4.2.1，【制作组件】工具。运用【创建组件】方式打包组件的操作见 5.1.3，场景二——温泉池。

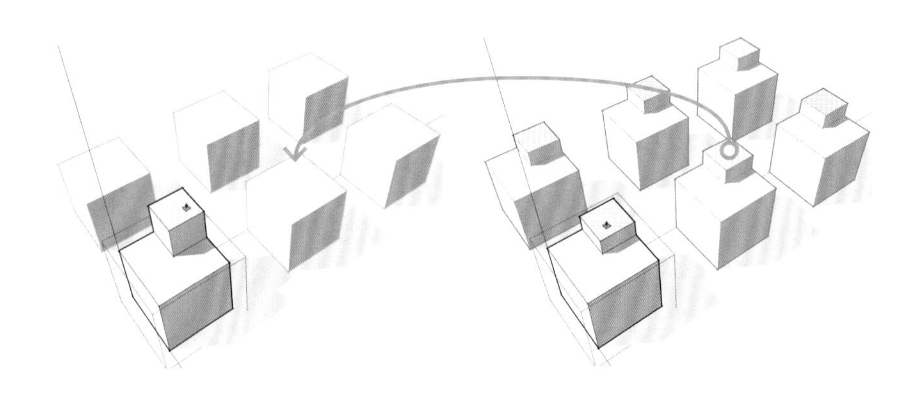

图 4–17、图 4–18　组件关联属性
组件间具有关联属性，成组图元无此属性。左图为成组图元，右图为组件图元

（5）模型正反面（法线）

3ds Max 存在法线概念，即正法线可见，法线背面透明，SketchUp 也存在类似的概念。SketchUp 中默认正法线为白色，负法线为蓝灰色。若负法线朝外（蓝灰色朝外），SketchUp 中不影响显示，但输出至 3ds Max 或 Lumion 时，模型则表现为“透明”（图 4–19）。

SketchUp 材质在实体图元状态下建议应用于正法线（正法线应用材质操作见 4.2.1【材质】工具）。

图元【推 / 拉】或【路径跟随】（两种建模方式）编辑中，偶尔会发生负法线朝外现象，这时需手动反转法线，操作方式如下。

① 方法一。鼠标右键负法线面，【反转平面】，法线反转操作完成。

② 方法二。鼠标右键模型表面，通过【确定平面的方向】功能，将法线与选定面统一。

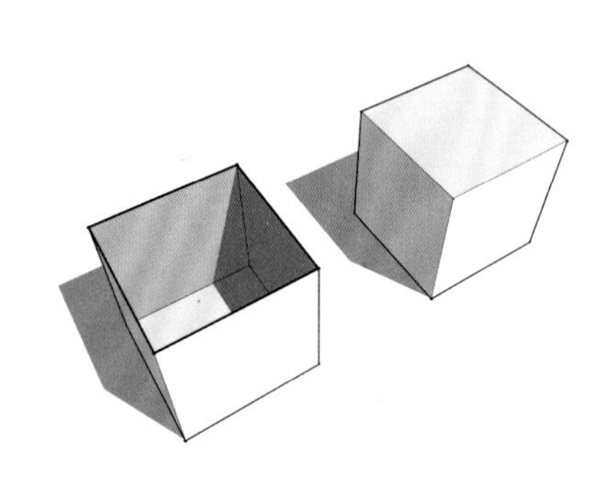

图 4–19　模型正反面

注：法线的正确与否可通过【视图】菜单，【工具栏】,【样式】,【单色显示】查看法线色的分布状况。养成良好的正法线朝外习惯，可以确保模型输出至其它软件（如 3ds Max、Lumion）时，不会出现透明面。

（6）图层管理（图 4–20）

SketchUp 的【图层】与 CAD 或 Photoshop 等软件概念相似，即将不同的图元安置在设定好的“楼层”内，以提高查看、编辑等操作的效率。

① 图层工具加载及应用。图层面板由两部分组成。【工具栏】的【图层】，用于图层的切换管理与临时管理。【窗口】菜单的【图层管理器】，用于图层的高级管理，【图层管理器】加载方式如下。【视图】菜单，【工具栏】，【图层】，【图层管理器】，或【窗口】菜单，【图层（管理器）】激活该面板。

a. “+” 与 “–” 为添加与删除图层。

b. 扩展菜单的【全选】、【清除】、【图层颜色】对图层进行再操作。

c. 双击【名称】重命名图层。通过【◉】设置当前图层。【可见】，设置图层的显示与隐藏。【颜色】，图层所在的图元色，若需使用图层色显示，选择【详细信息】，【图层颜色】即可。

② 图层切换

a. 方法一步骤如下。选择被切换图元（设图元位于 Layer0），点击【工具栏】，【图层】面板下拉小三角下拉菜单，选择切换至的图层（Layer1），图层切换完毕。

b. 方法二步骤如下。鼠标右键被切换图元，打开【图元信息】，将图层切换至指定图层。

注：图层切换方法不仅适用于单选，也适用于复选，原理同 CAD。

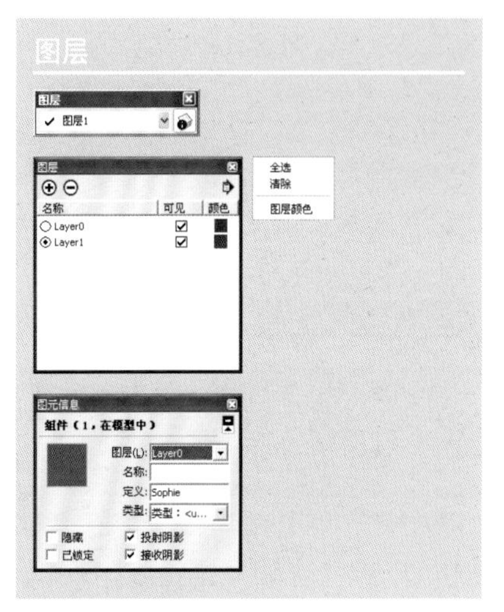

图 4–20　图层管理

4.2　基本工具与操作

4.2.1　图元创建与编辑

（1）绘图工具

① 直线工具。根据起点和终点绘制边线（图 4–21）。

SketchUp 创建图元探索——从创建一根直线开始（图 4–22）。

电子文件：Chapter04/4.2.1/ 直线工具。

注：为便于学习，本章为 SketchUp 的主要工具配备电子文件，读者可跟随这些文件中的【场景】切换进行操作，以熟悉软件操作原理。本书中的电子文件可通过化学工业出版社官网的资源下载板块获得，网址 http://download.cip.com.cn/。

图 4–21　直线工具

图 4–22　直线是所有图元的起点

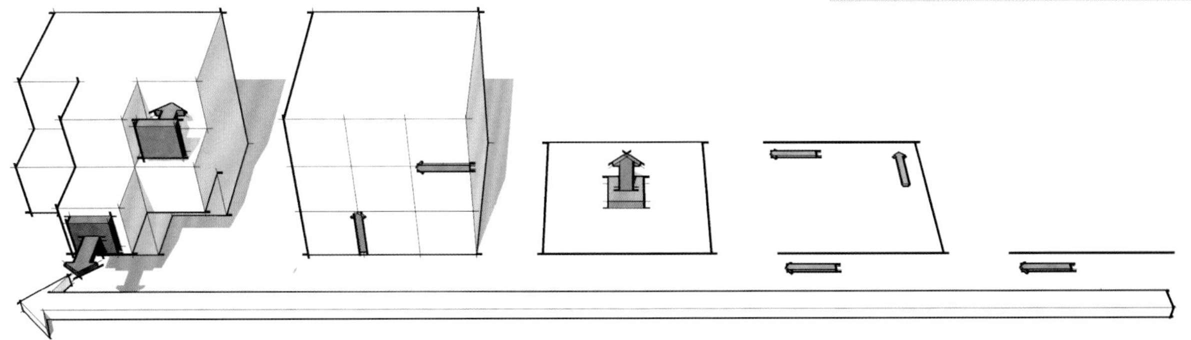

创建直线步骤如下。

a. 激活【直线】工具，在屏幕上任意点鼠标左键，做鼠标移动操作。b. 第二点为终点，再次鼠标左键，线条创建完成（图 4-23、图 4-24）。

若需创建精确长度的线条，只需在确定第一点后键入长度值（通过数值栏查看数值），回车确认即可（若系统单位已设置，可不用输入单位，下同）。

注：【直线】工具创建连续线条且共面多边形（三边形及以上），系统会默认为其表面闭合。

创建图元过程中若出现错误，可用【Esc】键取消操作（下同）。SketchUp 在创建图元时会自动捕捉红绿轴（平面坐标），蓝轴（垂直坐标），创建时根据颜色提示判断坐标轴方向。创建时配合【Shift】键可锁定参考轴。

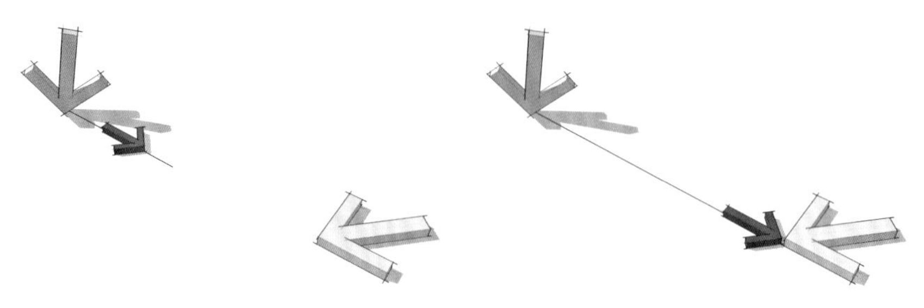

图 4-23、图 4-24　创建直线

② 矩形工具。根据起始角点与终止角点绘制矩形平面（图 4-25）。

电子文件：Chapter04/4.2.1/ 矩形工具。

创建矩形步骤如下。

a. 激活【矩形】工具，在屏幕上任意点鼠标左键，按对角方向做鼠标移动操作。b. 第二点再次鼠标左键，矩形创建完成。矩形创建完成后，系统默认为其表面闭合。

通过键盘输入长度可创建精确的矩形，数值间需用逗号隔开，如 600mm，400mm（图 4-26、图 4-27）。

注：SketchUp 的【矩形】、【圆】、【多边形】等工具（读者可自行发掘）所创建的图元为默认闭合表面单位，可直接对其执行【推 / 拉】操作。

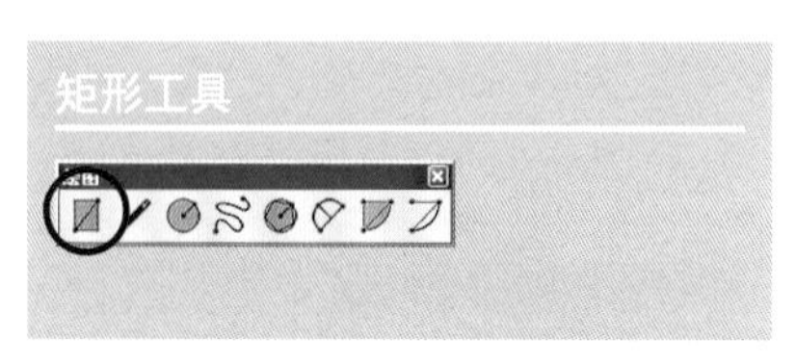

图 4-25　矩形工具

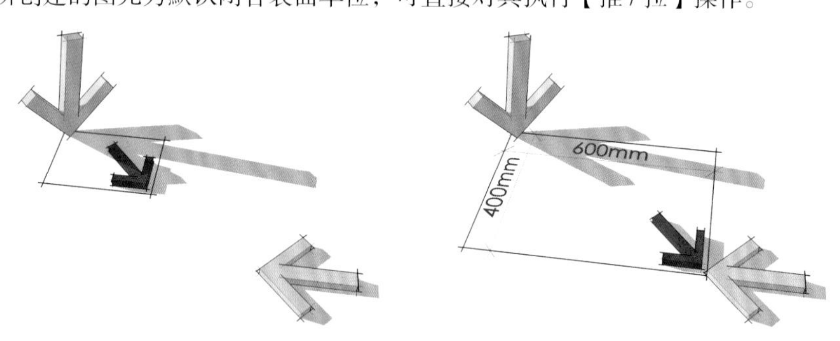

图 4-26、图 4-27　键盘输入创建精确矩形

③ 圆工具：根据中心点和半径绘制圆（图 4-28）。

电子文件：Chapter04/4.2.1/ 圆工具。

创建圆步骤如下。

a. 激活【圆】工具，设置【边数】（默认值 24）。b. 鼠标左键确定圆心，移动鼠标或输入【半径】值，如 300mm，再次鼠标左键或回车确认，圆创建完成（图 4-29、图 4-30）。

注：【边数】同 3ds Max 的【段数（Segment）】概念，边数较多时图形视觉效果平滑，但过多的边数会导致软件运行缓慢。

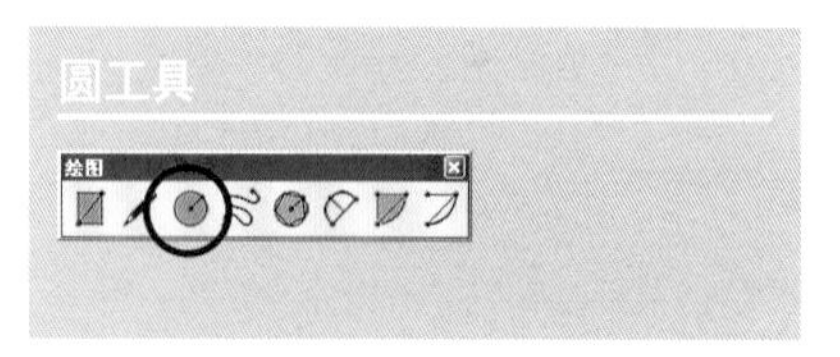

图 4-28　圆工具

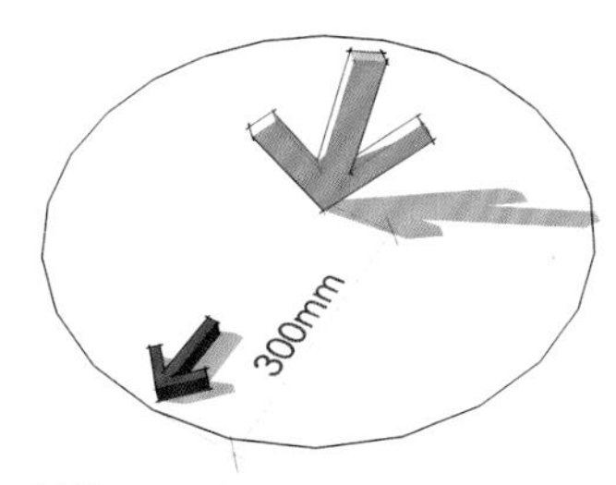

图 4-29、图 4-30 创建圆

④ 手绘线工具。通过点击并拖动手绘线条（图 4-31）。

创建方式见定义。

注：绘图工具熟练运用后可创建复杂图元，但过于复杂的图元可通过 CAD 或 3D 软件配合制作，以提高工作效率。

⑤ 多边形工具。根据中心点和半径绘制 N 边形（图 4-32）。

电子文件：Chapter04/4.2.1/ 多边形工具。

【多边形】通过【边数】与【半径】创建，例如创建一个【边数】为 6，【半径】为 300mm 的多边形步骤如下（图 4-33、图 4-34）。

a. 激活【多边形】工具，输入【边数】6。b. 鼠标左键确定中心点，移动鼠标，并输入【半径】值 300mm。c. 回车确认，多边形创建完成。

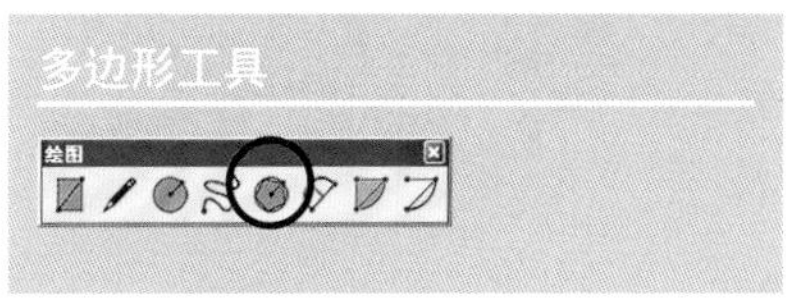

图 4-31 手绘线工具

图 4-32 多边形工具

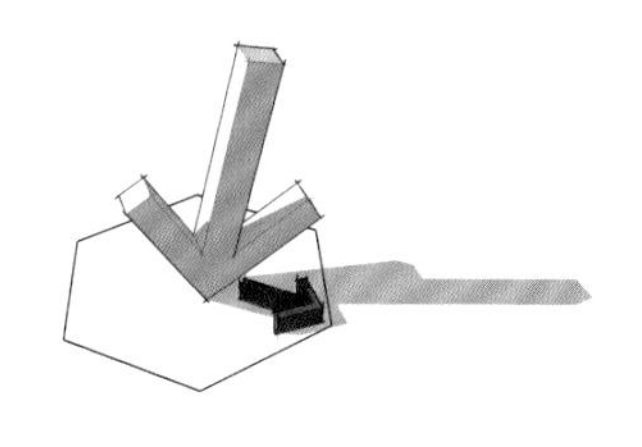
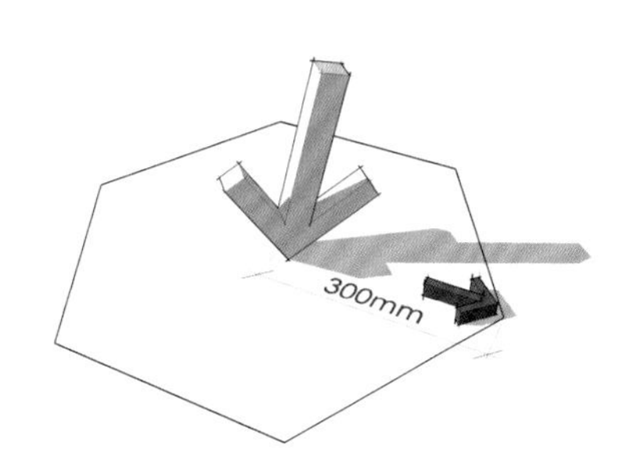

图 4-33、图 4-34 创建多边形

⑥ 两点圆弧工具。根据起始点、终点和凸起部分绘制圆弧（图 4-35）。

圆弧通过【边数】，【长度】，【弧高】创建。如创建一个 700mm 长，弧高 250mm 的圆弧步骤如下（电子文件：Chapter04/4.2.1/2 点圆弧工具）。

a.【圆弧】工具确定【边数】（默认 24）与起始点。b. 输入【长度】700mm，【弧高】250mm。c. 回车，图元创建完成（图 4-36、图 4-37）。

注：创建相切圆弧要点如下。第一条圆弧创建完毕后，以圆弧一端为起点再创建一条圆弧，若圆弧显示为青色，则表示两圆弧间关系为相切，双击鼠标左键，相切圆弧创建完成。

图 4-35 2 点圆弧工具

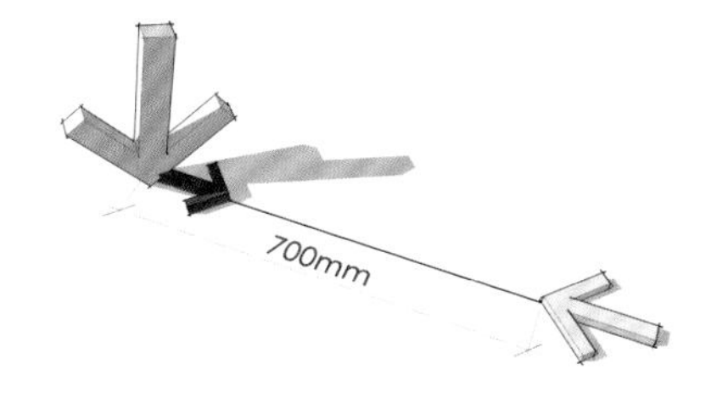

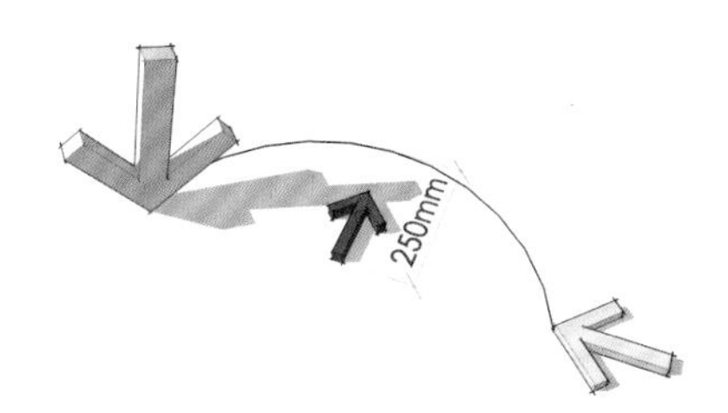

图 4-36、图 4-37 创建 2 点圆弧

⑦ 饼图（扇形圆弧）工具。从中心和两点绘制封闭圆弧（图 4-38）。

创建方式见定义。

⑧（标准）圆弧工具。从中心和两点绘制圆弧（图 4-39）。

创建方式见定义。

图 4-38 扇形工具

图 4-39 标注圆弧工具

⑨ 拓展操作——图元的分割、闭合、耦合。电子文件：Chapter04/4.2.1/图元分割 闭合 耦合。

线的分割要点如下。线段上任意拾取一点创建直线或交叉线，该线段会从交点处自动断开，分割后线段的两部分能独立选中。可对分割后的线段做移动、删除、复制等编辑操作（图 4-40、图 4-41）。

线的等分步骤如下。a. 选中线段，鼠标右键菜单【拆分】。b. 通过鼠标移动操作可查看等分点（也可直键输入等分段数），线的等分操作完成。分割后线段每部分可独立选中。

面的闭合（需要至少三条共面的封闭线）操作方式如下。a. 激活【直线】工具。b. 图元任意两个顶点或周长做线，图元生成面片，面的闭合操作完成。

闭合后的图元，可根据需要删除此线（图 4-42、图 4-43）。

注：SketchUp 建模基本思路是对闭合面进行【推 / 拉】操作以创建立体图元，因此面闭合操作是立体化图元的重要内容。

面的分割步骤如下。

方法一：创建一条位于图元周长上的线即可完成对图元的分割。

方法二：几何形也可对面执行分割操作。

方法三：将平面图元直接【移动】至待分割图元表面。若平面图元为【组】或【组件】单位，移动后需【分解】。

注：面的分割操作成功与否在于新生成的面片能否被独立选择。面的分割操作不仅适用于平面，也适用于实体，通过对面的分割可进一步深化图元。

图元的耦合要点如下（图 4-44）。

将两个未成组或组件的图元拼接，删除交界线，图元耦合操作完成。

注：图元耦合既可用于平面图元，也可用于实体图元。前提是被耦合图元未成为【组件】或【成组】。

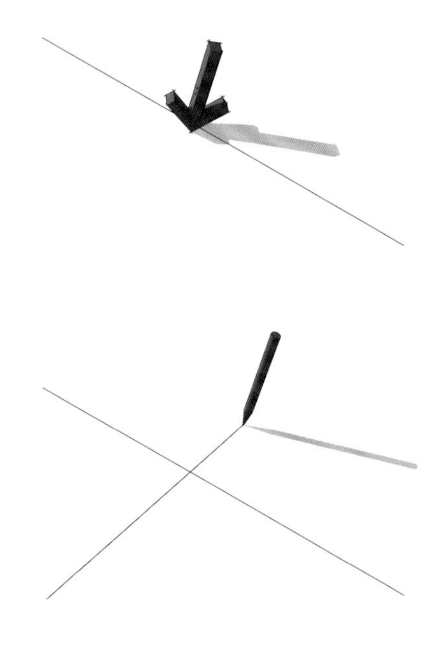

图 4-40、图 4-41　线的分割

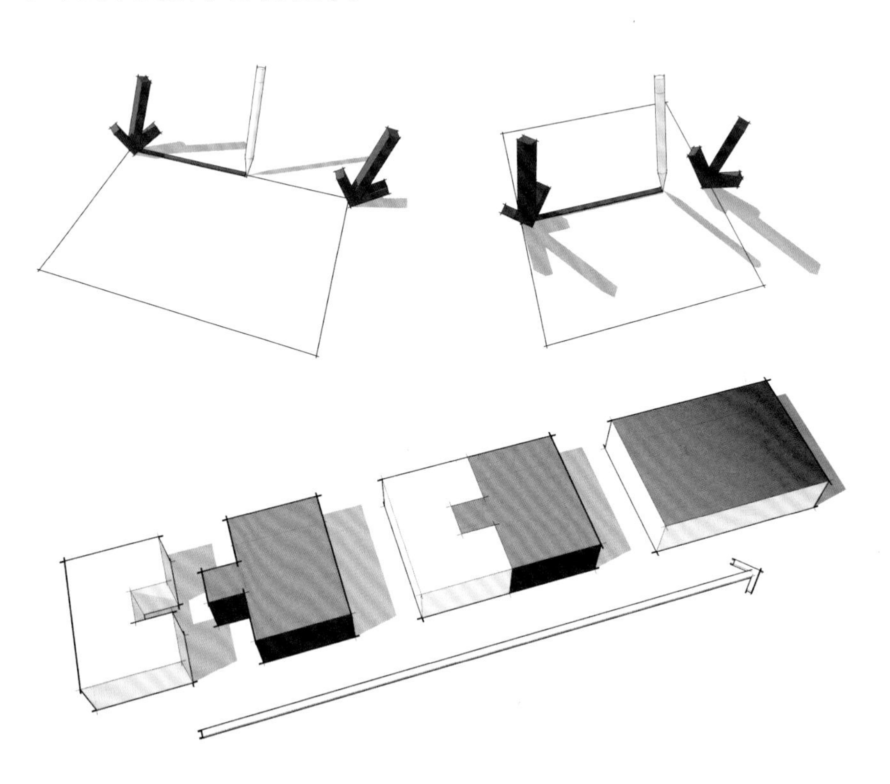

图 4-42、图 4-43　面的闭合
图 4-44　图元耦合

（2）主要工具

① 选择工具。选择要用其他工具或命令修改的图元（图 4–45）。

图 4–45　选择工具

a. 对未组件或成组的图元选择方式如下。

单击点选——选中一个面或一条线（此方法可直接选中组件或成组图元，选中后图元出现蓝色立方体线框）。

双击一个面——选中这个面以及四条边线。

三连击实体图元——选中整个单位。

注：鼠标右键单击未成组或组件的图元，通过【选择】扩展菜单可达到上述同样选择效果，并可获得更多选择方式。

b. 框选（方式同 CAD 选择）特点如下。

正框选——选择选择框内以及选择框触及的任意点、线、面及实体。

反框选——仅选中选择框内图元。

c. 追加选择及移除被选图元步骤如下。

配合【Shift】键，光标呈“+/–”化，追加或移除被选图元。

配合【Ctrl】键，光标呈“+”，追加被选图元。

配合【Shift+Ctrl】键，光标呈“–”，移除被选图元。

注：点选、框选以及追加移除选择图元操作可组合使用。

d. 取消选择步骤如下。屏幕任意空白处鼠标左键点击取消选择，或通过【编辑】菜单，执行【全部不选】。

② 制作组件工具。根据所选图元制作组件（图 4–46）。

基于组件强大的关系属性，推荐读者在图元创建后将其组件化，并体会组件使用的特点。

制作组件步骤如下。a. 全选被创建图元，鼠标右键菜单【创建组件】或工具栏【主要】，【制作组件】。b. 通过【创建组件】对话框的【创建】按钮确认操作，组件创建完成。

组件编辑、孤立、分解步骤如下。

组件编辑步骤如下。a. 双击【组件】或鼠标右键菜单【编辑组件】进入组内编辑模式。b. 完成后鼠标左键屏幕任意处或【Esc】退出编辑。

组件孤立步骤如下。a. 鼠标右键单击组件（可多选）。b. 菜单【设为独立】。

注：孤立后再对此【组件】进行编辑，其余【组件】不发生变化。但是，设置为独立的【组件】间仍然保持关联。

【组件】/【成组】分解步骤如下。a. 鼠标右键单击被分解图元。b. 菜单【分解】，【组件】/【成组】的分解完毕。

组件显示（隐藏）操作设置如下。a.【视图】菜单，【组件编辑】。b.【隐藏剩余模型】或【隐藏类似的组件】。

【组件】/【成组】淡化设置如下。a.【窗口】菜单，【模型信息】。b.【组件】设置，【组件 / 组编辑】，【淡化类似组件】，【淡化模型的其余部分】。通过移动滑块调节淡化效果。

注：【组件】/【成组】淡化功能仅在【组内编辑】状态下才能激活。【组件】/【成组】淡化设置可按设定将未编辑的组件隐藏，以避免由于设计深化后过多单位造成的视觉混淆。

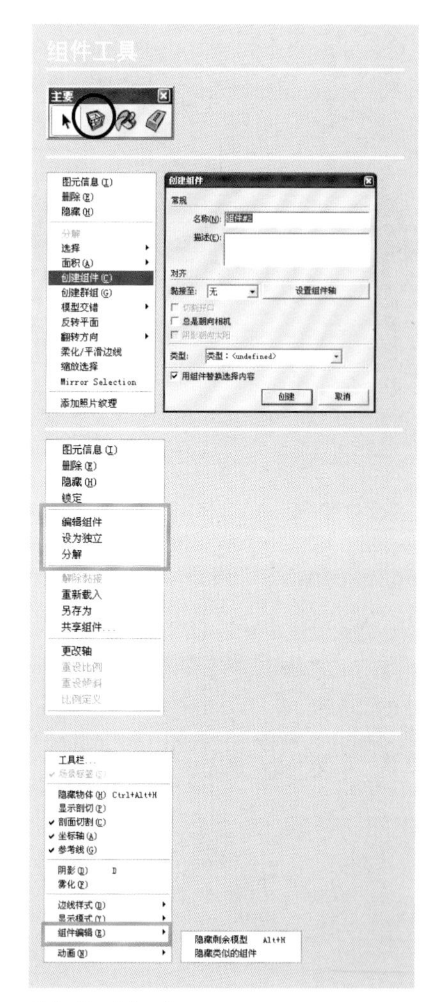

图 4–46　组件工具

插入组件步骤如下。a.【窗口】菜单，【组件】。b.通过【选择栏】的缩略图选择模型，鼠标左键单击绘图区定位，插入组件操作完成。

注：组件究其缘由是创建好的SketchUp模型，因此，不同SketchUp的组件或模型可通过【Ctrl+C】、【Ctrl+V】的方式实现交互。

自定义组件库加载步骤如下。a.【窗口】菜单，【组件】。b.通过组件面板【细节】按钮激活扩展栏，【打开或创建本地集合】加载的自定义组件的文件夹，自定义组件库加载完成（图4–47）。

图4–47　加载自定义组件

注：组件概念贯穿了SketchUp创建图元的始终。由于组件具有强大的关联属性（便于批量修改与编辑），因此推荐使用【创建组件】命令。【创建组件】已整合进【主要】工具栏中，可见组件的重要性。

组件使用技巧拓展一见5.1。组件使用技巧拓展二见6.2。

③ 材质工具。对模型中的图元应用颜色和材质（图4–48）。

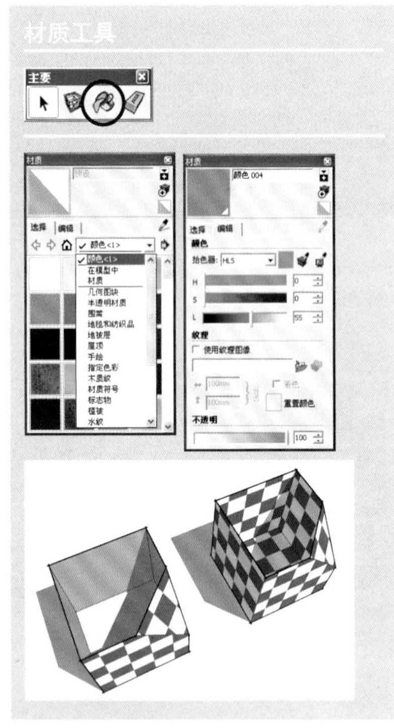

图4–48　材质工具

材质工具面板构成如下。【选择（材质）】与【编辑（材质）】。

应用材质基本操作如下。a.通过【材质】工具打开材质库，选择材质或颜色。b.鼠标左键单击平面图元或实体图元，材质应用完成。c.进入【编辑（材质）】调整材质参数。

如事先选中多个图元表面，可同时应用材质。

注：合理应用材质方式。

a.面片物体，以面为单位应用材质，或全选图元后再应用材质。

b.【成组】或【组件】图元应进入组内编辑状态，按a.方式应用材质。

组件以及成组图元容易出错，错误操作往往通过油漆桶工具直接对组件或组进行“倾倒”，表面看似没问题，但实则其负法线也应用了材质。

键盘配合应用材质操作。实际设计过程中，配合键盘操作能迅速完成材质拾取与替换，这里介绍使用频率较高的两种方式，操作组合如下。

配合【Shift】键——替换填充，将同种材质一次替换。

配合【Alt】键——提取材质。

注：合理应用材质的图元表现为正法线面为材质贴图，负法线面仍然保持默认蓝灰色。UV调整及制作无缝贴图技巧见5.1，材质位置调整编辑见6.1，透空贴图制作见6.2。

④ 擦除工具。擦除、软化或平滑模型中的图元（图4–49、图4–50）。

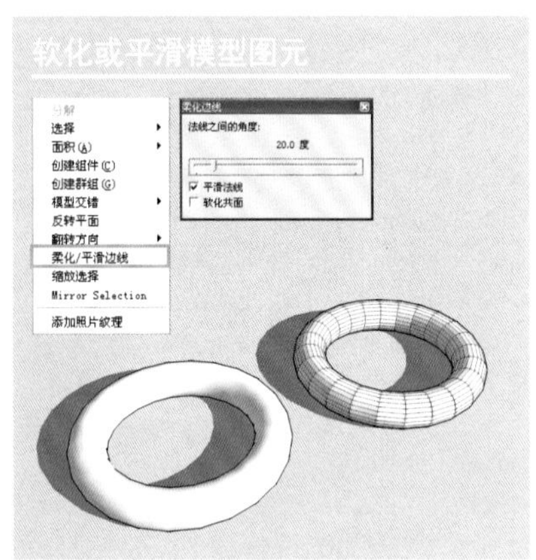

图4–49、图4–50　擦除、软化工具

删除操作分为点击删除与拖拽删除两种。点击删除步骤如下。a.激活【擦除】工具。b.左键单击图元，删除操作完成。

拖拽删除步骤如下。a.激活【擦除】工具，保持鼠标左键点击状，对被删除图元做拖拽操作，被删除图元呈高亮显示。b.左键放松，删除操作完成。若发现图元误选，【Esc】键取消操作。

注：【擦除】工具常以【Delete】键替代，即选择后删除。

软化或平滑模型中的图元。【擦除】配合【Ctrl】键，软化和平滑图元（组件或组需进入组内编辑）。此编辑方式可用【软化或平滑边线】操作替代，编辑方式如下。

a.全选被软化图元，鼠标右键单击图元加载【软化/平滑边线】面板或【窗口】菜单，【柔化边线】。b.通过【平滑法线】与【软化共面】勾选，及调整滑竿值编辑软化效果。

（3）编辑工具

① 移动工具。移动、拉伸、复制和排列所选图元（图 4–51）。

电子文件：Chapter04/4.2.1/ 移动工具。

移动操作步骤如下。a. 选择移动图元。b. 激活【移动】工具。c. 按设计方向移动鼠标或键入数值，移动操作完成（图 4–52）。

注：移动操作时可运用指定基点方式（原理同 CAD），当图元移动至其他对象的顶点、边界线或面时，光标会自动吸附到这些位置，并出现文字提示。指定基点概念也适用于复制、【旋转】、【推 / 拉】等操作。

图 4–51　移动工具

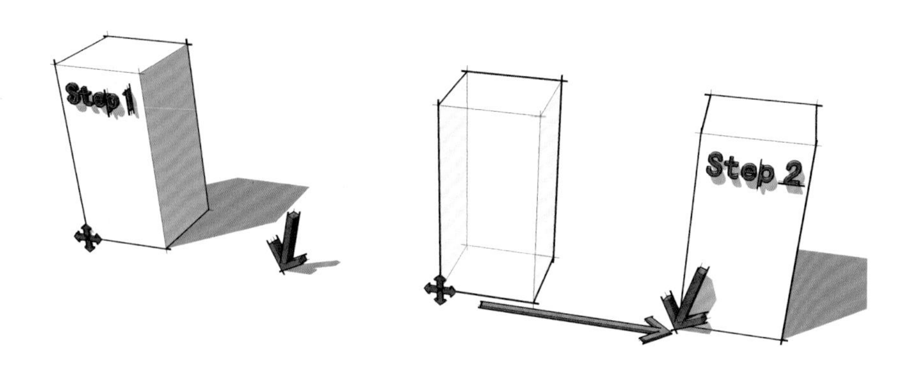

图 4–52　移动操作

点拉伸（可应用于实体及线）步骤如下。a. 保持图元未选中状态，激活【移动】工具。b. 光标移至任意顶定点处，光标符呈绿色小点。c. 鼠标左键点击做移动操作，或输入设计值，点拉伸操作完成。

边拉伸（以立方体为例）步骤如下。a. 选择被拉伸边线。b. 激活【移动】工具。c. 做鼠标移动操作，或输入设计值，边的拉伸操作完成（图 4–53）。

面拉伸（以实体为例）步骤如下。a. 选择被拉伸面。b. 激活【移动】工具。c. 做鼠标移动操作，或输入设计值，面拉伸操作完成（图 4–54）。

移动时配合 Shift 键可锁定参考轴，此方式类似 3ds Max 的【Snap】捕捉。

注：移动时系统会自动吸附坐标轴，使移动方向更精确。系统会记录上次移动操作的数据，当执行下次移动命令时，光标会首先侦测该值（用户会感受到光标自动吸附回馈感），此性能体现在 SketchUp 众多编辑命令中，读者可自行发掘，其功能十分实用。

② 移动（Move）工具拓展。复制、多重复制（阵列）所选图元。

提示：复制与阵列需通过【移动】及【旋转】工具配合【Ctrl】键完成。复制操作时还可配合抓点功能，此方式同 CAD。

复制操作步骤如下。a. 选择被复制图元。b. 激活【移动】。c.【Ctrl】配合鼠标左键，选择基准点，移动鼠标，或键入设计值，复制操作完成。

多重复制（阵列）步骤如下。a. 进行“移动复制”操作。b. 键入【数字 X】（数字为被复制的图元的数量，X 为多重复制的英语字母符号），如 3X，通过数值栏确认，回车，阵列操作完成。

均分步骤如下。a. 进行“移动复制”操作。b. 键入【数字 /】（数字为被均分图元的数量，/ 为均分符号），如 3/，回车，均分操作完成。

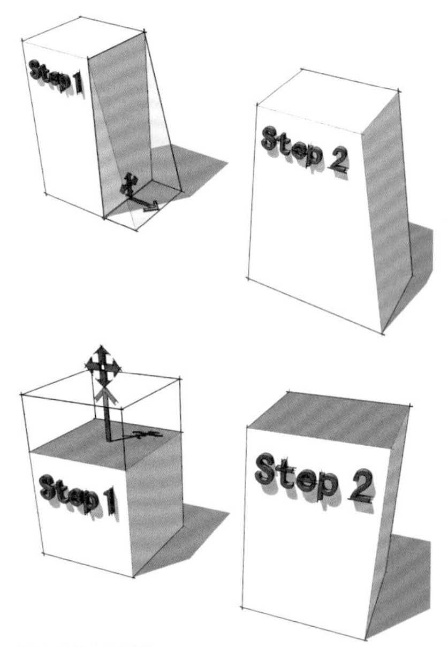

图 4–53　边拉伸
图 4–54　面拉伸

③ 推 / 拉工具。推和拉平面图元以雕刻三维模型（图 4–55）。

电子文件：Chapter04/4.2.1/ 推拉工具。

【推 / 拉】工具是 SketchUp 使用频率极高的一个图元立体化工具，其原理类似 3ds Max 的【挤压（Extrude）】命令。

面的推拉创建 600mm × 600mm × 900mm 的长方体步骤如下。a.【矩形】工具创建 600mm × 600mm 的正方形。b. 激活【推 / 拉】工具，光标处于操作面，操作面呈蓝色密点。c. 按蓝轴方向做鼠标移动操作，并键入 900mm，回车确认，长方体创建完成（图 4–56）。

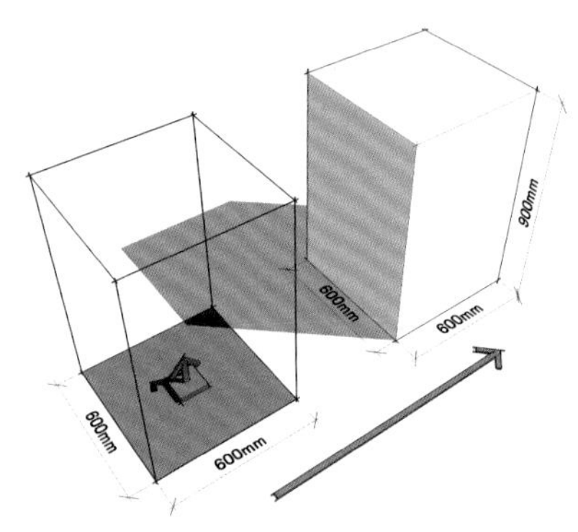

实体推 / 拉（对已创建的立方体再操作）步骤如下。a. 激活【推 / 拉】工具，光标处于操作面。b. 按设计方向移动鼠标或键入设计值，实体【推 / 拉】操作完成（图 4–57）。

注：组件或成组图元需鼠标双击进入组内编辑状态才能执行此命令。

自动捕捉【推 / 拉】特点如下。【推 / 拉】操作时，系统会自动生成辅助线并显示参照物的提示文字，如点、边、面（图 4–58）。

捕捉前次操作的【推 / 拉】值。首次推拉操作后，系统会自动记录前次编辑数值，若对其他图元进行相同参数的编辑，只需鼠标左键双击被推拉面，便可得到同样的修改结果。

注：【Ctrl】键配合【推 / 拉】的操作为复制模式，表现为被推拉体生成侧边线。经由该操作的图元内部会产生面，外部虽看不出，但无形中增加了总面数，加重系统负担（图 4–59）。

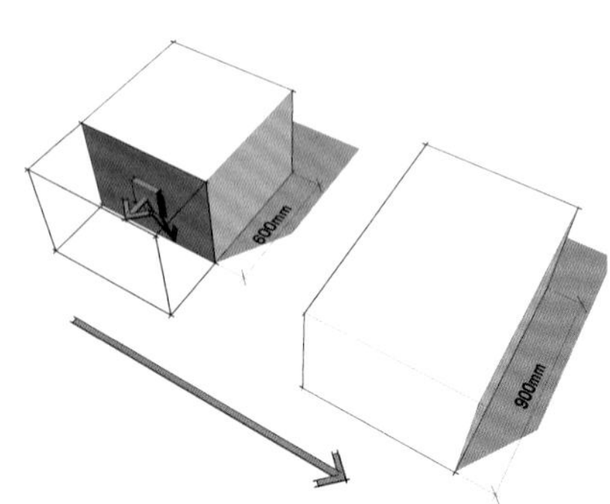

图 4–55　推 / 拉工具
图 4–56　面的推拉创建图元
图 4–57　实体推拉

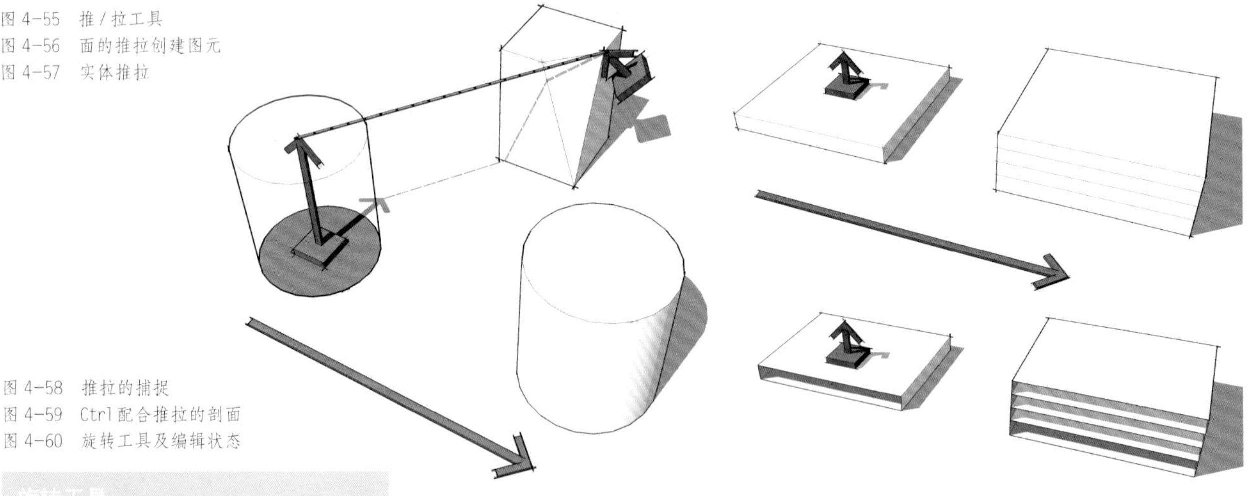

图 4–58　推拉的捕捉
图 4–59　Ctrl 配合推拉的剖面
图 4–60　旋转工具及编辑状态

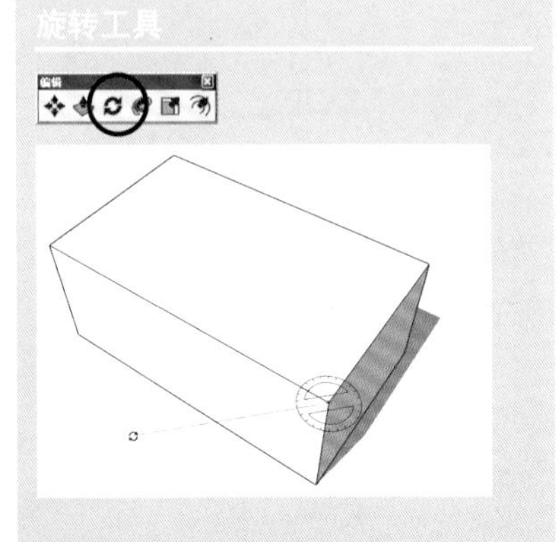

④ 旋转工具。围绕某个轴旋转、拉伸、复制和排列所选图元。

SketchUp 旋转操作要点是以定点为核心（中心点）进行的转动操作，其原理同 CAD（图 4–60）。

旋转操作步骤如下。a. 选择被操作图元。b. 激活【旋转】工具，光标呈带刻度圆标尺，光标处于被旋转图元上。c. 鼠标左键确定旋转中心点。d. 按设计方向操作鼠标或键输入角度值，左键单击或回车确认，旋转操作完成。

注：旋转复制操作需配合【Ctrl】键。【旋转】工具可应用于线、面、体，并会沿预设角度（默认值 15°）捕捉。

⑤ 路径跟随工具。按所选平面跟随路径（图 4–61）。

电子文件：Chapter04/4.2.1/ 路径跟随工具。

【路径跟随】工具类似 3ds Max【放样（Loft）】编辑器，是一种将截面沿设定好的路径做立体拉伸的建模方式，其可跟随复杂路径，因此可以创建复杂的几何体。路径跟随操作的核心是确定“路径”与“截面”。

【路径跟随】操作如下。a. 创建一条路径以及一个截面。b. 激活【路径跟随】工具。c. 选取截面，光标移至路径（光标呈红色）。d. 鼠标沿路径移动，在路径终点单击鼠标左键，路径跟随操作完成。

【路径跟随】快速生成模型操作如下。a. 选取路径。b. 激活【路径跟随】工具。c. 拾取截面，【路径跟随】快速生成模型操作完成。

提示：若路径与截面为【成组】或【组件】，则无法执行操作。路径跟随既可沿平面路径，也可沿空间路径；既可沿开放路径，也可沿闭合路径。

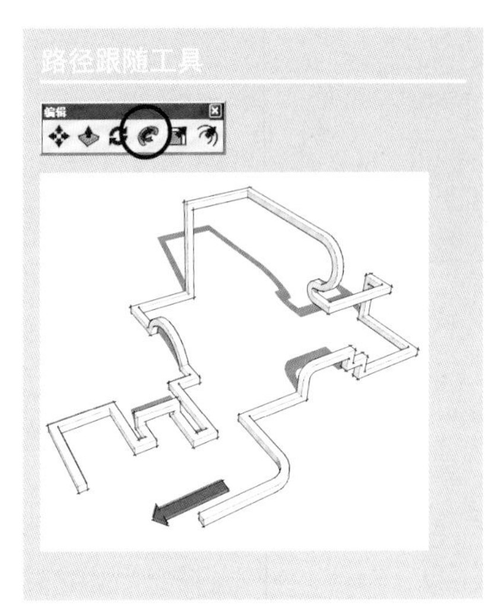

图 4–61　路径跟随工具

⑥ 缩放工具。调整所选图元比例并对其进行缩放（图 4–62）。

拉伸工具原理类似 Photoshop 变形功能，其既可对二维图元进行拉伸操作，也可对实体进行拉伸操作，既可等比例缩放，也可自由变换。

拉伸基本操作如下。a. 选择被缩放图元。b. 激活【缩放】工具（图元角点及各面的中心呈现绿色缩放点）。c. 鼠标左键单击任意点并进行移动操作。d. 再次鼠标左键单击确认，拉伸操作完成。

拉伸拓展操作内容如下。拉伸图元时键入不带单位的数字，如 2.5、3、–2.5、–3，操作结果为这些数字倍数的放大与缩小。反方向拖拽任意面的中心点拉伸，并键入值 –1，为镜像操作。

拉伸至指定长度要点如下。图元沿指定方向缩放时，键入带单位的值，如 2000mm，图元拉伸向长度将直接缩放至 2000mm。此方法对调整不精确尺度的模型十分有用。

键盘配合拉伸操作如下。a. 配合【Ctrl】键，以图元中心为基点调整比例。b. 配合【Shift 键】，默认的等比例缩放将切换为非等比例，反之则然。c. 配合【Shift+Ctrl】键，夹点缩放、中心缩放、中心非等比例缩放将互相转换。

注：【缩放】工具虽然能高效的改变模型比例，但直接对组件或成组图元进行【缩放】操作会影响贴图坐标，表现为贴图的变形，解决方式如下。编辑操作后将模型分解并重新【创建组件】（分解后模型贴图坐标会恢复到世界坐标），或提前进入【组件】与【成组】的组内编辑状态（鼠标双击图元进入），全选图元再进行【缩放】操作。

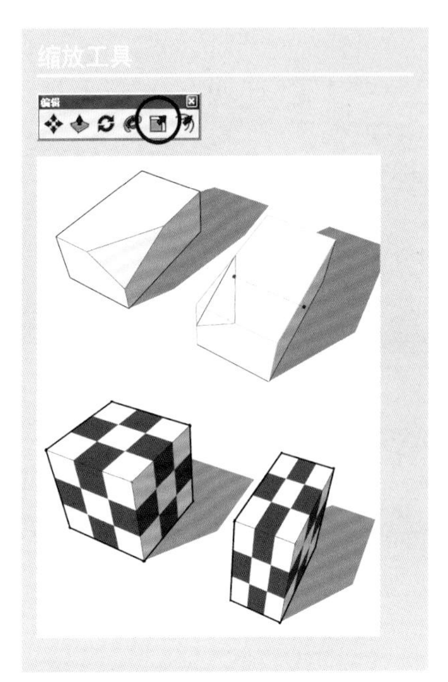

图 4–62　缩放工具

⑦ 偏移工具。偏移平面上所选边线（图 4–63）。

电子文件：Chapter04/4.2.1/ 偏移工具。

【偏移】工具操作如下。a. 选择被编辑图元。b. 激活【偏移】工具。c. 光标处于操作面的任意边单击左键，做拖拽操作定义偏移距离，或键入设计值（可为负值），如 100mm。d. 再次鼠标左键或回车确认，偏移操作完成。

注：偏移工具可对面的边界线以及共面的线条进行偏移复制，操作可向内外两侧执行。对闭合的共面线进行偏移操作，偏移后会产生新的闭合表面。偏移工具可用于面的分割，操作一次只能用于一个平面或一组共面的线。单条弧线可执行偏移操作，但是单条直线无法执行此命令。

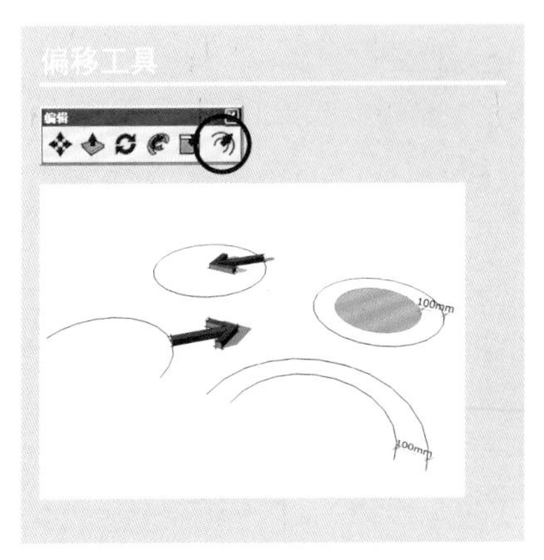

图 4–63　偏移工具

4.2.2 镜头与显示工具

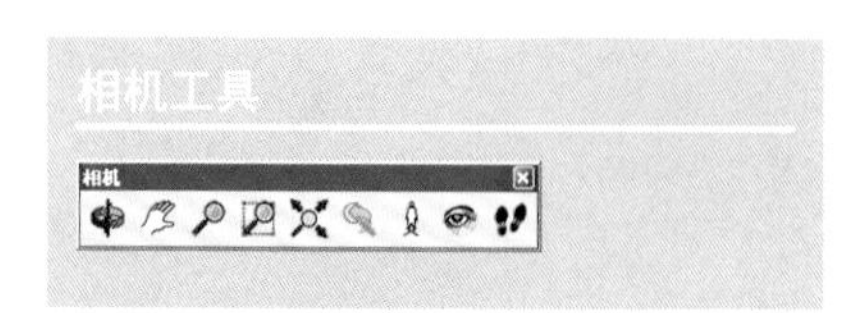

图 4-64 相机工具

（1）相机工具（图 4-64）

① 环绕观察：将相机视野环绕模型。

② 平移：垂直或水平平移相机。

③ 缩放：缩放相机视野。激活【缩放】工具时，可以输入一个准确的数值来设置视角，默认值 35°，也可鼠标左键配合【Shift】键进行动态调整。数值小则视野窄，反之亦然，具体数值可根据画面效果灵活运用。

④ 缩放窗口：缩放相机以显示选定窗口内的一切。

⑤ 充满视野：缩放相机视野以显示整个模型。

⑥ 上一个（相机）：撤销以返回上一个相机视野。

⑦ 定位相机：按照具体的位置、视点高度和方向定位相机视野。

⑧ 绕轴旋转：以固定点为中心转动相机视野。激活工具后，单击鼠标左键拖拽可观察视图，输入数值可定义视点高度。

⑨ 漫游：以相机为视角漫游。激活漫游工具后，输入视线高度，鼠标中键配合拖拽调视线现方向，【Esc】键退出编辑。鼠标左键自由移动，实现漫游，配合【Ctrl】键加速漫游。若遇到障碍物停止前进，配合【Alt】键"实现穿越"。

注：鼠标中键为【环绕观察】工具，【Shift】键配合鼠标中键为【平移】工具，滚动中键为【缩放】工具。编辑工作中，【相机】可与其他编辑工具叠加使用，如在图元【复制】过程中可切换【平移】以便于视图操作，完成后鼠标右键退出平移工具。

图 4-65~ 图 4-72 工具栏【样式】

模型复杂状态下选择【阴影】样式，不使用默认的【材质贴图】样式，可提高软件运行速率

（2）工具栏【样式】（图 4-65~ 图 4-72）

① X 光透视模式。显示带全透明表面的模型（可配合其他样式使用）。

② 后边线。显示后边线用虚线表示的模型（可配合其他样式使用）。

③ 线框显示。只显示模型中的边。

④ 消隐。隐藏模型中所有背面的边和平面颜色。

⑤ 阴影。显示带纯色表面的模型。

⑥ 材质贴图。显示带有纹理的模型。

⑦ 单色显示。显示只带正面和背面颜色的模型（可用于检查法线方向）。

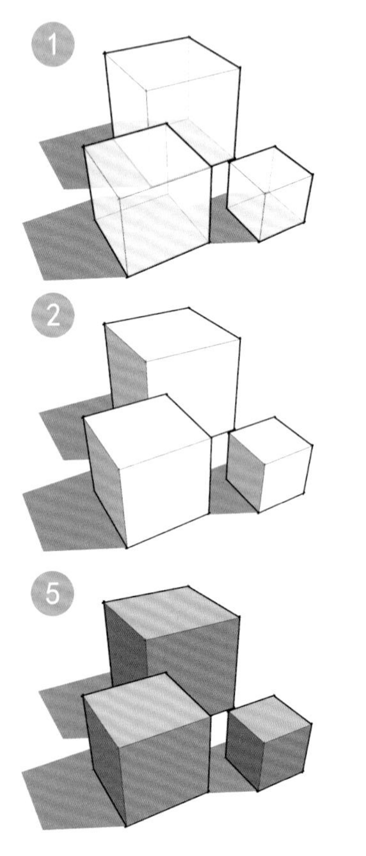

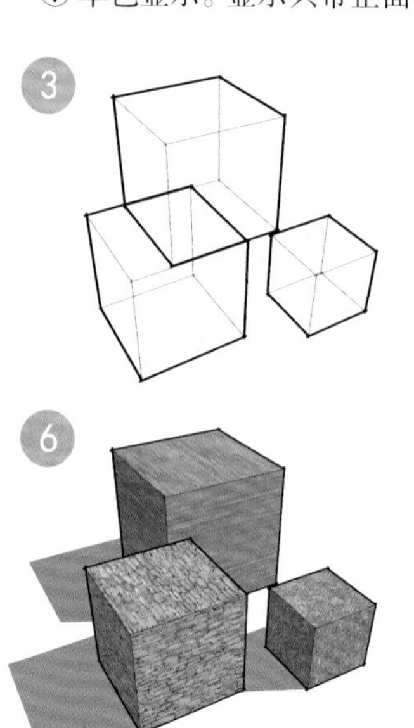

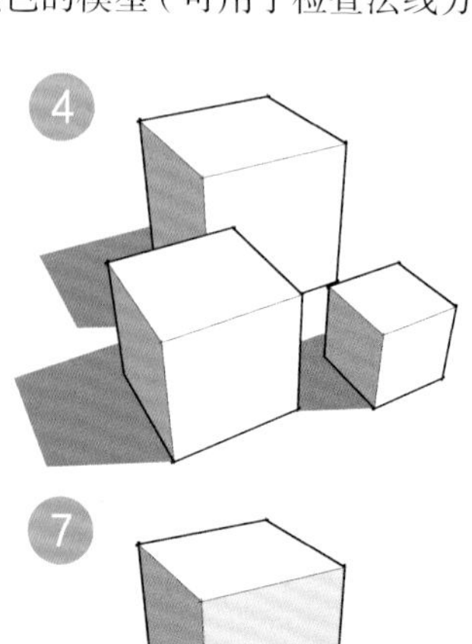

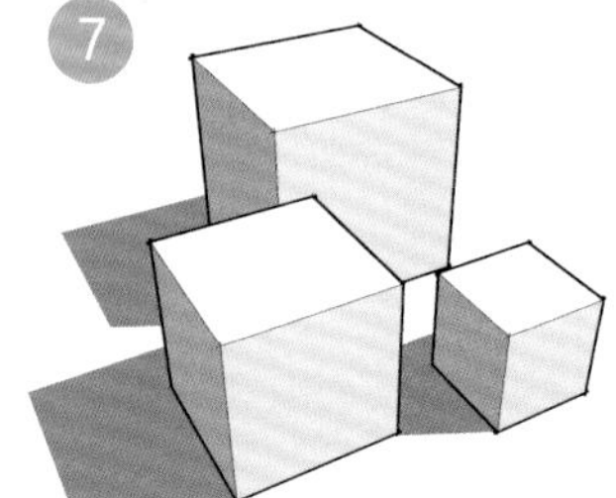

（3）菜单栏【样式】

菜单栏【样式】加载方式如下（图 4–73）。【窗口】菜单，【样式】。菜单栏【样式】既包含了工具栏样式的内容，又是对工具栏样式的扩展。菜单栏【样式】内容如下（样式设置将结合实例在 5.1.5 中介绍）。

① 选择：内容为预设样式。预设样式可以模拟各类的笔触与画布效果，在位图输出前，设计师可按需设置。

② 编辑：内容包括边线设置、平面设置、背景设置、水印设置、建模设置。

③ 混合：内容为不同样式间的效果混合。

注：样式调整“所见即所得”，用户可通过选项及参数调整查看运用效果。若需恢复默认显示样式，通过【选择】，【预设样式】还原。

图 4–73　菜单栏【样式】

（4）截面工具（图 4–74）

① 剖切面：绘制剖切面以显示模型内部细节。

② 显示剖切面：打开和关闭剖切面。

③ 显示剖面切割：打开和关闭剖面切割。

【截面】工具基本操作如下。a. 激活【剖切面】工具，光标呈截平面符。b. 将光标移至图元表面（光标会自动吸附所处面）。c. 单击鼠标左键，剖面创建完成。通过【显示剖切面】或【显示剖面切割】工具观察效果。

注：截平面可创建一个以上，但通常情况下每次只能激活一个。【显示剖切面】状态下，通过双击激活选定剖切面，届时，其它剖切面将自动淡化。

通过【移动】以及【旋转】工具可对截平面进行编辑操作。实际设计中，【截面】工具可在不隐藏模型构件的操作下，显示模型内部细节，以利于内部空间的观察与深化。

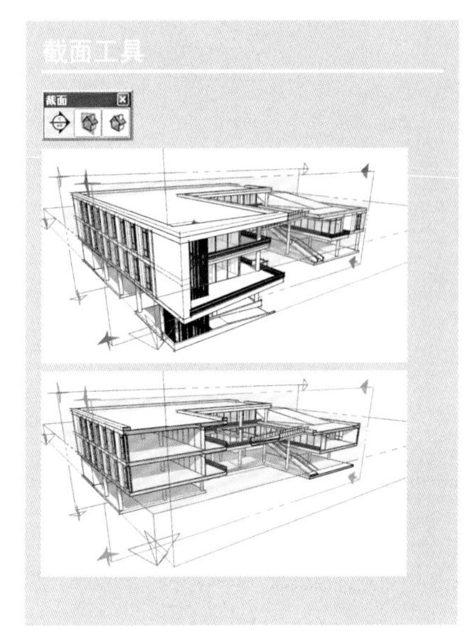

图 4–74　截面工具

（5）阴影工具（图 4–75）

① 阴影设置：激活“阴影”面板，细化阴影参数。

② 显示 / 隐藏阴影：切换模型中阴影的显示 / 隐藏。

③ 日期：更改日期以更改阴影状况。

④ 时间：更改时间以更改阴影状况。

注：只有不透明度在 70% 以上的材质才能产生阴影，不透明材质的图元才能接收到阴影。

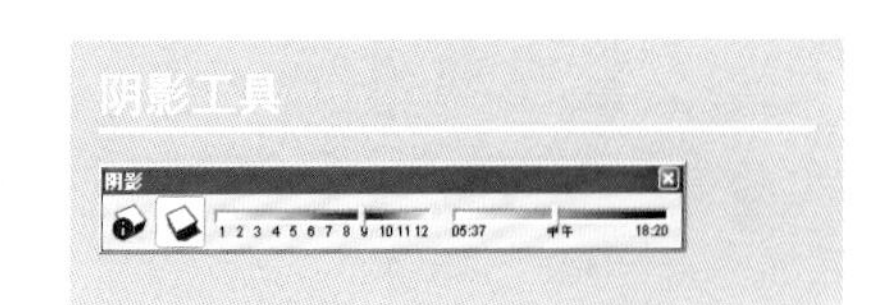

图 4–75　阴影工具

（6）视图工具

视图工具：通过切换视图查看相机视角。

【视图工具】组成如下（图 4–76）：a. 等轴视图，将模型移至等轴视图；b. 俯视图；c. 前视图；d. 左视图；e. 后视图；f. 右视图。

SketchUp 默认为倾斜透视（三点透视），但可激活成角透视（两点透视），或无透视的正投影，设置方式如下。

透视切换操作如下。【相机】菜单，【透视图】/【两点透视图】。

注：建筑设计表达中为避免建筑因仰视变形，常使用两点透视效果。激活两点透视后需保存【场景】，否则任何屏幕操作将恢复三点透视。

正投影视图设置如下。【相机】菜单，【平行透视】。【平行透视】配合正视图，如【俯视图】、【前视图】，可显示无透视的图纸效果，对于二维图纸，如平面图、立面图输出十分有用。

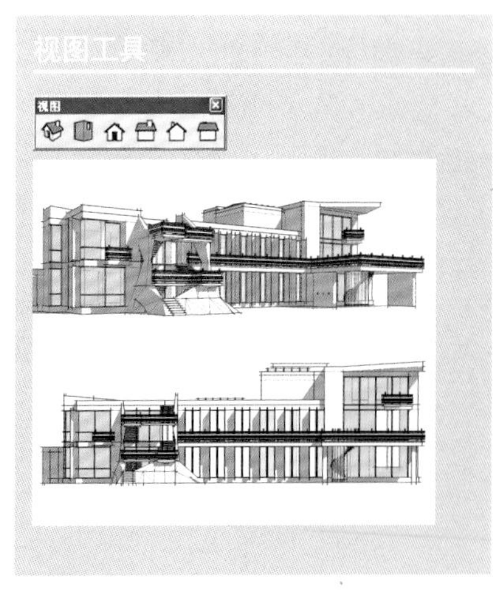

图 4–76　视图工具

4.2.3 其他重要工具

（1）建筑施工工具

建筑工具主要应用于平面、立体图元的测量、文字标注以及坐标调整等工作（图 4-77、图 4-78）。

图 4-77、图 4-78 建筑施工工具

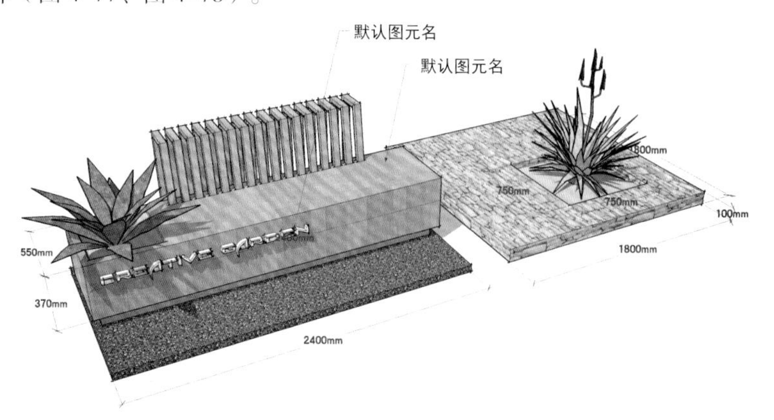

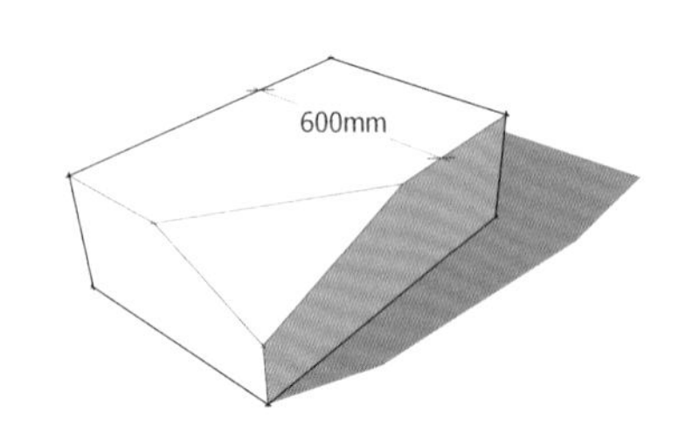

① 卷尺工具。测量距离、创建引导线、引导点、调整整个模型的比例。

卷尺工具使用方式如下。a. 激活【卷尺】工具。b. 拾取一点为测量起点，做鼠标移动操作，屏幕出现参考线（测量带）。c. 通过数值框查看测量带的实时数据。d. 左键拾取终点，最终数据显示在数值框内。

注：【卷尺】工具测距或创建辅助线可通过【直线】工具替代。测距时，起点创建 1 条直线，并观察数值栏数值变化，无需鼠标确认结束点。

② 尺寸工具。在任意两点间绘制尺寸线（图 4-79、图 4-80）。

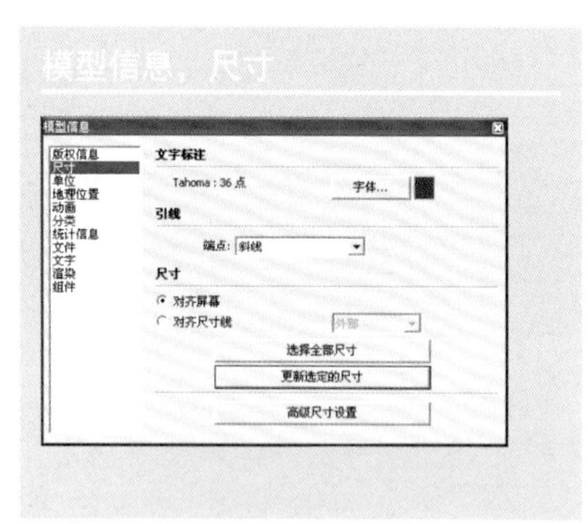

图 4-79、图 4-80 尺寸工具

尺寸工具使用方式如下。a. 激活【尺寸】工具。b. 鼠标左键依次单击线段两个端点，或鼠标左键点选标注线段（只可用于未【成组】或【组件】图元，激活后线段呈高亮显示）。c. 做鼠标拖拽操作，单击左键，尺寸标注完成。

【尺寸】工具标注样式修改方法如下。a.【窗口】菜单，【模型信息】，【尺寸】。b. 设置【字体】、【颜色】、【引线】、【对齐方式（对其屏幕、对齐尺寸线）】。c. 通过【选择全部尺寸】，【更新选定的尺寸】修改设置。

③ 量角器工具。测量角度并创建参考线（图 4-81、图 4-82）。

操作方式同【卷尺工具】。

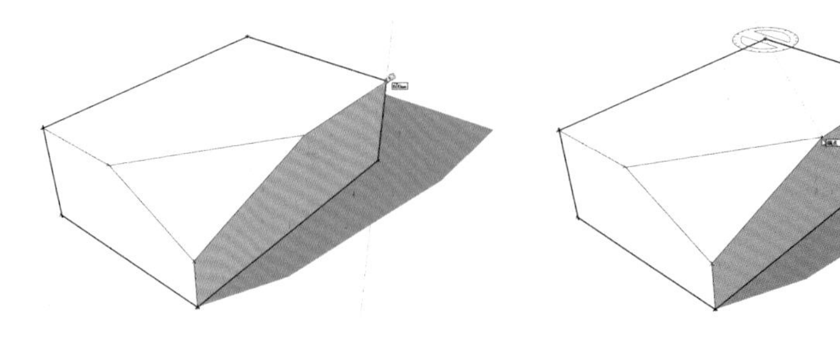

图 4-81、图 4-82 量角器工具

④ 文字工具。绘制文字标签。

文字的标注类型有两种：引线文字、屏幕文字（图 4-83、图 4-84）。

引注文字操作如下。a. 激活【文字】工具。b. 鼠标左键单击图元的表面、边线、顶点、组件以及群组等位置，拖拽引线定位与长度。c. 鼠标左键生成文本框，输入文字，操作完成。若需再次编辑文字，左键双击文本框即可。

注：标注后，文本框默认内容为图元属性，如组件名称、面积、长度。

屏幕文字基本操作如下。a. 激活【文字】工具。b. 鼠标左键单击屏幕任意空白处，生成文本框，输入注释文字内容，操作完成。文字编辑方式同前。

修改【文字】样式操作如下。【窗口】菜单，【模型信息】，【文字】，修改方式同【尺寸】。

注：本章案例的尺寸标注均由此工具制作。

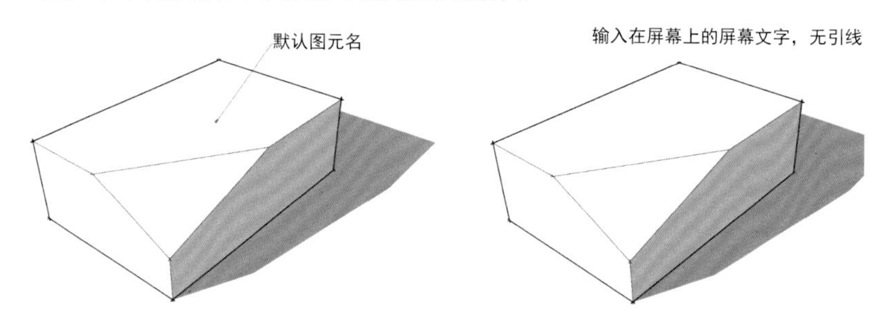

图 4-83、图 4-84 引线文字、屏幕文字

⑤ 轴工具。移动绘图轴或重新确定绘图轴方向（图 4-85~ 图 4-87）。

【轴】工具概念类似 CAD 的 UCS，即用户坐标系，它通过自定义坐标角度替代世界坐标系的正角。实际运用中，对于设计中非正角度的模型，【轴】工具能将世界坐标系调整至这些特殊的角度或斜面，接着再创建图元，可极大提高工作效率，重设坐标系主要有两种方法。

方法一步骤如下。a. 激活【轴】工具。b. 鼠标左键图元第一点作为新坐标系原点。c. 移动光标左键对齐 x 轴（红轴）新位置。d. 移动光标左键对齐 y 轴（绿轴）新位置，轴设置完成。

方法二步骤如下。a. 激活【轴】工具。b. 鼠标左键单击图元第一点作为新坐标系原点。c. 移动光标左键点击 x 轴（红轴）新位置，鼠标左键三连击，轴设置完成。

注：通过【轴】工具调整贴图坐标的实例运用见 5.3.2。【轴】工具有操作技巧，初学者需要慢慢体会，其着实为一有用的工具。

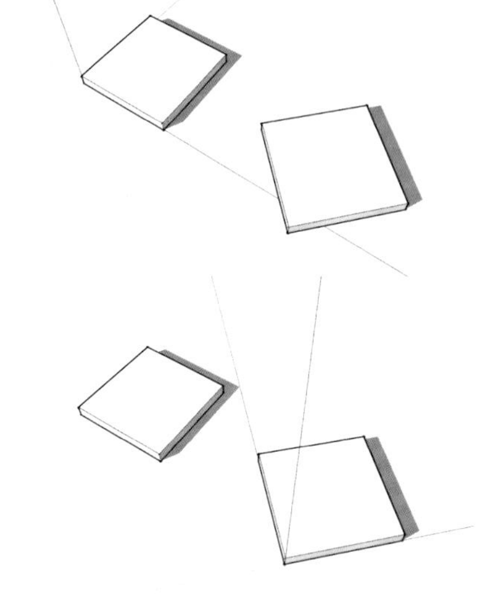

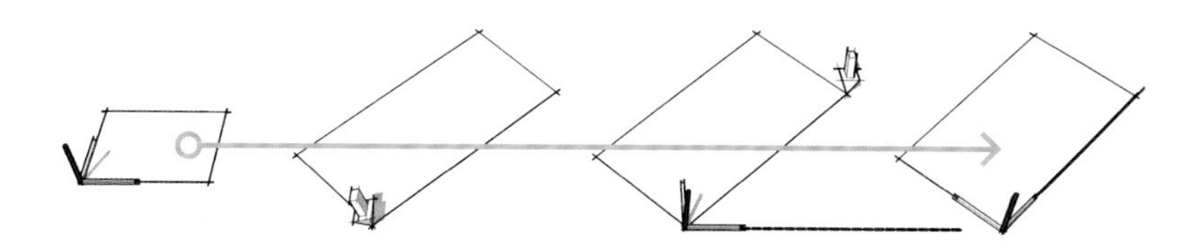

图 4-85~ 图 4-87 轴工具

⑥ 三维文字工具：绘制三维文本（图 4-88~ 图 4-90）。

创建三维文字方式如下。a. 激活【三维文字】工具。b.【放置三维文字】对话框键入指定内容，设置参数。c. 通过【放置】按钮定位文字，文字会自捕捉至任意表面或斜面，单击鼠标左键确认，三维文字创建完成。

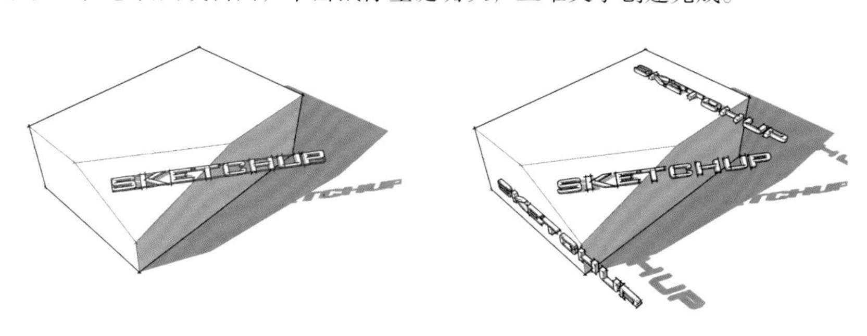

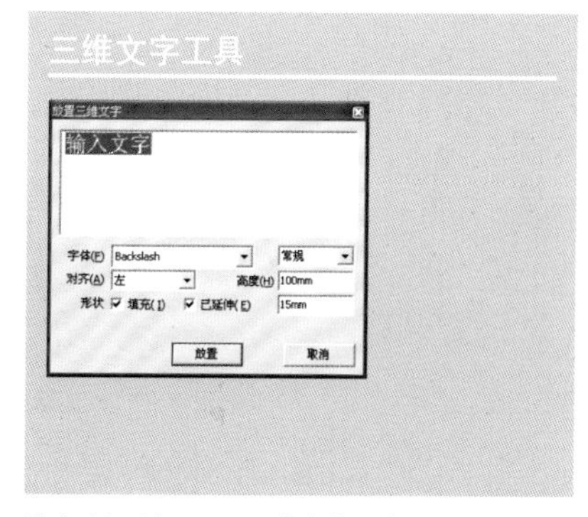

图 4-88~ 图 4-90 三维文字工具

图 4-91 实体工具

（2）实体工具

电子文件：Chapter04/4.2.3/ 实体工具。

【实体工具】类似 3ds Max 的布尔运算，它应用于实体图元间的交集与合并，且使用便捷（图 4-91）。实体工具只能应用于组件或成组图元。将 2 个实体图元叠加放置，才可应用实体工具。【实体工具】分类与编辑方式如下（图 4-92、图 4-93）。

① 实体外壳：将所选定实体合为一个实体并删除所有内部图元。

② 相交：使所选全部实体相交并仅将交点保留在模型内。

③ 联合：将所有选定实体合并为一个实体并保留内部空隙。

④ 减去：从第二个实体减去第一个实体并仅将结果保留在模型中。

⑤ 剪辑：根据第二个实体剪辑第一个实体并将两者同时保留在模型中。

⑥ 拆分：使所选全部实体相交并将所有结果保留在模型中。

注：当执行此工具运算后，组件图元会失去关联属性，即变为成组模式。解决方式是将图元分解，重新创建组件。

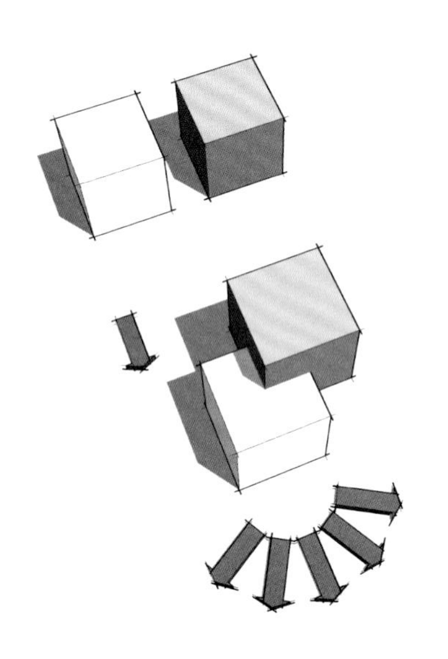

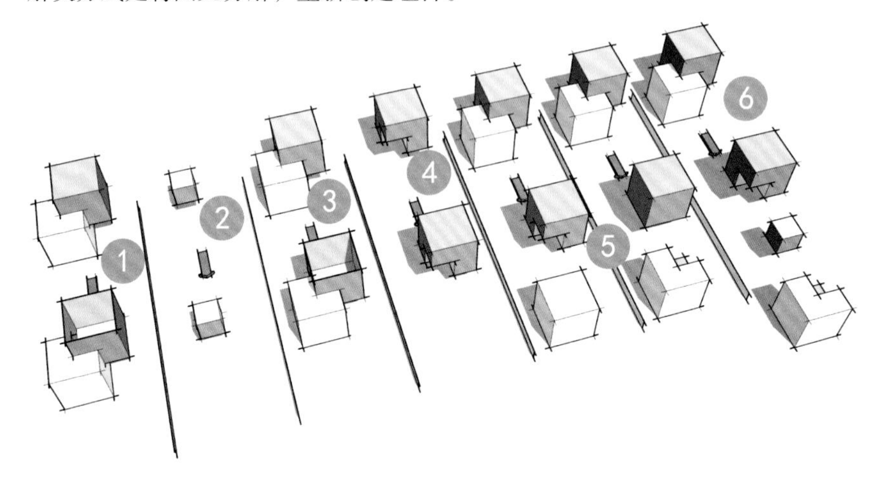

图 4-92、图 4-93 实体工具演示

（3）模型交错工具

电子文件：Chapter04/4.2.3/ 模型交错。

【模型交错】可使平面与实体、实体与实体的交接部分自动生成分割线，分割线将自动分割图元表面。【模型交错】可对图元进行复杂编辑，如拆分、创建不规则实体（如曲面）的表面分割线以及创建更复杂图元等（图 4-94、图 4-95）。

【模型交错】（实体与实体模型交错，面片与面片的模型交错同理）步骤如下。a. 将两个待操作图元交错排列，b. 选中需要生成相交线的图元，鼠标右键菜单【模型交错】，【整个模型】, 图元相交部分自动生成线，模型交错操作完成。

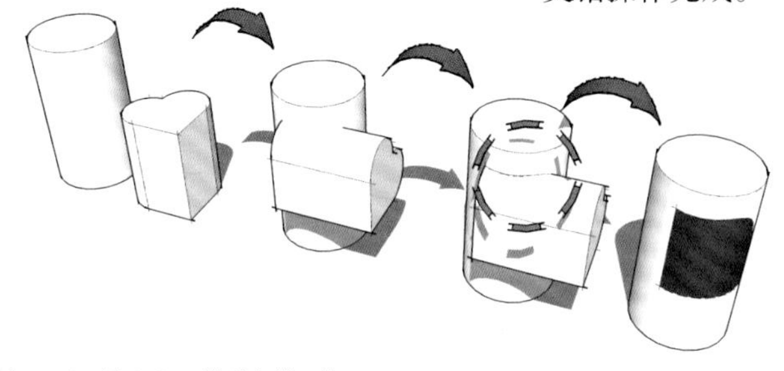

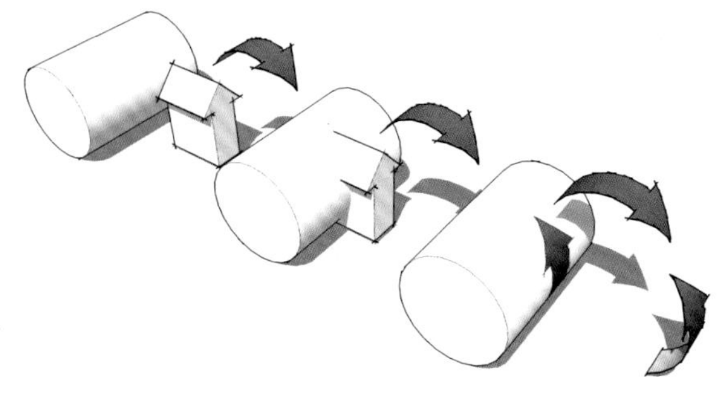

图 4-94、图 4-95 模型交错工具

（4）场景工具

【场景】工具面板主要用于保存视图和创建动画，此处以设计过程中最实用以及使用频率较高的保存相机为例（图 4–96）。

保存场景（相机）操作如下。a.【窗口】菜单，【场景】，激活场景面板。b.【+】增加场景。新增场景后，菜单栏下将出现幻灯片演示的【场景号 1】标签，保存场景（相机）操作完成。

场景编辑编辑面板内容如下。【+】、【–】用于添加及移除场景，【圆形折返箭头】为【更新场景】，【场景上 / 下移】用于场景前后调整。若在屏幕位置变化后希望还原镜头，只需鼠标左键双击场景缩略图即可。

加载【要保存的属性】，载入方式如下。鼠标右键【场景】面板场景缩略图或激活【显示详细信息】，加载【要保存的属性】，其内容包括：【相机位置】、【隐藏的几何体】、【可见图层】、【激活的剖切面】、【样式和雾化】、【阴影设置】、【轴线位置】，读者通过勾选查看场景的保存效果。

注：本章案例的电子文件通过【场景】设置页面切换，用户可通过电子文件体会场景的实际运用效果。

SketchUp 动画创建与输出操作也是通过【场景】切换来完成的，动画创建方式见 6.2.3 节。

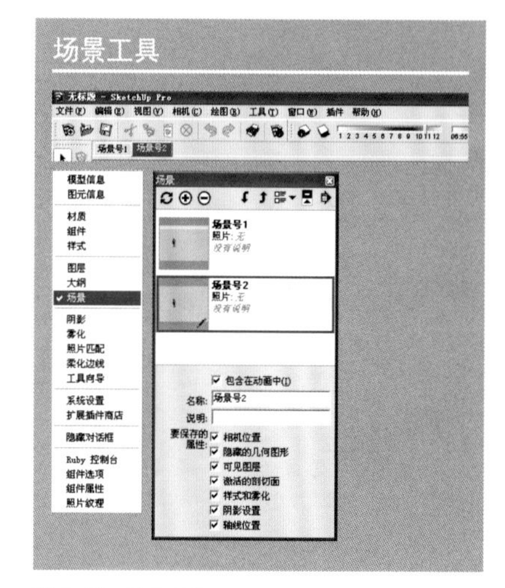

图 4–96　场景工具

（5）镜像工具（图 4–97、图 4–98）

SketchUp 镜像操作分三种方式：翻转方向、缩放、镜像插件。

电子文件：Chapter04/4.2.3/ 镜像工具。

① 翻转方向镜像（只能运用于组件、成组、面片实体图元）。翻转方向镜像操作如下。

a. 鼠标右键图元菜单【翻转方向】。b. 根据翻转方向选择【组件的红 / 绿 / 蓝轴】，操作完成。若保留原始单位的镜像，需在操作前将被镜像图元进行复制，再执行【翻转方向】操作。

② 缩放镜像。缩放镜像操作如下。【缩放】操作时，键入 –1 即为镜像。

③ 插件镜像。插件安装方式如下（电子文件）。SketchUp 2014 插件安装路径为 X:\Program Files\SketchUp\SketchUp 2014\ShippedExtensions，将安装文件粘贴至此文件夹中。重启后的 SketchUp 工具栏中会出现【插件】菜单。

插件使用方式如下。a. 选择被镜像图元。b. 激活【镜像】插件，选择镜像轴的起点和终点，选择第三点（镜像方向）。c. 操作后，在弹出【是否删除原始选择（Erase Original Selection?）】提示面板，按需选择是或否，镜像操作完成。

图 4–97　镜像插件

【镜像】插件具有延任何角度轴镜像的属性，可弥补 SketchUp 无法延轴镜像的遗憾

图 4–98　镜像的运用

【镜像】插件配合组件的关联属性可极大地提高模型的创建与编辑效率，通常制作 1/2 或 1/4 的单位即可

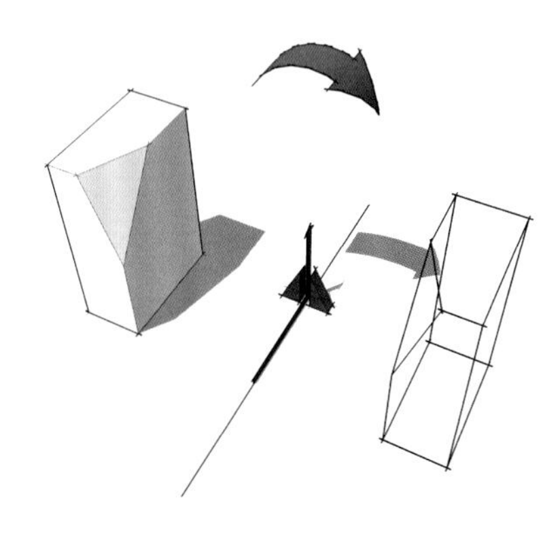

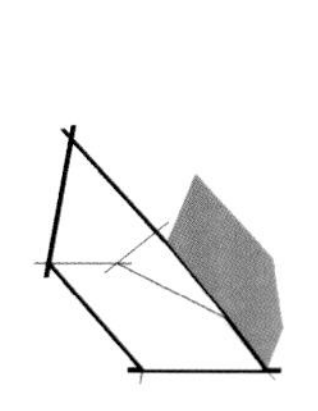

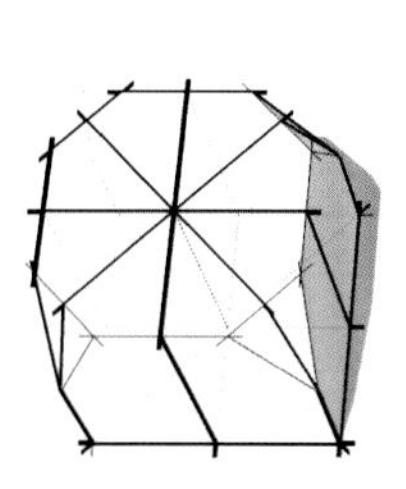

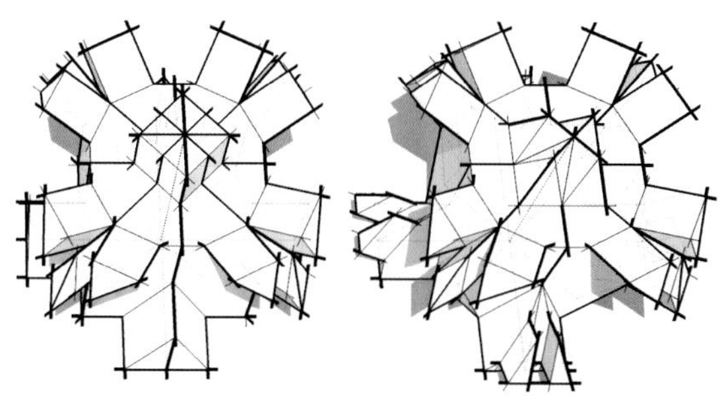

4.3　景观设计实用工具

4.3.1　【沙盒】工具

图 4-99　沙盒工具

通过【沙盒】工具（图 4-99）可创建复杂地形，【沙盒工具】可与 CAD 图形及 SketchUp 的其他工具配合创建图元。沙盒工具加载方式如下。【视图】，【工具栏】，【工具栏】（面板），【沙盒】。沙盒工具栏包含 7 种子工具，内容如下：【根据等高线创建】、【根据网格创建】、【曲面起伏】、【曲面平整】、【曲面投射】、【添加细部】、【对调角线】。

电子文件：Chapter04/4.3.1/ 沙盒工具。

（1）根据等高线创建（沙盒）工具（图 4-100、图 4-101）

【根据等高线创建沙盒】工具所需的等高线可以是任意形状的闭合线，如直线、曲线、圆形，该工具可在这些线间自动生成面。该工具所创建的模型常用于景观中的坡地，配合 CAD 文件创建坡地步骤如下。

a. 载入 CAD 等高线文件（电子文件）。b. 通过【移动】工具将各等高线移至设计高度，竖向间距 900mm。c. 全选等高线，激活【根据等高线创建沙盒】工具，系统自动闭合等高线间的面，坡地创建完成。创建完毕后的图元默认为【成组】，且并未包含创建时导入的等高线。

根据等高线创建沙盒

沙盒

图 4-100、图 4-101　根据等高线创建沙盒

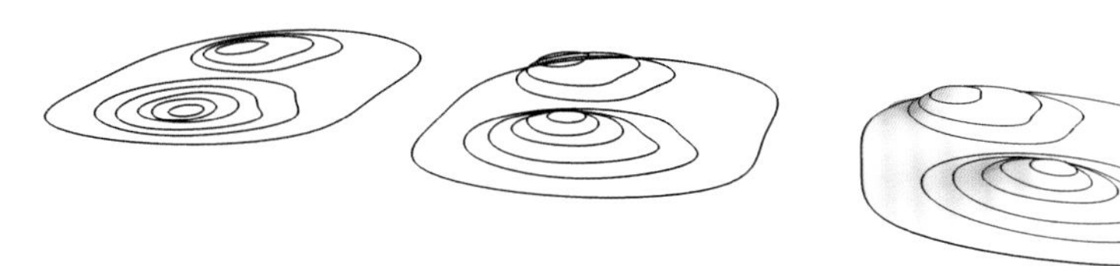

（2）根据网格创建沙盒工具

该工具需配合【曲面起伏】工具使用。

（3）曲面起伏工具（图 4-102、图 4-103）

【根据网格创建沙盒】配合【曲面起伏】可创建一些自由的坡度地形。

创建坡地步骤如下。a. 激活【根据网格创建沙盒】工具，鼠标左键拖拽创建网格平面（通过数值栏输入格栅大小）。b. 双击进入组内编辑状态，激活【曲面起伏】工具（通过数值栏输入变形框半径大小），光标移至网格平面，进行高度 Z 轴的上 / 下推拉。c.【Esc】键退出组内编辑，坡地创建完成。

注：【曲面起伏】工具除应用于【根据网格创建沙盒】所创建的平面外，还可应用于任意带有网格属性的平面或实体图元。【曲面起伏】在操作中可随时改变半径大小。通过【柔化 / 平滑边面】可调整图元表面的平滑度。

图 4-102、图 4-103　曲面起伏工具

【曲面起伏】配合【根据网格创建沙盒工具】创建的山地

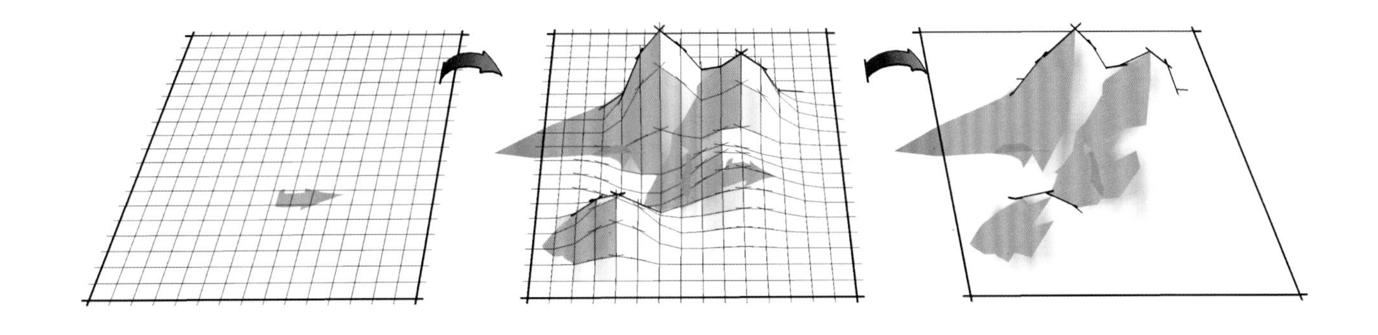

（4）曲面平整工具（图 4-104、图 4-105）

【曲面平整】工具可自动生成坡地向上的平面地基或向下凹陷的盆地，工具使用步骤如下。

a. 拾取投影图元，输入偏移数值（偏移值用于设定投影外延距离）。b. 激活【曲面平整】工具，点击鼠标左键曲面地形。c. 生成基座后按设计要求拖拽高度并单击鼠标左键定位，地形创建完成。

注：生成后的基座表面可进入组内编辑执行【移动】操作。【曲面平整】工具无法应用于镂空及侧面呈 90° 的图元。

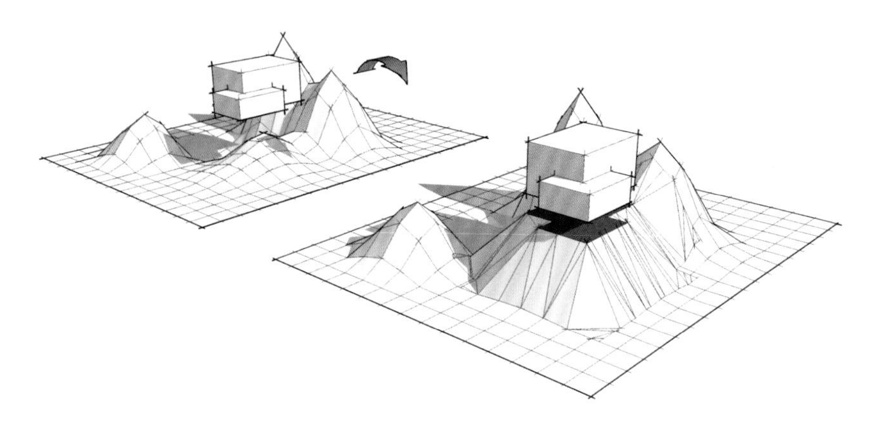

图 4-104、图 4-105 曲面平整工具

（5）曲面投射工具（图 4-106、图 4-107）

【曲面投射】工具可将任意线或图形投影于基面上，投影后的线将自动对基面做面的分割以应用不同材质，工具使用步骤如下。

a. 拾取投影图元，激活【曲面投射】工具。b. 鼠标左键基面或地形，曲面投射操作完成。

注：若想独立选择分割后的面，可先对投射基面进行【柔化 / 平滑边面】，再进行【曲面投射】操作。

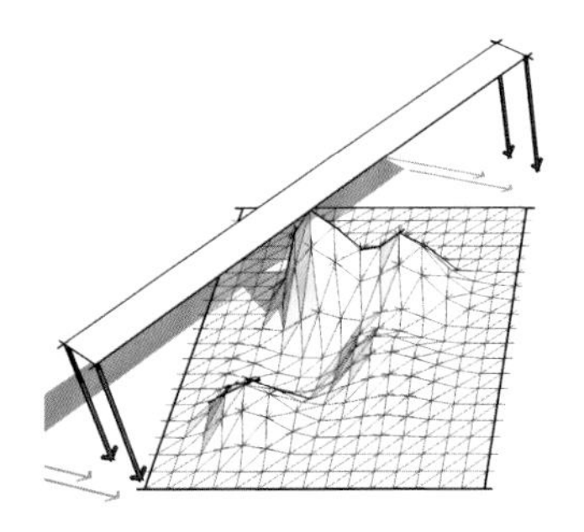

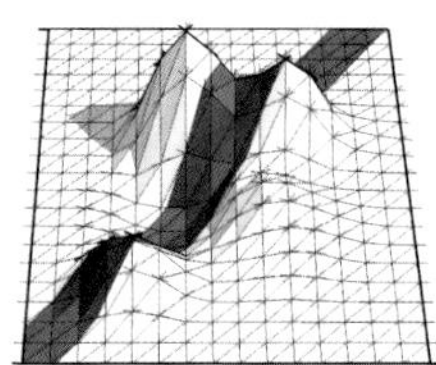

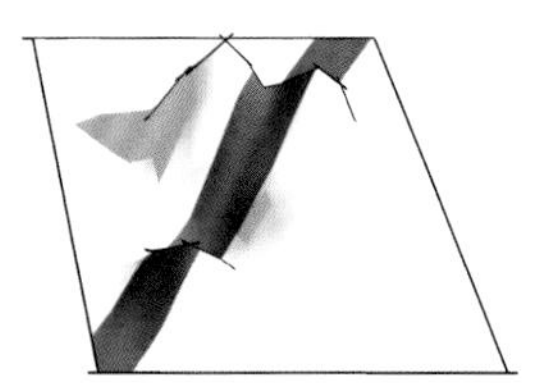

图 4-106、图 4-107 曲面投射工具

（6）添加细部工具（图 4-108）

【添加细部】工具可对【根据网格创建沙盒】创建的网格或任意三角面做进一步修改，以增加网格细分。

（7）对调角线工具（图 4-109）

【对调角线】工具可将【根据网格创建沙盒】工具所创建平面的默认对角线做反转调整，常应用于坡地模型的造型调整。

图 4-108 添加细部工具
图 4-109 对调角线工具

4.3.2 雾化工具

雾化设置可表达空间深度（图 4-110），设置方式如下。【窗口】菜单，【雾化】。勾选【显示雾化】，开启雾化效果，通过【距离】及【颜色】设置雾化属性。【视图】菜单，【雾化】可快速开启 / 关闭雾化。

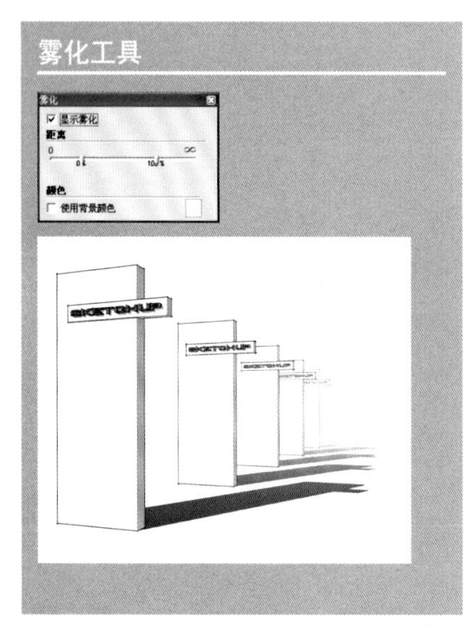

图 4-110 雾化工具

4.3.3 指北针工具

指北针工具用于太阳的照射角度。

SketchUp 2013 之前版本拥有【指北针】，但是之后版本取消了该工具，并将其纳入插件中，读者可安装插件或旋转场景解决太阳角度问题。

4.4 文件输入与输出

4.4.1 文件输入

SketchUp 可与多种软件配合，此处介绍常用的两种文件输入方式。

（1）CAD 文件输入

输入方式如下。a. 将 CAD 文件通过【写块】（命令 W）进行输出（建议分层输出）。b.SketchUp【文件】菜单，【导入】，文件类型 AutoCAD（*.dwg，*.dxf）。通过【选项】，【比例】，设置单位。输入后的 CAD 文件可用于面的闭合操作直接创建图元，或【创建组】后用于建模时的参照。

（2）位图输入（以 jpg 图像为例）

输入方式如下。a.【文件】菜单，【导入】，文件类型 JPEG（*.jpg）。b. 拖拽图像定位。通过【缩放】工具编辑大小。若图像用于场景的底图，输入时选择【用作图像】选项（图 4-111）。

图 4-111 位图输出

4.4.2 文件输出

（1）输出位图（以 jpg 图像为例）

输出方式如下。a.【文件】菜单，【导出】，【二维图形】，选择输出类型 JPEG 图像（*.jpg）。b. 根据打印标准，通过【选项】设置【图像大小】，勾选【消除锯齿】，并拖动【JPEG 压缩】滑竿至更好的质量。

（2）输出文件至 Lumion

SketchUp 可与 Lumion 完美配合，SketchUp 与 Lumion 兼容的格式除了其自身的 *.skp 文件外，还有 *.dae 格式。*.dae 格式输出方式如下。

a.【文件】菜单，【导出】，【二维模型】，输出类型 COLLADA 文件（*.dae）。b. 通过【选项】设置输出参数，输出参数将结合案例在 7.5.1 讲解。

（3）输出文件至 3ds Max

SketchUp 还可与 3ds Max 配合开展设计工作，SketchUp 输出至 3ds Max 的格式文件为 *.3ds，输出方式与参数原理同 *.dae 文件。

操作提示：

1. SketchUp 工作前需设置【绘图模板】及【系统单位】。

2. 通过手工输入数值的方式创建图元，可得到十分精确的模型。

3. SketchUp 的捕捉功能强大，配合【Shift】键能锁定参考轴。

4. 自定义快捷键能成倍提高工作效率。

第 5 章　SketchUp 工具组合基础

本章将通过几组实用的小模型及场景练习，进一步加深读者对软件界面以及工具性能的理解。设计是个整体过程，书中不同章节案例的关系也做了整体考量，5.1 中的案例将分别应用于 6.1 与 6.2。本章中的箭头等辅助符号来源于第 4 章。

基于创建模型方式的多样性，同个图元可运用多种方法制作，读者在实践的同时可细心体会，以找到 SketchUp 在景观设计中的工作规律，并举一反三，创作出更好的作品。

5.1　两组景观小品

5.1.1　案例意图

案例将通过两组简单的景观小场景练习进一步使读者熟悉 SketchUp 的工作界面、操作方式，以及工具的配合运用方式。本部分的案例场景及模型将直接在 SketchUp 中创建，案例成果会作为组件应用于 6.1 及 6.2 中。

5.1.2　软件设置

（1）模板设置

模板设置如下（图 5-1）。【窗口】菜单，【系统设置】，【模板】，选择【建筑设计 - 毫米】。除了部分规划类景观设计外，多数景观设计以毫米为单位开展工作，若已在界面向导时已选择模板，此处无需再设置。

（2）单位设置

单位设置如下。【窗口】菜单，【模型信息】，如图 5-2 所示设置【长度单位】与【角度单位】。

（3）样式设置

样式设置如下（图 5-3）。【窗口】菜单，【样式】，【编辑】，【边线设置】，取消【轮廓线】、【扩展】及【端点】的勾选。

注：设置关闭了线条的视觉特效，以最单纯的线型开展设计工作。

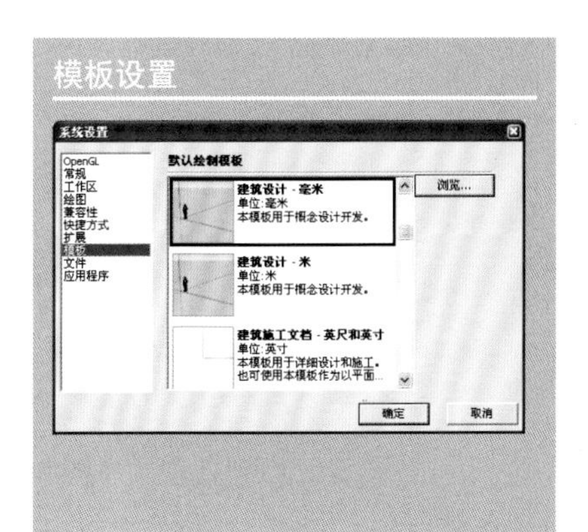

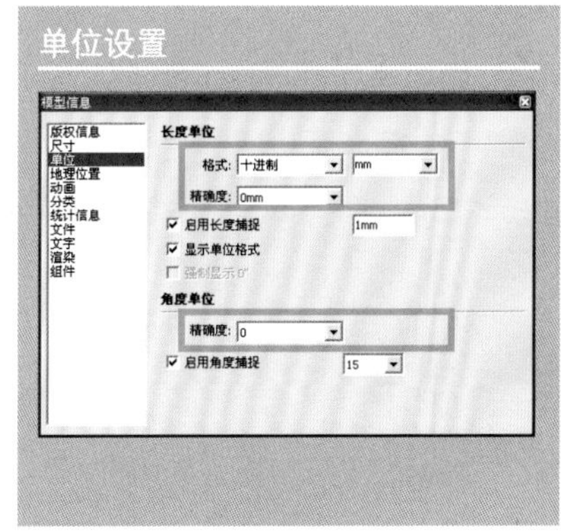

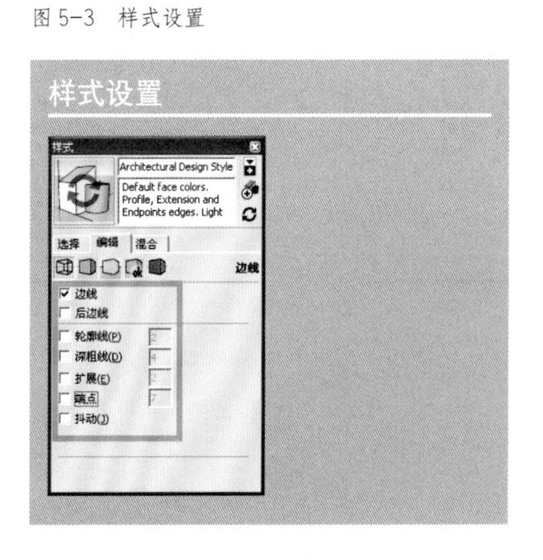

图 5-1　模板设置
图 5-2　单位设置
图 5-3　样式设置

5.1.3 创建模型

（1）场景一——户外休息座（图 5-4）

图 5-4 户外休息座案例完成图

案例意图——整体到局部。案例从整体出发，先创建模型体量，通过这种忽略细节的方式可快速查看各单位之间的比例，待理关系想后再进行细化。

① 创建模型体量（图 5-5~ 图 5-7）

a.【直线】或【矩形】配合【推 / 拉】，创建 2400mm × 1200mm × 80mm 的长方体，并【组件】（操作方式，图元鼠标右键【创建组件】，下同）。b. 创建 2400mm × 550mm × 450mm 的长方体，并【组件】。c.【直线】配合【移动】的点拉伸功能创建一个截面，【推 / 拉】挤出 1395mm 的厚度，并【组件】。

② 造型深化（图 5-8~ 图 5-13）。深化坐面步骤如下。a. 进入坐面组内编辑状态（左键双击，下同），底面轮廓线【Ctrl】配合【移动】向上复制 80mm 做面的分割，【推 / 拉】向内各挤出 50mm（也可通过【偏移】，将底面轮廓线向内偏移 50mm，【推 / 拉】向上挤出 80mm，达到同样效果）。b.【直线】或【偏移】+【移动】创建一个 450mm × 450mm 的正方形，【推 / 拉】向下挤出 50mm 深度。左键单击屏幕空白处或【Esc】键退出组内编辑状态。

深化椅背步骤如下。a. 进入椅背组内编辑状态，【偏移】分割出杆件厚度 30mm，【推 / 拉】修改构建宽度，并退出组内编辑状态。b.【Ctrl】配合【移动】进行阵列操作，间距 90mm，数量 15X。

图 5-5~ 图 5-7 ① 创建模型体量步骤
图 5-8~ 图 5-13 ② 造型深化步骤

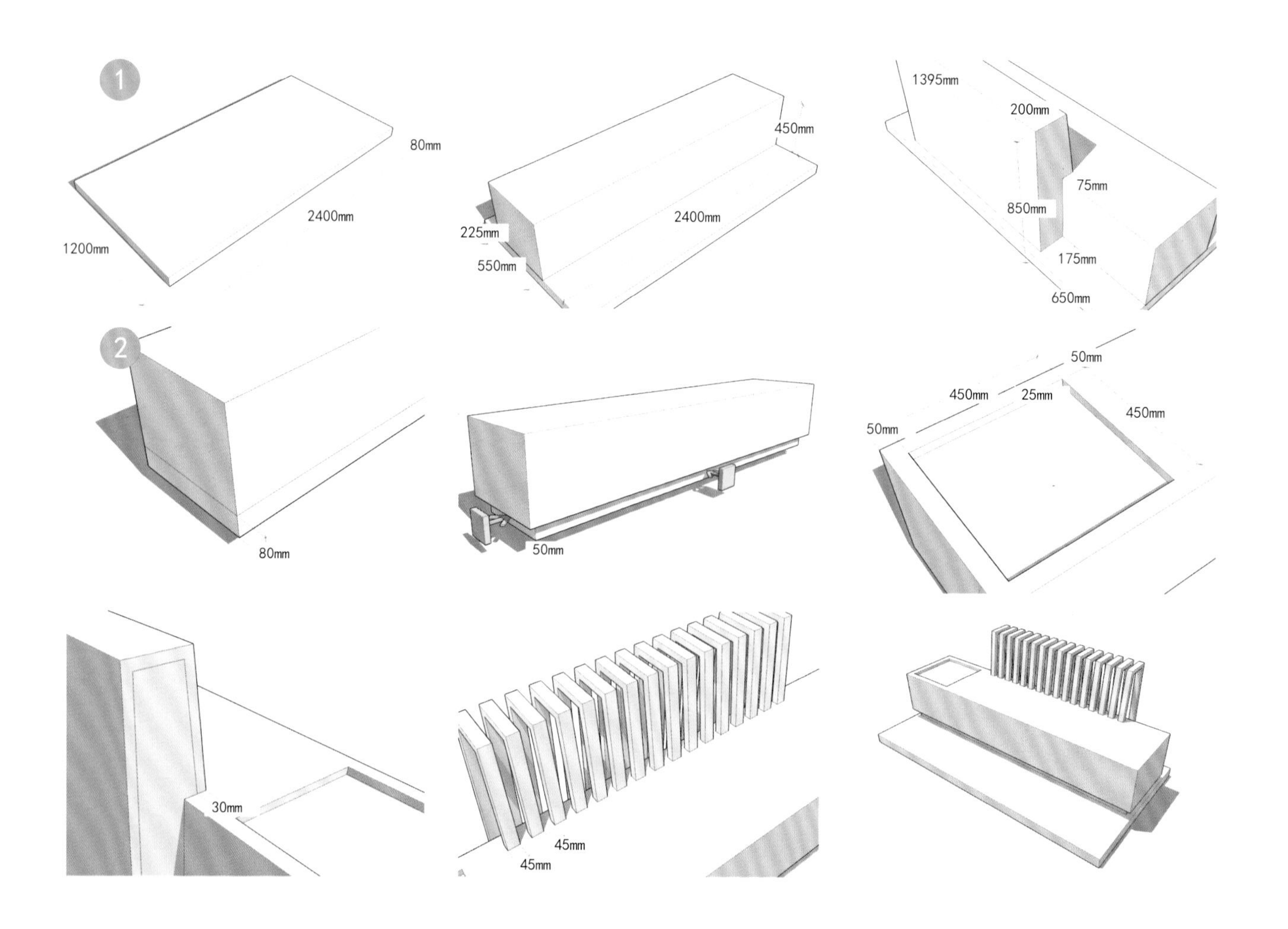

（2）场景二——温泉池（图 5-14）

案例意图——组件打包组件高效创建与修改模型。本案例运用组件打包组件的方式创建模型，它是一种组件内再创建组件的图元创建方式，是一种充分运用组件关联属性，批量编辑与修改图元的方法。编辑时，只需编辑任意一个组件，其余组件的修改工作便会自动完成。此方法下的组件包内的各单位也是组件，因此编辑高效，避免了在一个单元上反复切割造成的形体关系紊乱、独立单位难以再编辑的现象，可更可极大提高建模效率，以留出宝贵时间深化构想。

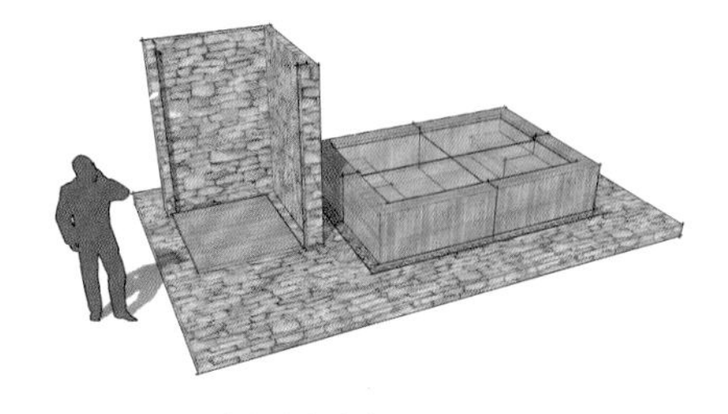

图 5-14　温泉池案例完成图

实际运用中往往只需要创建 1/4 或 1/8 的模型，其余部分则由关联自动完成，组件打包的从属关系如图 5-15 所示。本案例将通过场景中的一个 1/4 温泉池的来演示这种建模方法。

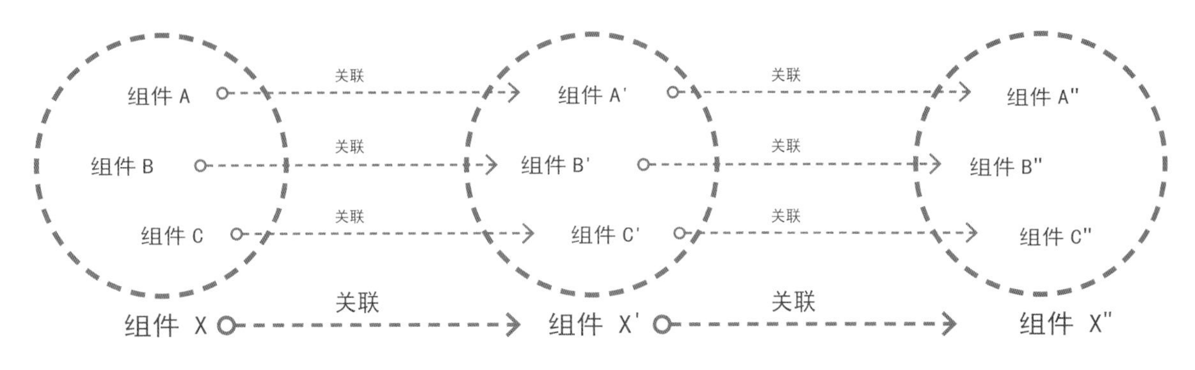

图 5-15　组件关联结构分析图

① 创建模型体量

a.【直线】或【矩形】配合【推 / 拉】创建 6000mm × 3600mm × 150mm 的长方体，并【组件】。b. 创建 3000mm × 2100mm × 600mm 的长方体，并【组件】，组件名称为“汤池”。c. 创建 1650mm × 1500mm × 2100mm 的长方体，并【组件】（图 5-16）。

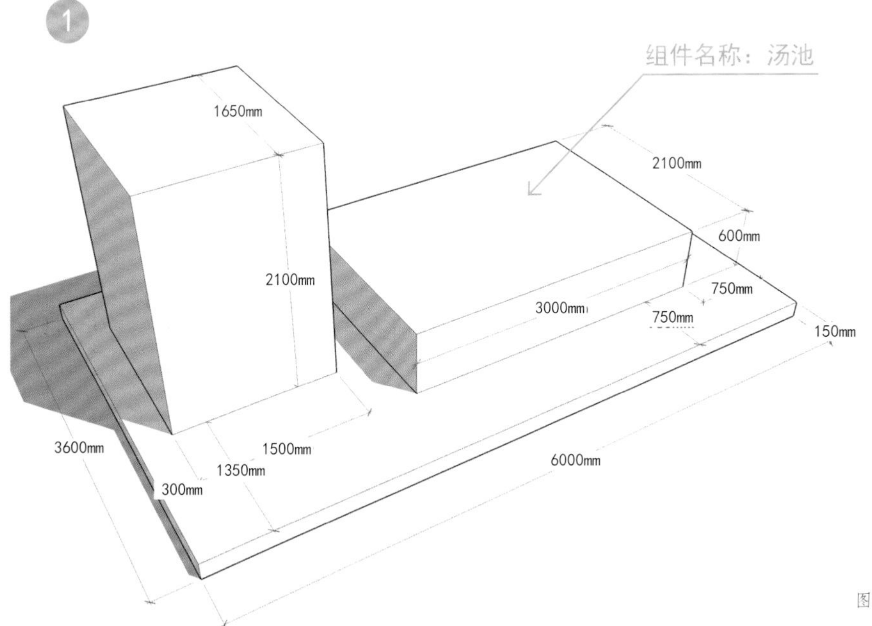

图 5-16　① 创建模型体量

② 组件嵌套深化汤池（图 5–17~ 图 5–22）

a.【直线】配合【推 / 拉】编辑 1/4 汤池造型。b. 双击进入汤池的组内编辑，并全选图元，再次鼠标右键【创建组件】，组件名称“1/4 汤池”（“汤池”组件为父组件包，“1/4 汤池”为父组件包内的子组件，之后父组件包内添加的任意组件为子组件），组件嵌套准备工作完成。c.【镜像插件】或【复制】+【缩放】或【复制】+【翻转方向】，对父组件进行镜像编辑。d.【直线】配合【推 / 拉】，在任意父组件的组内编辑状态下继续添加构建，新添加的单位都必须【创建组件】，其余父组件会自动完成修改工作。

③ 深化其余模型（图 5–23~ 图 5–25）

a. 深化汤池散水。b. 深化冲淋区。

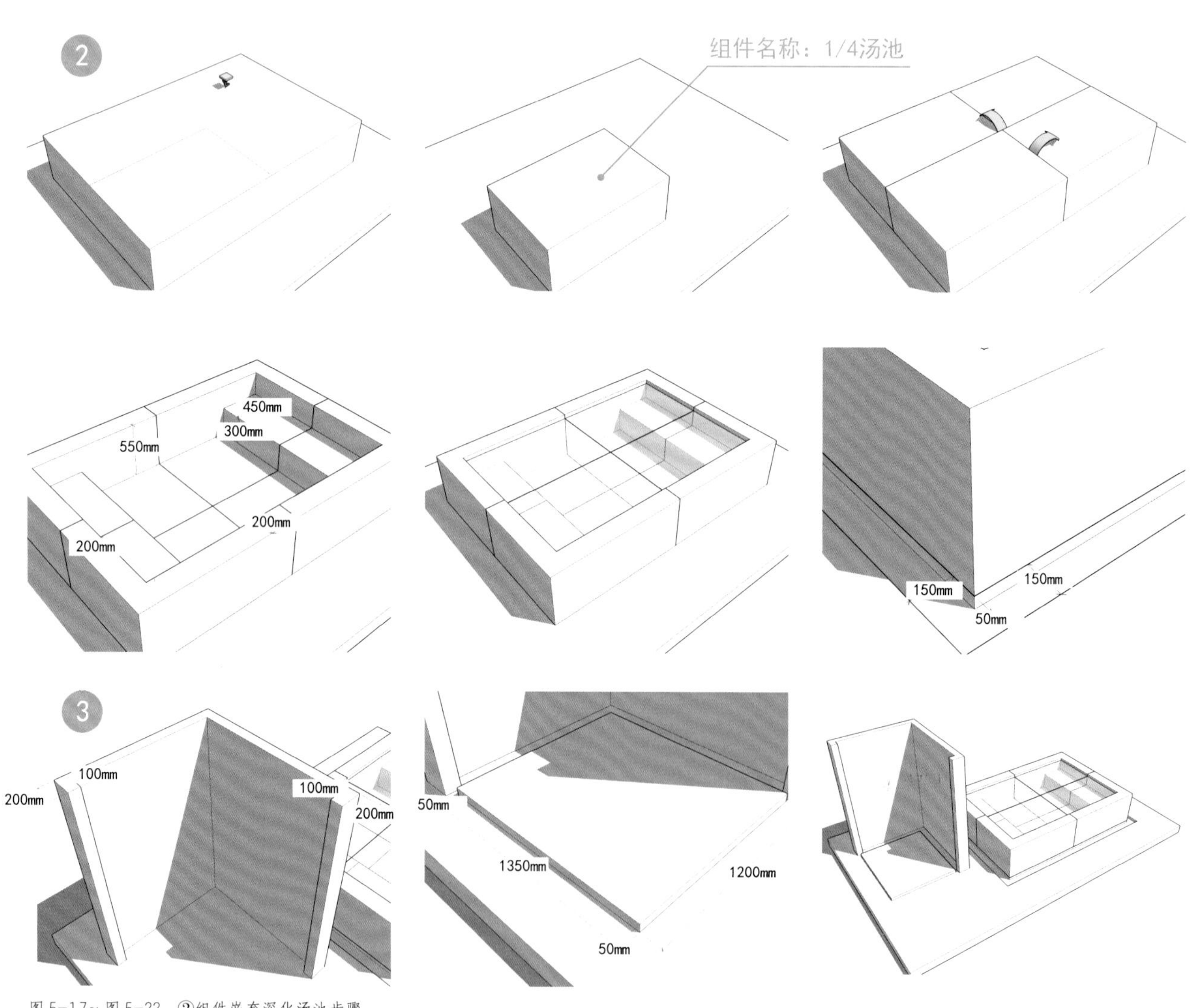

图 5–17~ 图 5–22 ②组件嵌套深化汤池步骤
图 5–23~ 图 5–25 ③深化其余模型步骤

5.1.4　应用材质

注：应用材质时需进入组内编辑状态，全选模型后再应用材质。

（1）应用材质

① 户外休息座材质（图 5-26~ 图 5-28）。【材质】工具将软件自带贴图应用于户外休息座模型上（其中自定义木纹材质的贴图路径：Chapter05/5.1.4/ 木纹贴图）。

② 温泉池材质（图 5-29~ 图 5-31）。【材质】工具将软件自带贴图应用于温泉池模型上。

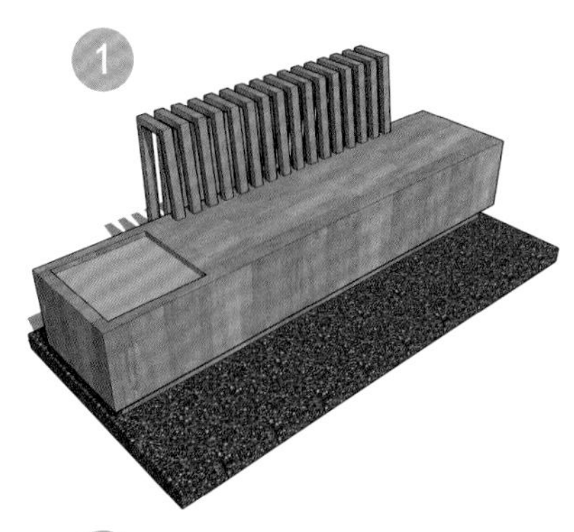

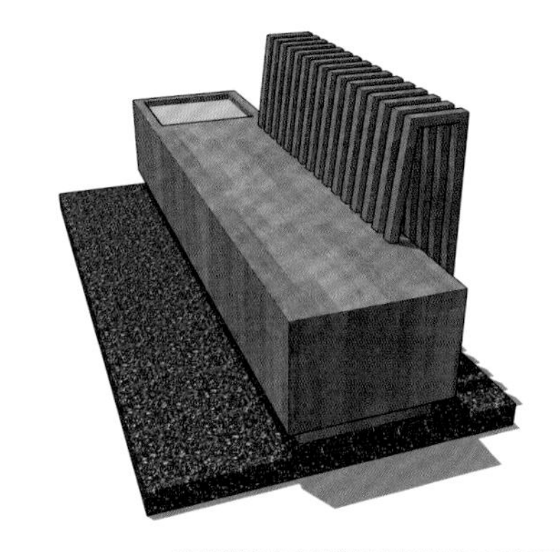

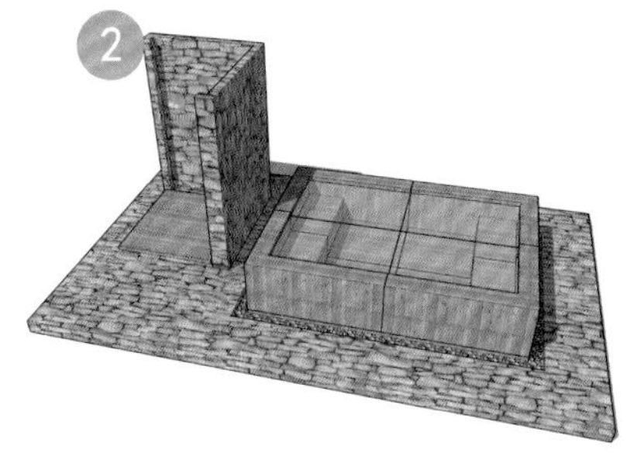

UV 调整技巧如下。应用材质后，【直线】工具沿材质方向创建直线，通过数值栏数据查看贴图大小，并继续调整参数，以解决【材质】面板中的数值无法直观反映贴图大小问题。

（2）应用自定义材质

激活【材质】工具，【创建材质】，通过【浏览材质图像文件】加载自定义贴图，调整材质坐标并应用于模型。

无缝贴图技巧如下。使用 Photoshop【位移】滤镜能在应用贴图前预检贴图边缘折返（无缝效果）。

进入 Photoshop 界面，打开贴图文件（电子文件：Chapter05/5.1.4/ 无缝贴图），执行【滤镜】，【其他】，【位移】，查看材质边缘折返处效果（图 5-32）。纹理能基本保持连续，则该图片可作为无缝贴图使用。微小纰漏可通过 Photoshop【印章】工具修改。

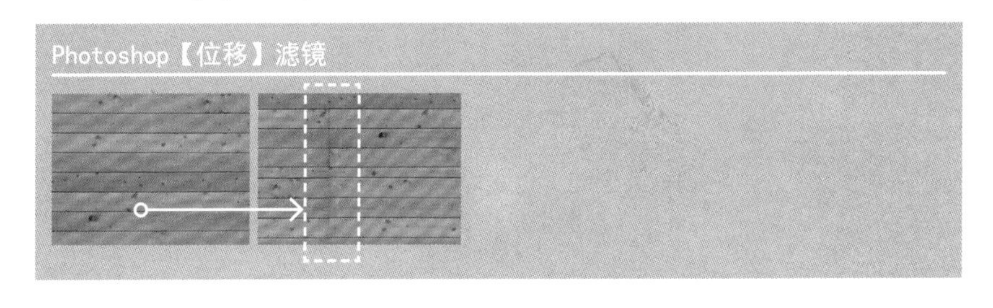

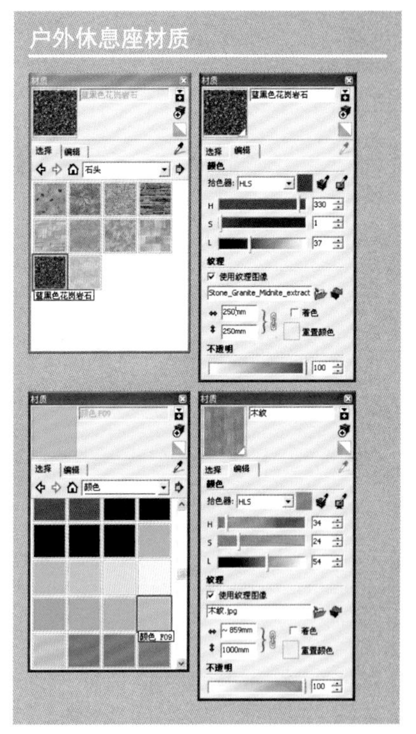

图 5-26~ 图 5-28　① 户外休息座材质

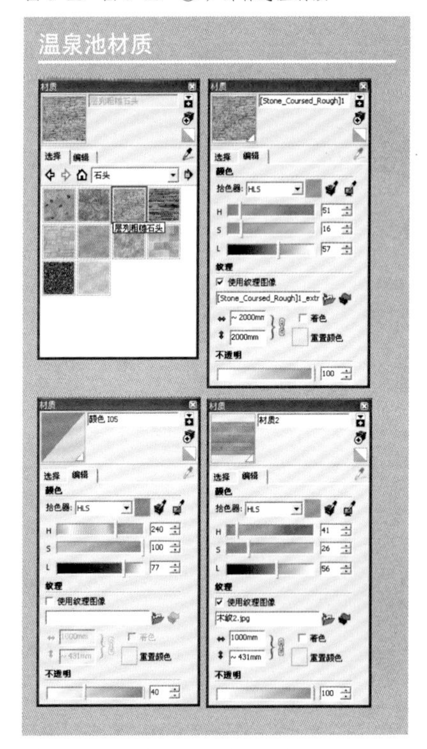

图 5-29~ 图 5-31　② 温泉池材质

图 5-32　执行【位移】滤镜查看无缝贴图效果

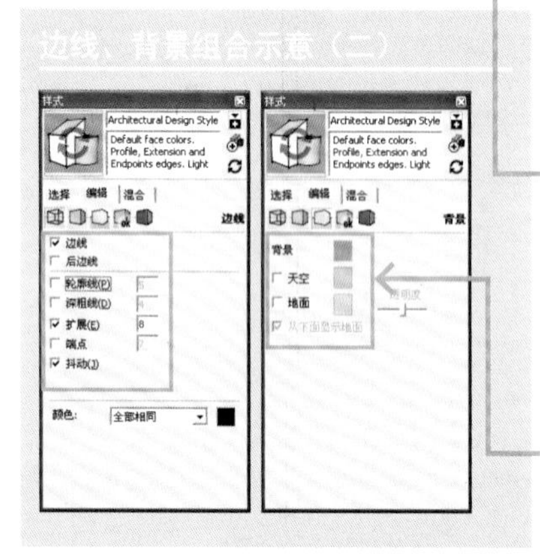

图 5-33~ 图 5-36　边线、背景组合

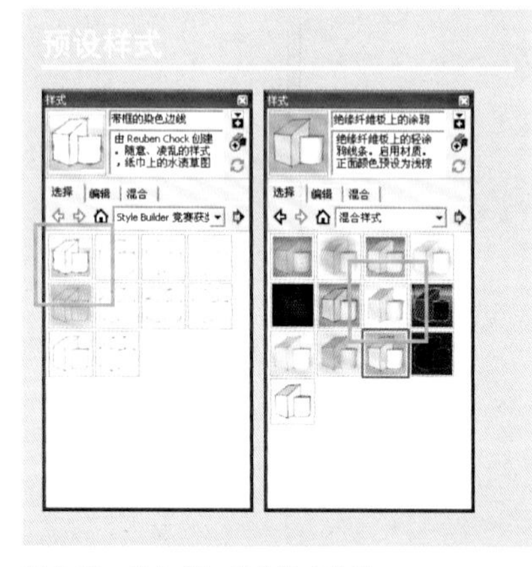

图 5-37~ 图 5-39　预设样式效果

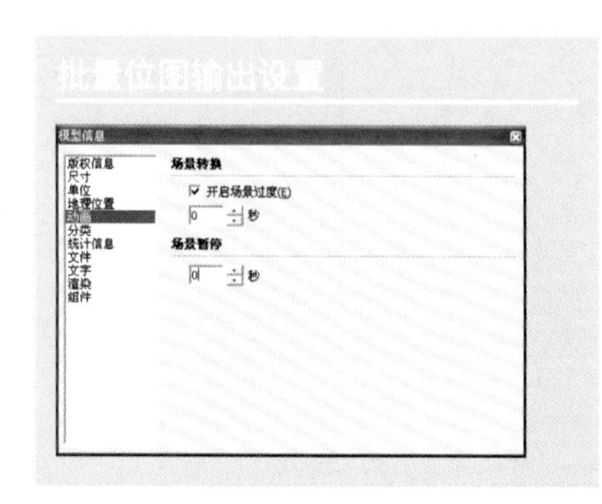

图 5-40　批量位图输出

5.1.5　文件保存与输出

（1）文件保存

模型制作过程中及完成后需保存。若低版本 SketchUp 中打开该文件，需向下设置【保存类型】（下同）。将两组场景分别全选【创建组件】备用。

（2）样式设置

场景位图输出前可根据表达效果设置【样式】，设置方式如下（以户外休息座为例）。【窗口】菜单，【样式】，【选择】或【编辑】。

①【编辑】用于设置【边线】及【背景】。【边线】的样式可配合使用，【背景】用于设置场景的环境色（图 5 -33~ 图 5-36）。

②【预设样式】用于设置特殊画面效果（图 5 -37~ 图 5-39）。读者可通过激活图标自行查看，通过【预设样式】还原默认效果。

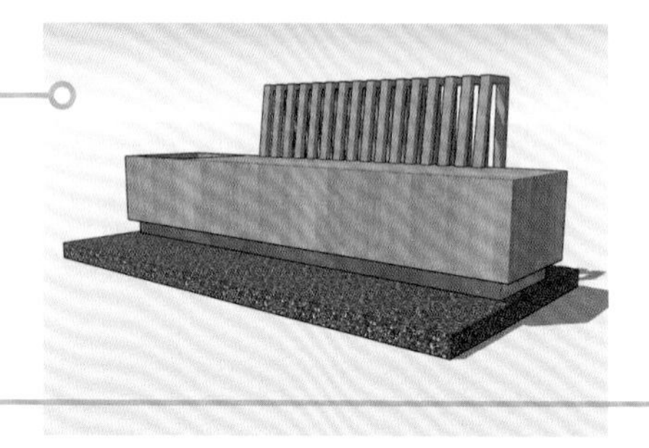

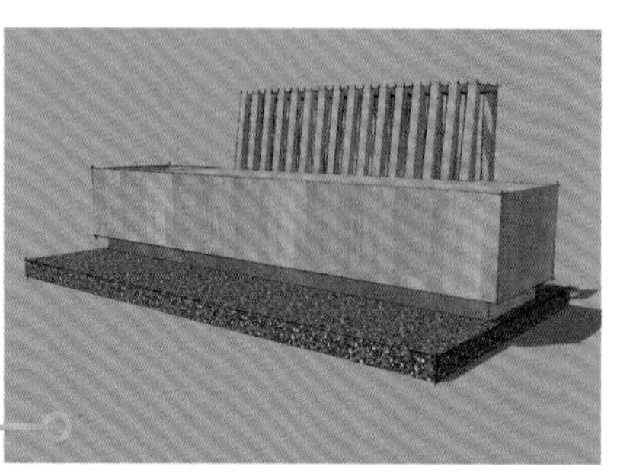

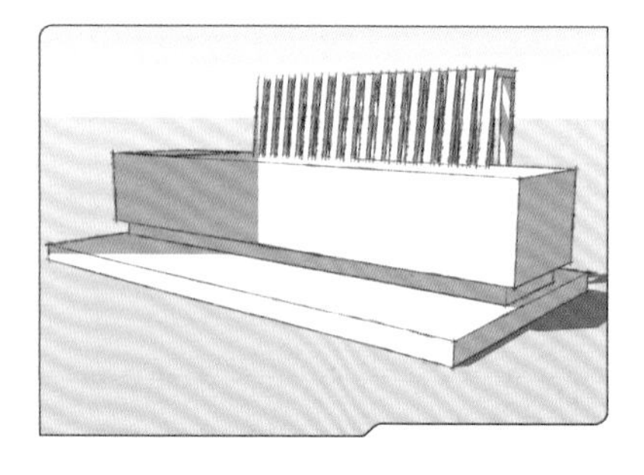

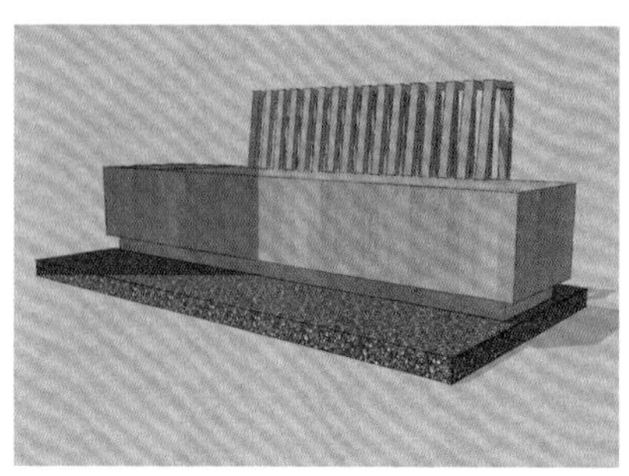

（3）单帧位图输出

位图输出前需保存相机，以便再次调用，设置方式如下。【窗口】菜单，【场景】。通过【＋】并配合【要保存的属性】，【相机位置】保存镜头，按需设置其余【要保存的属性】。

本场景的【输出类型为】JPEG，输出方式如下。【文件】菜单，【导出】，【二维图形】，按打印需要设置【图像大小】。

（4）批量位图输出

批量位图设置方式如下。a.【窗口】菜单，【模型信息】，【动画】，设置【场景过度】0s，【场景暂停】0s。b.【文件】菜单，【导出】，【动画】，【图像集】，通过【选项】设置文件像素大小后导出文件（图 5-40）。

5.1.6　案例小结

本部分的两个案例包含了 SketchUp 的常用工具组合、材质应用、样式以及文件的输出方式，“麻雀虽小五脏俱全”，读者在跟随操作的同时可逐渐熟悉软件的性能。

完成电子文件：Chapter05/5.1.6/ 休息座及温泉池模型。

5.2 地形练习

5.2.1 案例意图

景观设计是空间及元素的综合产物，它们都落在大地上，地形是景观构想的重要组成部分。本案例以人工地形为主（图 5-41），通过 CAD 配合 SketchUp 创建完成，主要的操作与建模方式是面的闭合与拉伸，其中将涉及创建地形时的一些实用技巧。案例成果将作为 8.2 的地形使用。

图 5-41　本案例素模效果

5.2.2 文件输出与输入

（1）CAD 文件输出前准备、文件输出

a. 打开 CAD 文件（电子文件：Chapter05/5.2.2/ 码头地形），关闭“填充”及“辅助”两个图层。b. 用【W】写块命令将图纸输出，输出参数如 5-42 所示。

（2）SketchUp 文件输入

a.【文件】菜单，【导入】，【文件类型】AutoCAD 文件（*.dwg，*.dxf），。b. 导入后将文件全选，鼠标右键【创建群组】，避免过多的线条造成的误选。

图 5-42　CAD 文件写块参数

5.2.3 创建景观地形主体

景观主要体量创建时，根据 CAD 线稿，【直线】抓点创建线的方式闭合各单位表面，【推 / 拉】挤出高度，并【创建组件】。

（1）创建基座

a.【直线】配合【推 / 拉】创建地形的基座，并【组件】（接下来所创建的每个独立模型都需成为组件，以利于快速选择或批量编辑）。b.【移动】组合各个体块（图 5-43、图 5-44）。

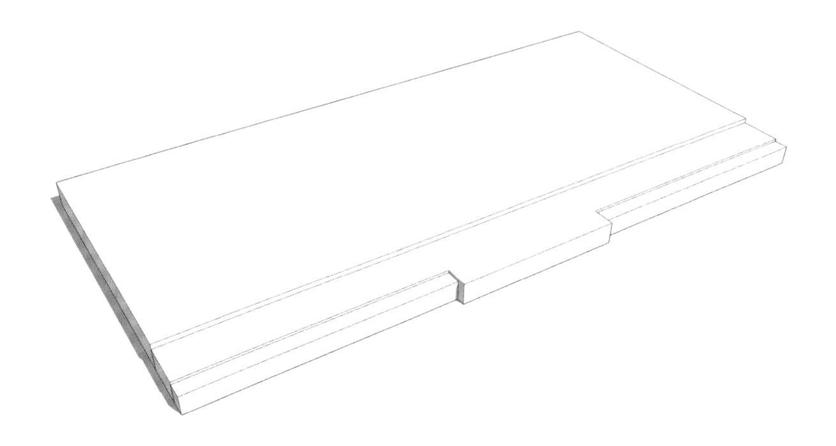

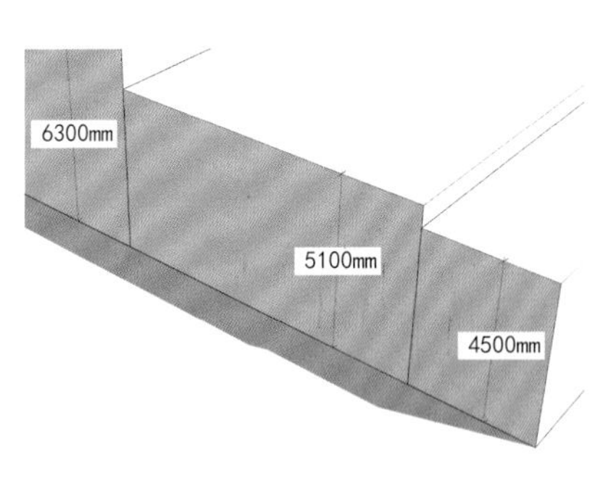

图 5-43、图 5-44　创建基座步骤

注：本部分操作的一些提示如下。

① 在模型创建过程中，【组件】后将同一类型或功能的单位【群组】，可提高选择与编辑的效率。

② 由于本案例为海景，因此基座在建模时适当做得高了些，以突出海平面，读者可根据不同的场景需要设置基座高度。

③ 基座的下皮需与 SketchUp 的模型的坐标原点处于水平面，否则导入 Lumion 后会切入地下。

（2）创建坡地与高台

a. 根据 CAD 线稿，创建坡地与高台的体量，高度均为 1200mm（创建过程中，相同图元可通过【镜像】操作进行复制）。b. 根据 CAD 线稿，【直线】、【移动】、【推 / 拉】调整各单位的造型（图 5-45~ 图 5-51）。

注：鼠标右键菜单的【隐藏】功能，可在不需要时关闭 CAD 线稿。【视图】菜单，【隐藏物体】显示被隐藏图元，通过右键菜单【取消隐藏】显示图元。

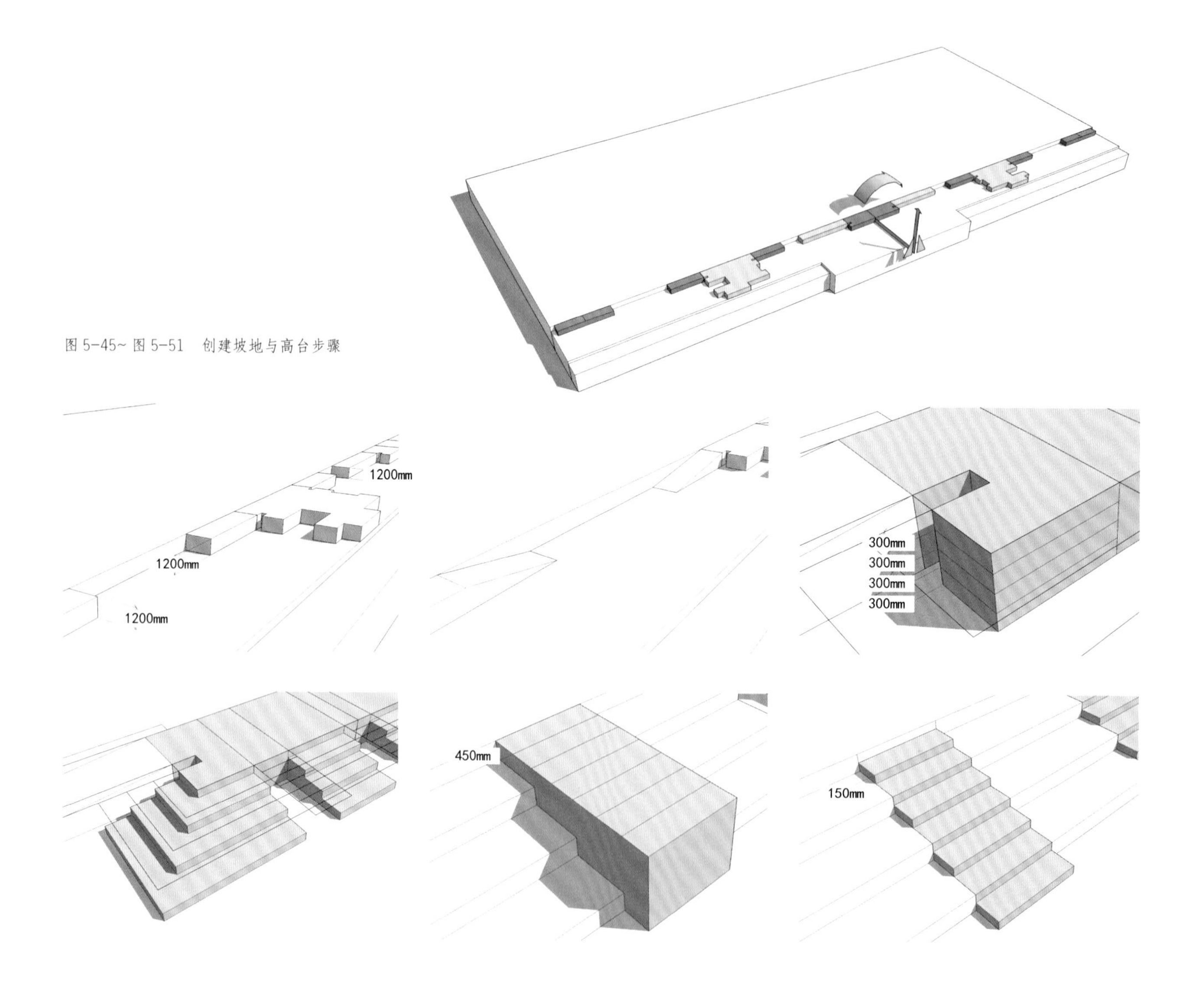

图 5-45~ 图 5-51　创建坡地与高台步骤

（3）创建亲水平台（图 5-52）

地形技巧（一）——写块闭合表面。对于 CAD 中连续直线的局部造型，通过【创建边界（BO）】的操作，再用【写块（W）】的操作导入 SketchUp，可快速闭合表面（需进入这部分单位的组内编辑状态），提高模型创建效率。

a. 通过【创建边界（BO）】命令，创建 CAD 亲水平台部分的边界，将生成的边线【导入】SketchUp 中。b.【直线】闭合表面，【推 / 拉】挤出 300mm 的厚度，并【组件】。c.【移动】根据 CAD 线稿定位。

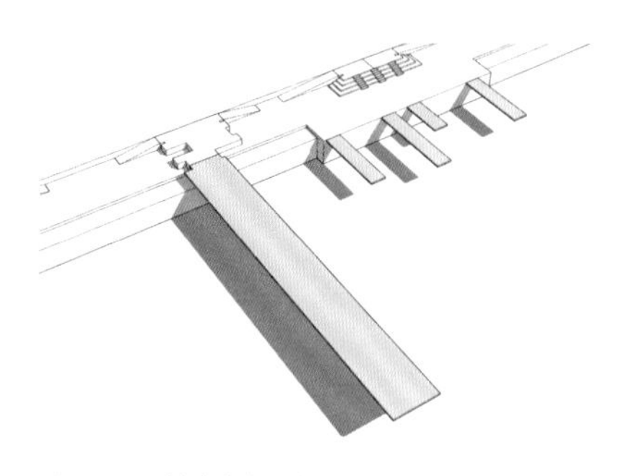

图 5-52　创建亲水品台

（4）创建花坛

地形技巧(二)——块关联创建地形。CAD 块导入 SketchUp 后默认为【组件】，运用组件关联属性可快速、批量创建模型。

a. 将 CAD 中的花坛部分【创建块（B）】，并应用【写块】的命令【导入】到 SketchUp 中。b. 进入组内编辑状态，【直线】工具闭合表面，【推 / 拉】挤出 450mm 高，根据 CAD 线稿，【移动】定位。c.【偏移】配合【推 / 拉】编辑不同花坛的高度与边缘造型（鼠标右键【设为独立项】取消个别单位的关联属性）（图 5-53~ 图 5-55）。

模型体量创建完毕。

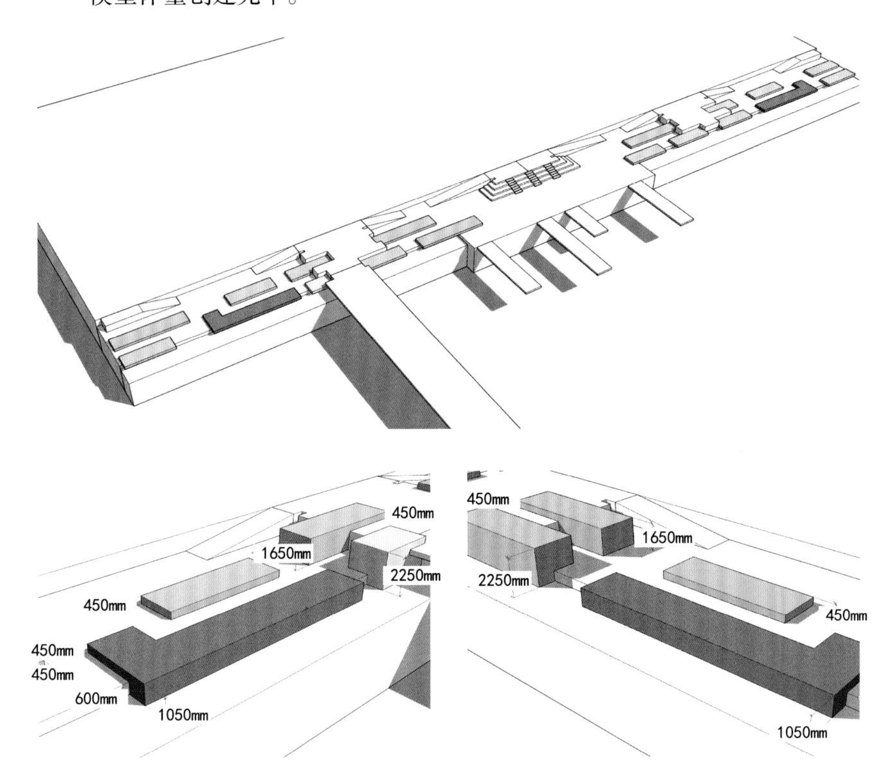

图 5-53~ 图 5-55　创建花坛步骤

本部分的一些要点如下。

① 在 CAD 中，花坛选用了 4 种模数进行复制。由于分步骤讲解的缘故，花坛的创建工作分为了两步，但实际建模中，创建完花坛的体量后，应先深化花坛的边缘，再修改不同花坛的高度。

② 建模过程中，可在闭合表面后先对图元组件，再继续下一个面的闭合操作；也可在闭合面后拉伸出模型高度，再创建组件。

③ 读者可能会对需闭合哪些面产生困惑，可参考完成图来了解操作意图，当然，如果表达的是自己的设计构想，这样的工作会高效得多，也会十分有趣。在本书撰写的过程中，确定模型与 CAD 图纸是同步进行的，并不是完成 CAD 后再进行建模工作。

④ 一些关于 SketchUp 的教材中，反复在一个面或体上进行切割的建模方式，不利于模型深化与编辑，应避免这种不合理的操作。

5.2.4 深化景观

（1）创建坡道栏杆

a.【直线】沿坡道边线做线，【偏移】向上复制 300mm。b. 删除第一条创建的线，【直线】进行面的闭合操作。c.【推 / 拉】挤出栏杆 450mm 厚度，并【组件】。d. 根据 CAD 线稿，【直线】配合【推 / 拉】创建其余位置的栏杆（图 5-56~ 图 5-58）。

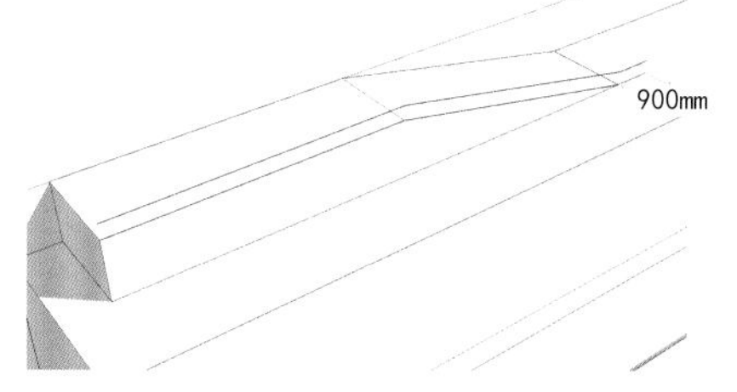

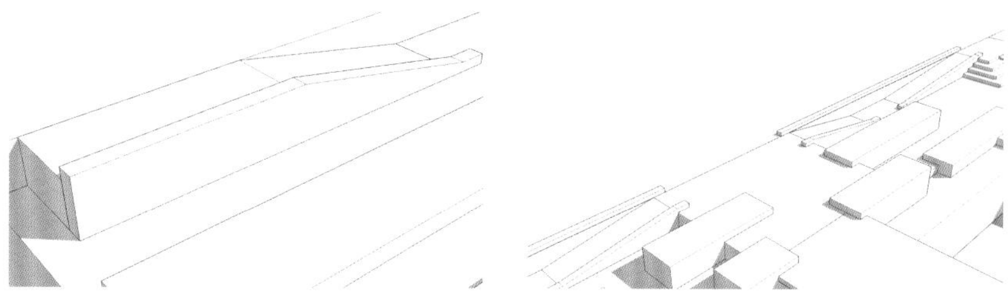

图 5-56~ 图 5-58 创建坡道栏杆步骤

地形技巧（三）——分块导出。SketchUp 在创建地形时往往会发生线条过多，面难以闭合的情况，解决方式如下。将 CAD 文件分层导出，再闭合表面，尤其是复杂的大场景文件。或通过【创建边界】命令，CAD 中对局部生成连续边线，再导入 SketchUp 进行面闭合操作。

（2）创建台阶

a. 创建一段 300m 宽，150mm 高的线作为台阶的踏面与踢面，【Ctrl】配合【移动】，通过【数值 X】的方式进行阵列操作。b.【直线】进行面的闭合操作，【推 / 拉】挤出台阶厚度，并【组件】。c. 通过【镜像】将台阶复制到场景的其他位置。d. 根据 CAD 线稿，按此方式创建场景中的其余台阶（图 5-59、图 5-60）。

注：其余高度的台阶可利用第一次的模型，通过【设为独立项】再编辑，可提高建模效率。

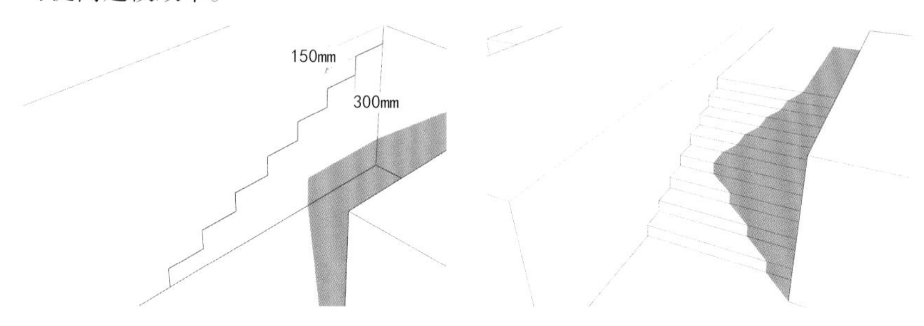

图 5-59、图 5-60 创建台阶步骤

图 5-61 深化花坛

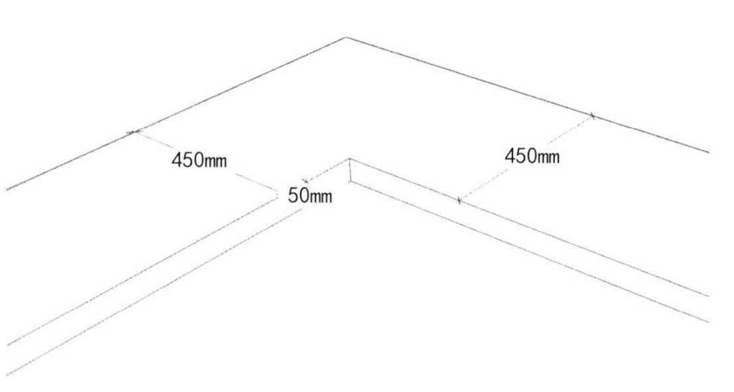

（3）深化花坛

a.【偏移】、【推 / 拉】创建花坛边缘 450mm 宽，内凹 50mm 的结构。b. 按此方式创建其余花坛的结构（图 5-61）。

注：【偏移】、【推 / 拉】使用时，通过双击可自动跟踪上一次编辑数值。读者可尝试创建完花坛体量后，利用组件关联属性，先深化花坛边缘，再修改花坛体量的高度。

地形技巧（四）——局部面闭合。将无法闭合表面的局部边线复制至场景一侧，再进行面闭合操作，再将闭合的面移动至原始位置。

注：面无法闭合多是由于图形过于复杂或边线没有连续所致，在创建地形工作前需仔细检查 CAD 文件，规范的图纸可提高工作效率。

（4）添加细节

根据 CAD 线稿，【直线】配合【推/拉】等工具为场景添加一些细节，细节内容如下。驳岸两侧细节、挑台细节、楼梯细节、亲水平台细节（图5-62~图5-66）。

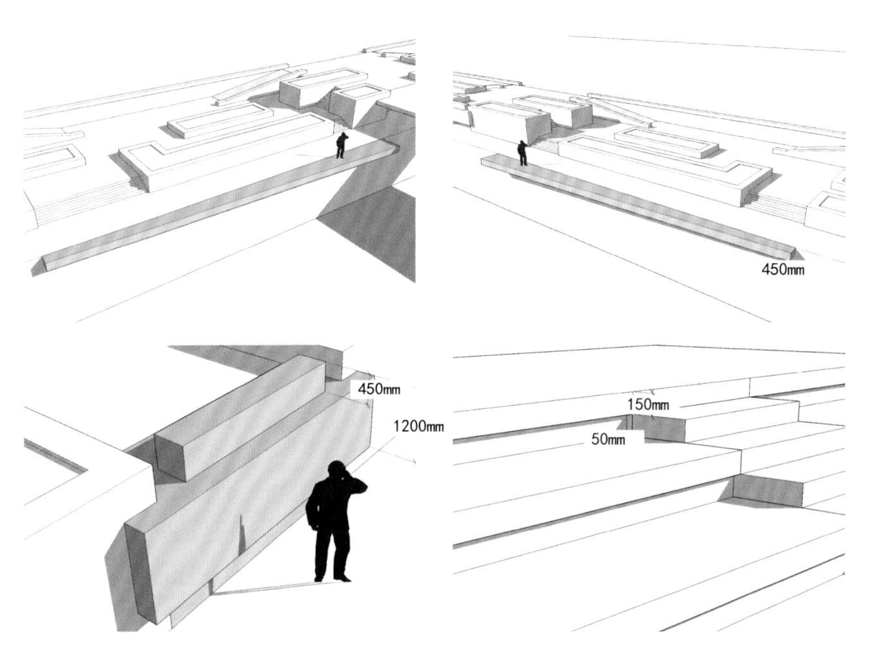

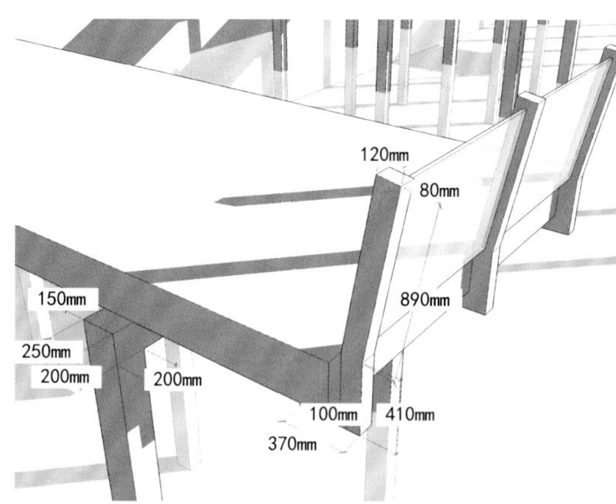

图5-62~图5-66 添加细节步骤

（5）创建曲线山地与海

a.运用【沙盒】中的【根据网格创建沙盒】，创建一个面，【栅格间距】15000mm，通过【曲面起伏】对网格随机拉伸高度形成山地地形。b.【矩形】创建一个面，作为海面（图5-67）。

地形技巧（五）——辅助框对齐文件。CAD 地形外围创建辅助框，每次导出文件时都拾取该单位，导入的 CAD 文件会自动对齐。

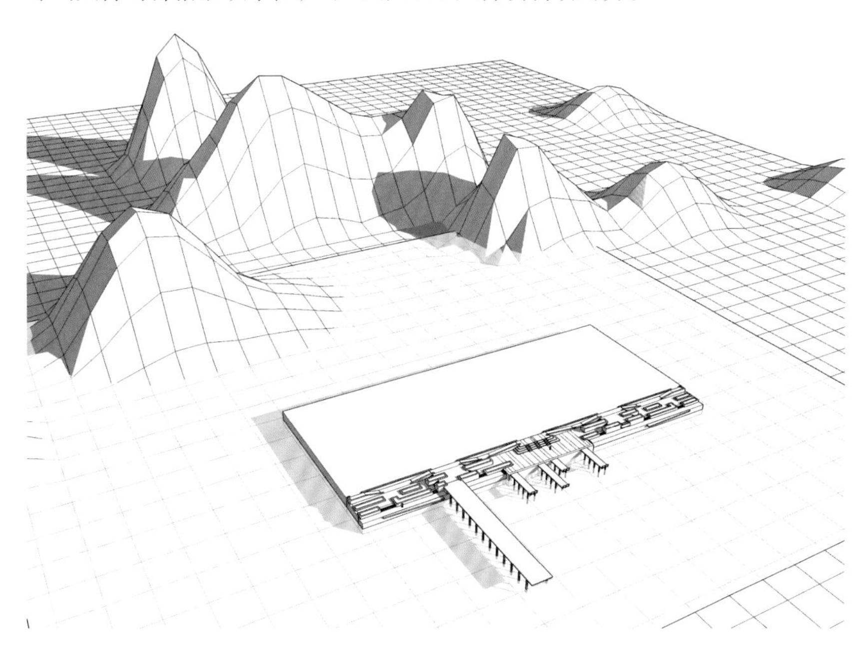

图5-67 创建曲线山地与海

5.2.5　应用材质

（1）应用材质前准备——面分割

为在同一个面上应用不同的材质，根据 CAD 线稿，【Ctrl】配合【移动】、【直线】，如图 5-68、图 5-69 所示进行面分割操作。

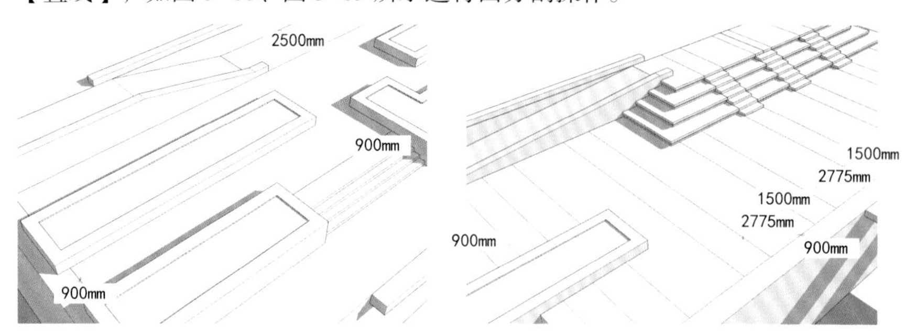

图 5-68、图 5-69　面分割步骤

（2）应用材质

本案例应用了软件自带材质，主要材质如图 5-70~ 图 5-72 所示，细节材质可通过完成的电子文件查看。

如图 5-73，图 5-74 所示，【材质】工具对场景的各部分模型应用材质。

注：花坛应用材质时，可先对种植面应用绿色材质，其余部分配合【Ctrl】键，单击鼠标左键一次替换材质；也可将待应用面选中，再应用材质。

材质应用完毕后，导入场景中的建筑（电子文件：Chapter05/5.2.5/ 码头建筑），并根据 CAD 线稿定位。

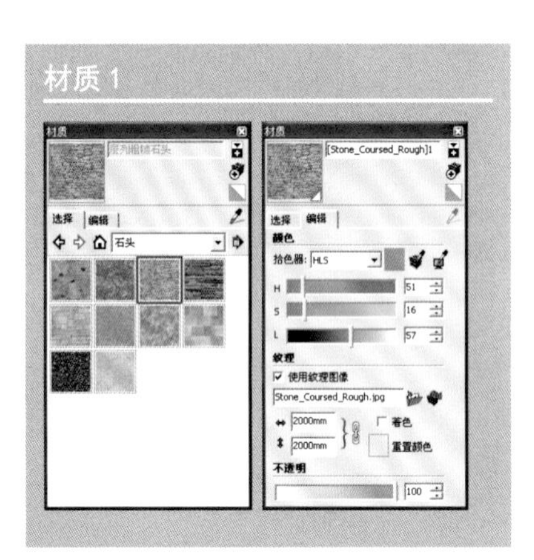

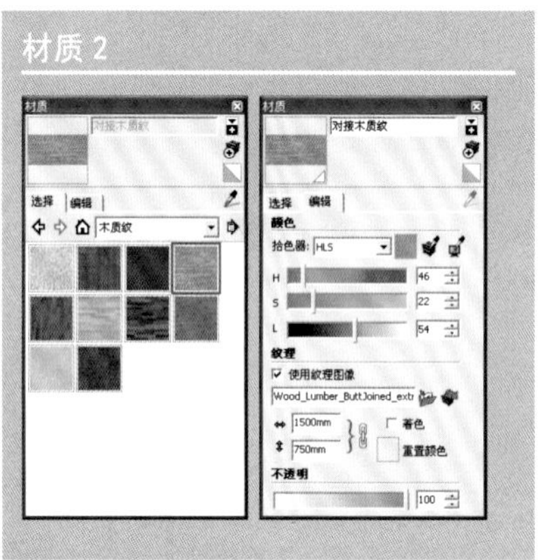

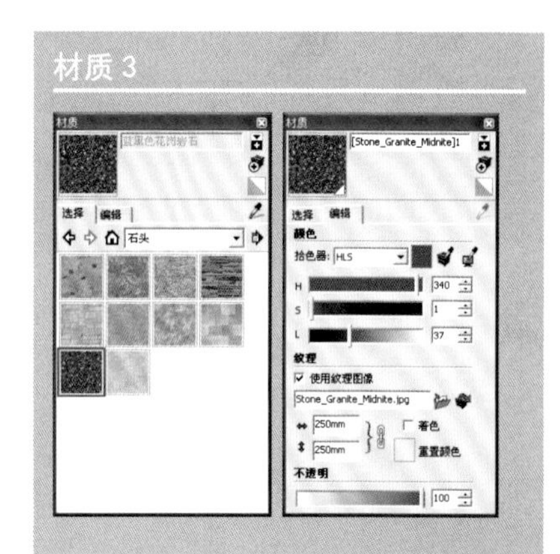

图 5-70~ 图 5-72　材质参数

图 5-73、图 5-74　材质应用索引

注：由于本场景将应用于 8.2 的 Lumion 构想深化设计，因此模型的每一个面都要应用到材质，否则 Lumion 将视默认的白色为同一材质（ID）。

5.2.6　案例小结

景观设计的地形文件可由 CAD 绘制，再通过 SketchUp 建模，也可直接在 SketchUp 中创建，并反向绘制 CAD 图纸，但无论何种方式，两者间的关系都是互存的，且可以同步推进。本案例的完成图如图 5-75~ 图 5-78 所示。

完成电子文件：Chapter05/5.2.6/ 码头完成。

图 5-75~ 图 5-78　本案例完成图

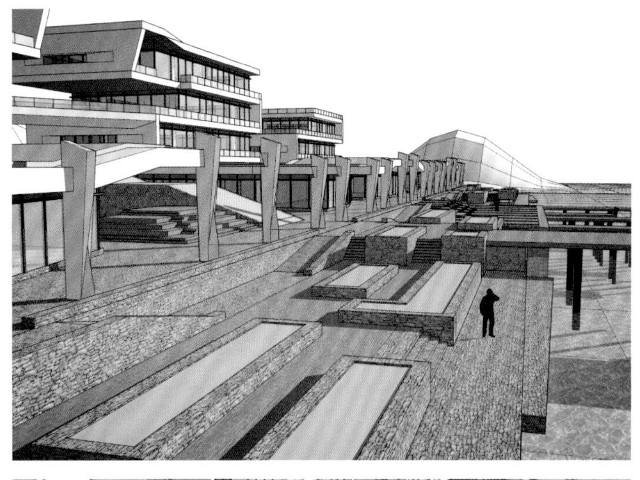

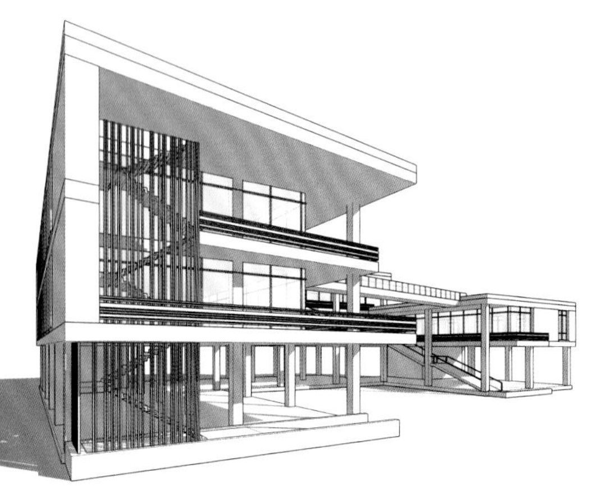

图 5-79 本案例 SketchUp 素模效果

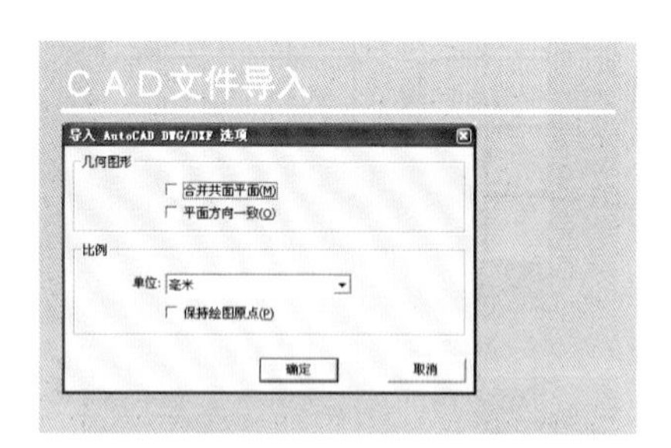

图 5-80、图 5-81 文件导出与导入

5.3 创建建筑

5.3.1 案例意图

景观设计不是单纯的风景园林设计，而是空间各个单位的综合体，其中也包括建筑，其实当今优秀的建筑与景观设计几乎都已共存的形式存在。本部分内容创建的建筑不求极致的细节，但作为一种方法介绍给读者。

常见的建筑分为框架结构与剪力墙结构。本案例为框架结构建筑，剪力墙建筑创建方式同理。案例为一栋底层架空的办公楼（图 5 -79），CAD 中已确定了建筑柱网关系及概念平面。

5.3.2 文件输出与输入

文件导出与导入方式如下（图 5-80、图 5-81）。a. 打开 CAD 文件（电子文件：Chapter05/5.3.2/ 建筑平面），关闭【轴线】图层，将图纸【写块（W）】命令导出，导出参数同前。b. SketchUp【文件】菜单，【导入】，【文件类型】【AutoCAD 文件（*.dwg，*dxf）】，设置【选项】参数。c. 导入后将各楼层图纸分别【群组】待用。

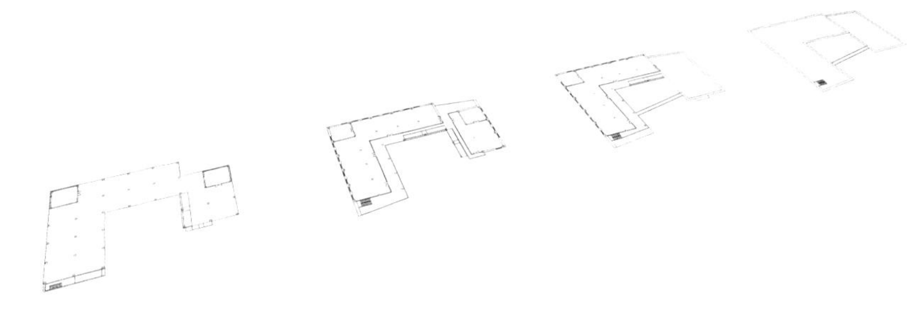

5.3.3 创建主体结构

（1）创建柱网

a.【直线】或【矩形】创建柱子的截面。b.【推 / 拉】挤出柱子 14500mm 的高度，并【组件】。c.【Ctrl】配合【移动】抓点复制，阵列柱网。d. 取消部分柱网的关联（设为独立项），【推拉】向下挤出 4500mm，以修改二层局部柱子的高度。创建柱网完毕（图 5-82~ 图 5-84）。

注：CAD 块文件导入 SketchUp 后为组件，柱子在 CAD 中已定义为块，导入 SketchUp 后，双击图元进入组内编辑状态可快速创建柱网。

图 5-82~ 图 5-84 创建柱网步骤

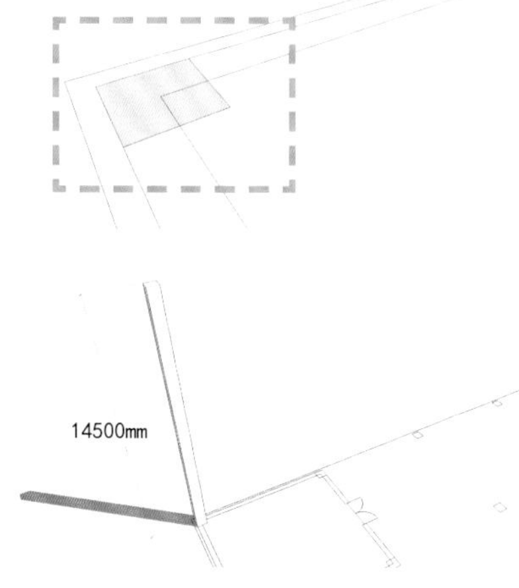

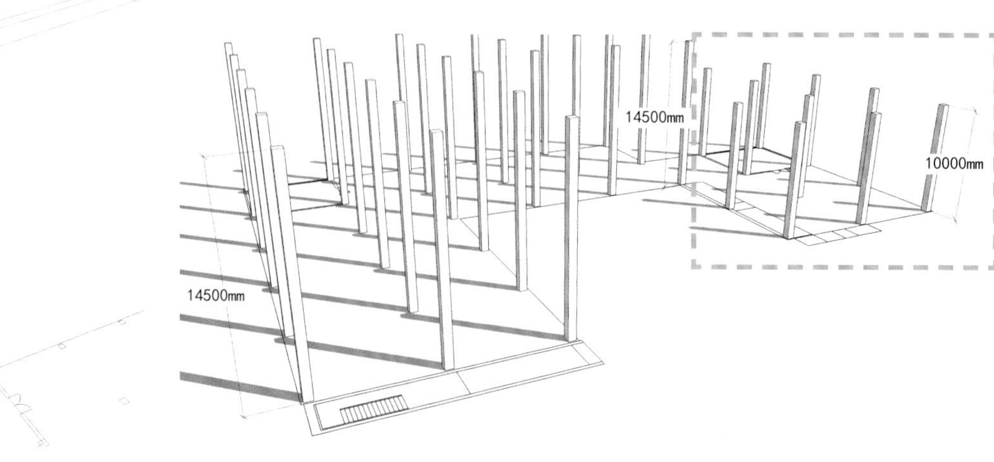

（2）创建楼板

a.【直线】抓点创建线条的方式创建各层楼板的截面。b.【推 / 拉】挤出楼板厚度，一层基座厚度 450mm，二层、三层、顶板板厚度 600mm，并分别【组件】。c.【移动】定位楼板，一层层高 5500mm。二层、三层层高各 4500mm（图 5-85、图 5-86）。

注：创建过程中，将各层图纸按层高排列，有利于造型关系的比对。

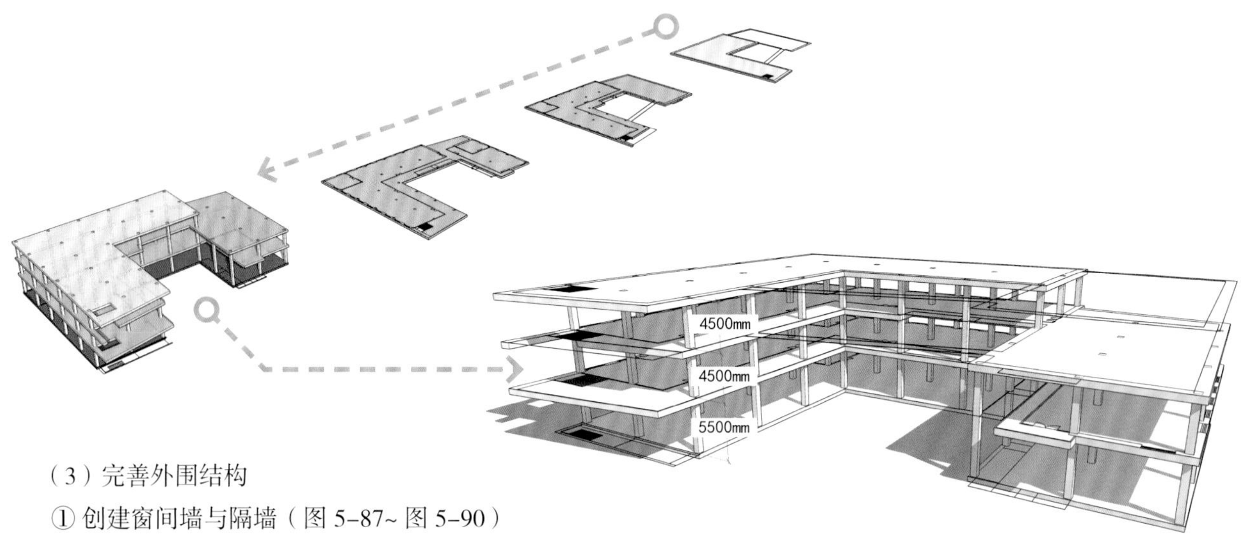

图 5-85、图 5-86　创建楼板步骤

（3）完善外围结构

① 创建窗间墙与隔墙（图 5-87~ 图 5-90）

a.【直线】或【矩形】做面的闭合，【推 / 拉】挤出窗间墙高度，并【组件】。b. 按此方式，创建其余的窗间墙及隔墙。

操作提示：相同单位，可在创建完一个图元后进行阵列，提高建模效率。

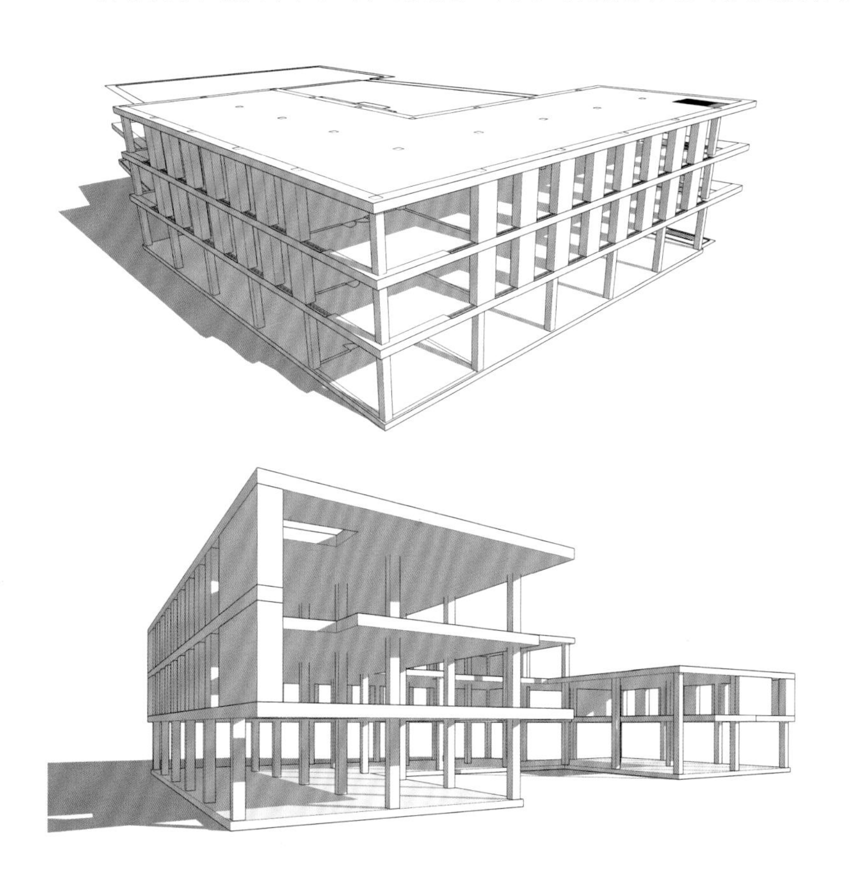

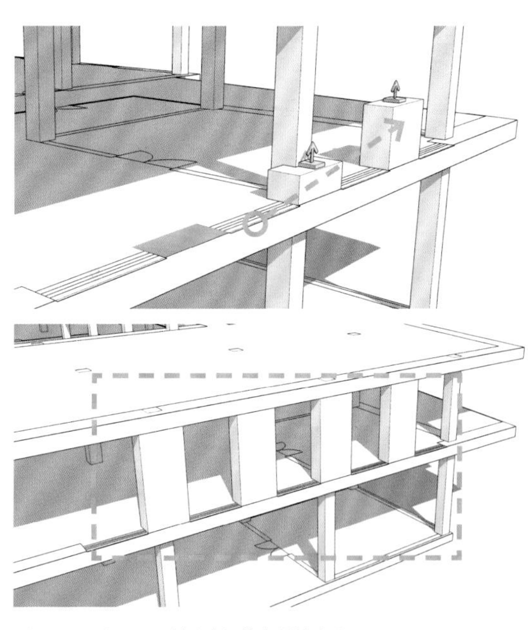

图 5-87~ 图 5-90　创建窗间墙与隔墙步骤

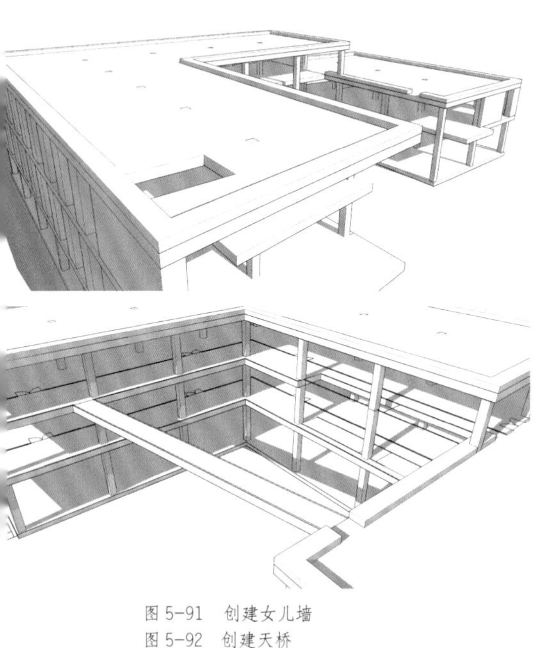

图 5-91　创建女儿墙
图 5-92　创建天桥

② 创建女儿墙（图 5-91）

a.【直线】沿三层屋顶廓创建直线，【偏移】挤出 1050mm 宽度，并删除内部分割的面，【推 / 拉】挤出 450mm 厚度，并【组件】。b.【直线】沿二层屋轮廓创建闭合表面，宽度同为 1050mm，【推 / 拉】挤出 450mm 厚度，并【组件】。

③ 创建天桥（图 5-92）。根据 CAD 线稿，【直线】配合【推 / 拉】创建 600mm 厚的天桥，并【组件】。

④ 创建楼梯（图 5-93~ 图 5-98）

a. 选取二层楼梯洞，【直线】创建踏面 250mm、踢面 150mm 的折线，【Ctrl】配合【移动】进行阵列，阵列数 13X。b.【偏移】创建 80mm 楼梯结构厚度，【直线】为两端做面的闭合，【推 / 拉】挤出 1500mm 的楼梯宽度，完成后【组件】。c. 按 CAD 线稿，【矩形】配合【推 / 拉】创建 3000mm × 1200mm × 230mm 的休息平台，并【组件】。d.【移动】及【复制】将楼梯板与休息平台根据 CAD 线稿定位。e. 一层需将两个梯段分别【设为独立项】，并将阶数修改为 15 阶级 18 阶，以满足层高需要，不足部分通过抬高的造型解决。

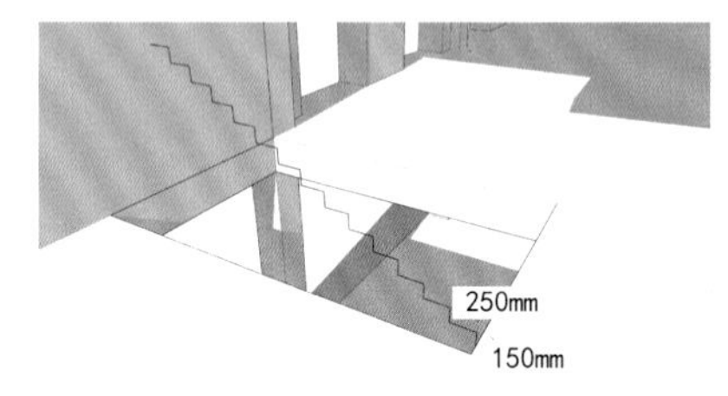

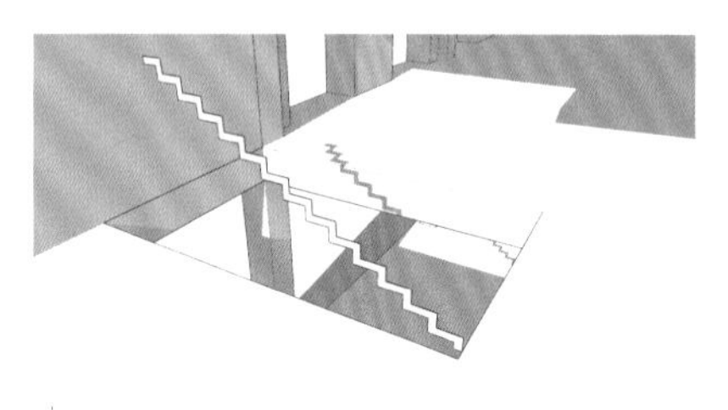

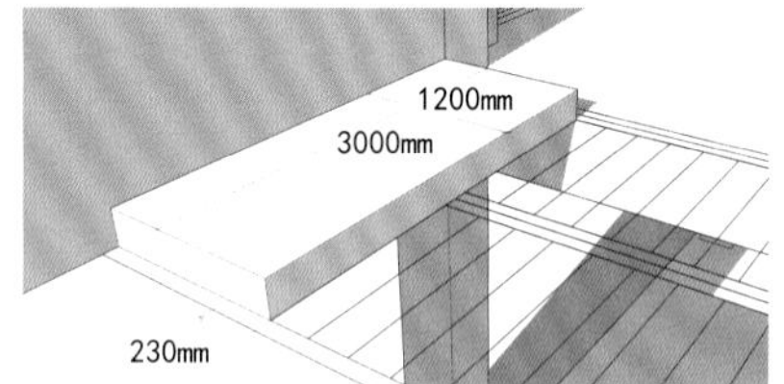

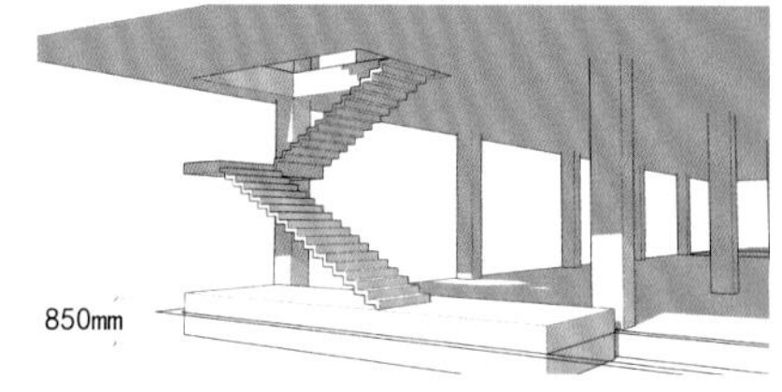

图 5-93~ 图 5-98　创建楼梯步骤

⑤ 创建坡道（图 5-99~ 图 5-103）

a. 根据 CAD 线稿，【矩形】配合【推 / 拉】在建筑一层创建一个 16800mm × 2400mm × 5500mm 的长方体。b. 根据 CAD 线稿，【直线】创建辅助线做面的分割，【移动】工具面拉伸及线拉伸操作修改造型。c.【偏移】将坡道线向下挤出 300mm，【推 / 拉】挤出下部模型，并【组件】。d. 根据 CAD 线稿，继续创建二层通往三层的坡道。

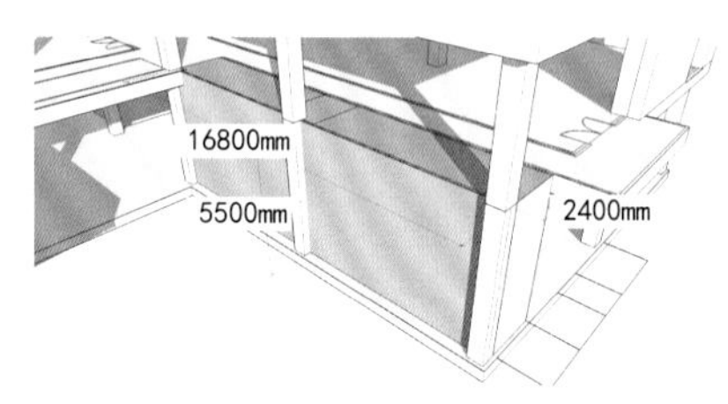

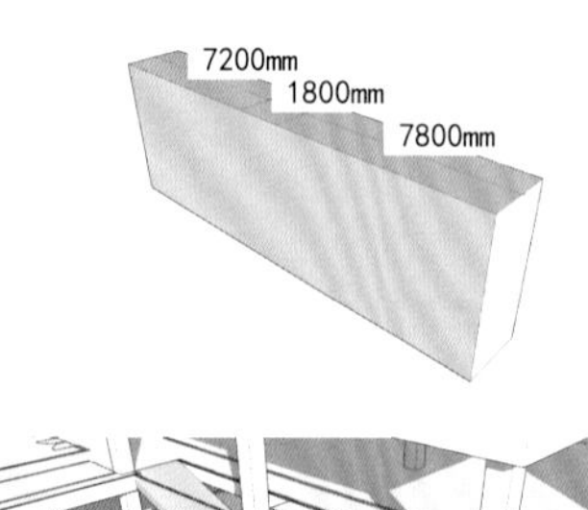

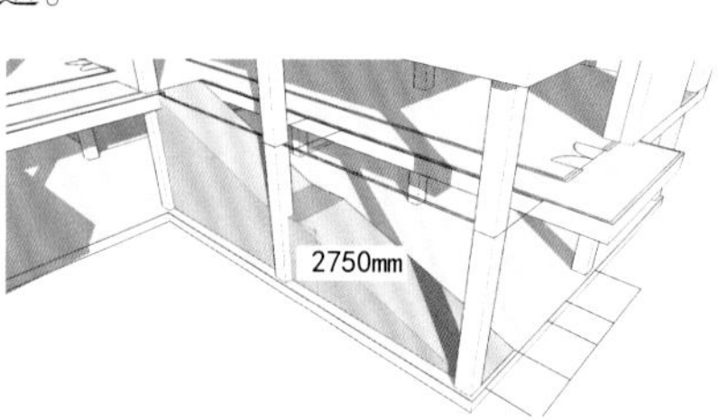

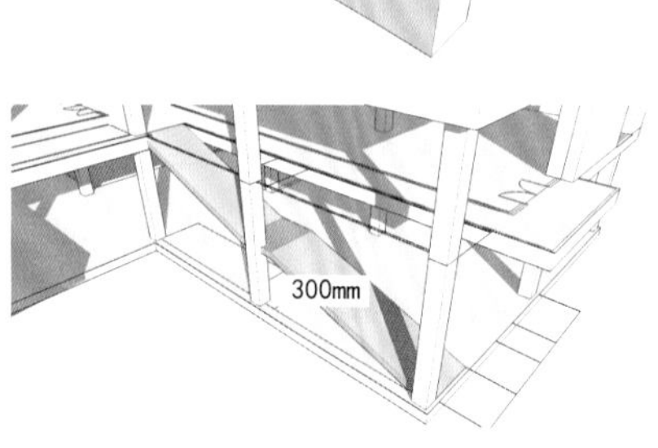

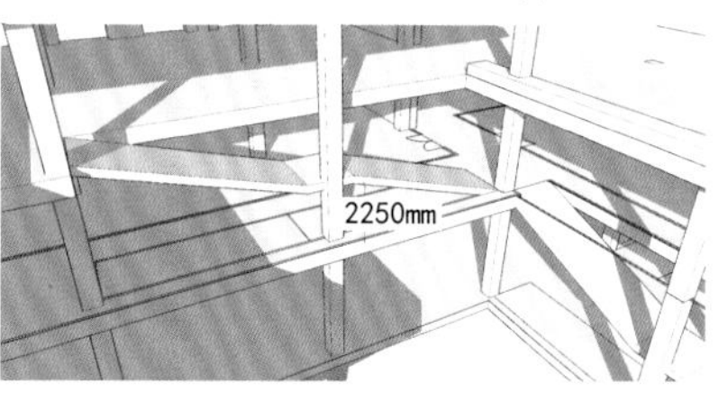

图 5-99~ 图 5-103　创建坡道步骤

⑥ 创建核心筒（图 5-104、图 5-105）

a. 根据 CAD 线稿，【矩形】配合【推 / 拉】创建核心筒，并【组件】。b. 将其复制至建筑另一侧。

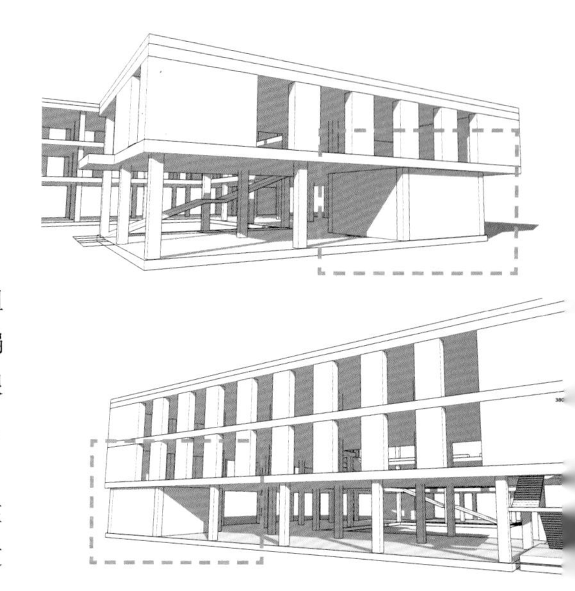

图 5-104、图 5-105　创建核心筒步骤

5.3.4　添加细节

（1）创建窗（图 5-106~ 图 5-108）

a.【矩形】、【推 / 拉】创建 2400mm × 500mm × 150mm 窗台，并【组件】。b.【矩形】配合【推 / 拉】创建 1200mm × 3750mm × 60mm 的窗框，【偏移】挤出 60mm 的杆件宽度，【推 / 拉】挤出中间部分，并为窗框添加两根 1080mm × 60mm × 60mm 的水平向杆件。c.【矩形】配合【推 / 拉】创建玻璃，厚度 5mm。d.【复制】窗至建筑的其余窗洞位置。

注：此处可运用组建嵌套功能，将一侧的窗间墙定义为父组建，再在其中创建窗台与窗。个别未自动生成的窗洞，可将进入组内编辑状态，通过【Ctrl+C】配合【Ctrl+V】的方式将单位提取出，并进行再操作。

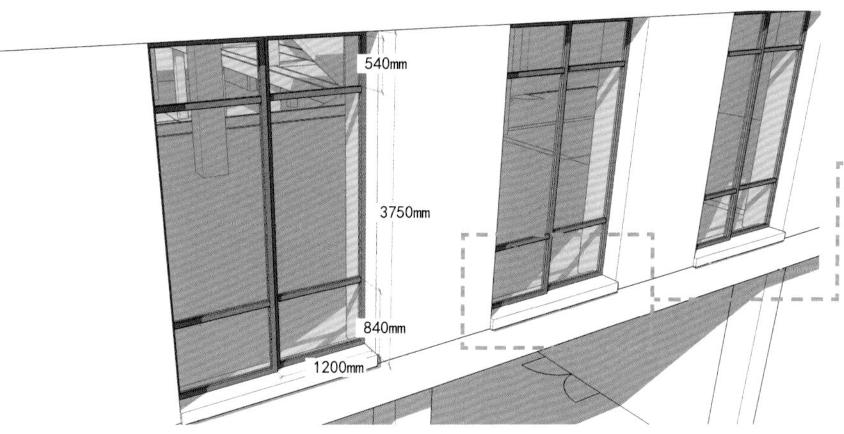

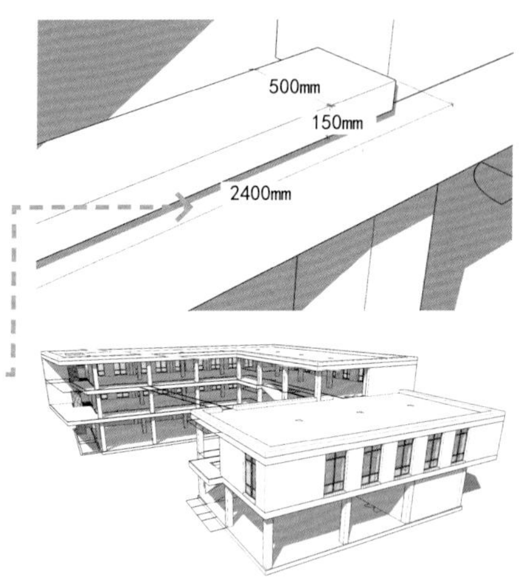

图 5-106~ 图 5-108　创建窗步骤

（2）创建玻璃门（图 5-109~ 图 5-112）

a. 根据 CAD 线稿选取三层位置，【直线】、【偏移】、【推 / 拉】创建高度 3900mm，厚度 10mm 的玻璃（也可通过【矩形】创建 1 个截面，【直线】创建一条路径，【路径跟随】快速生成模型），并【组件】。b. 创建 60mm × 60mm × 3900mm 的竖向杆件作为门框，并【组件】，并添加一条 2040mm × 100mm × 60mm 的水平向杆件。c.【Ctrl】配合【移动】沿玻璃阵列这些构建。d. 按此方法，完成其余楼层的玻璃门。

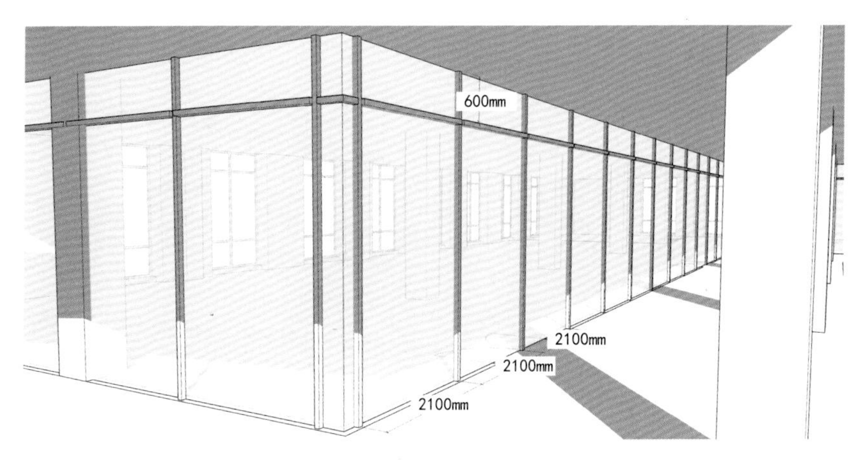

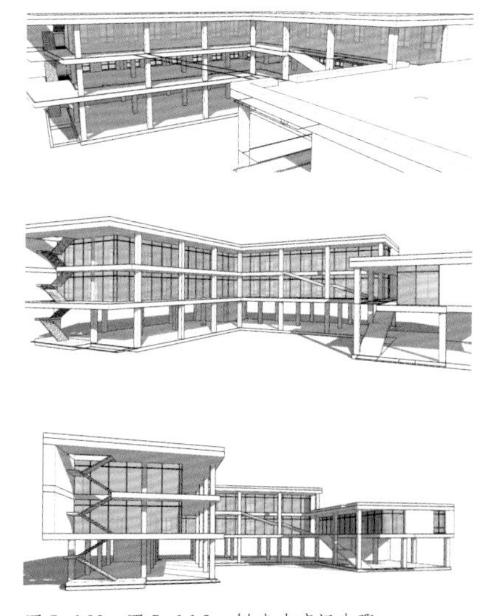

图 5-109~ 图 5-112　创建玻璃门步骤

（3）创建楼板栏杆（图 5-113~ 图 5-116）

a.【直线】、【移动】创建栏杆的截面以及一条沿楼板外延的路径，【路径跟随】生成模型，并【组件】。b. 按此方式，创建其余栏杆（将栏杆的第一个构建复制，再【设为独立】，修改造型，可提高工作效率）。c. 继续创建其余楼面栏杆。

注：【路径跟随】操作中，先全选路径，再激活【路径跟随】的同时拾取截面，可快速生成模型。若模型的反面（蓝色，负法线面）朝外，可全选图元，并通过右键菜单【反转平面】解决。

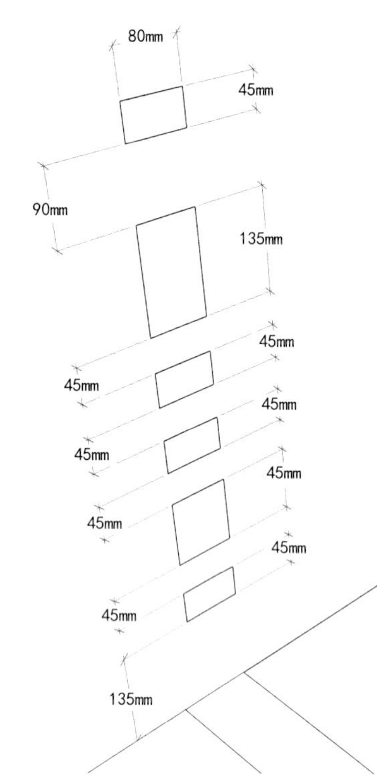

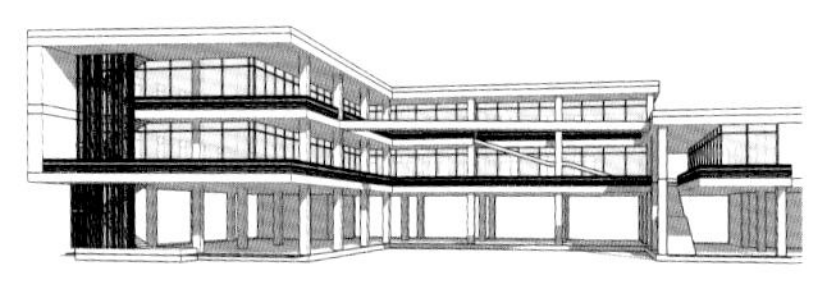

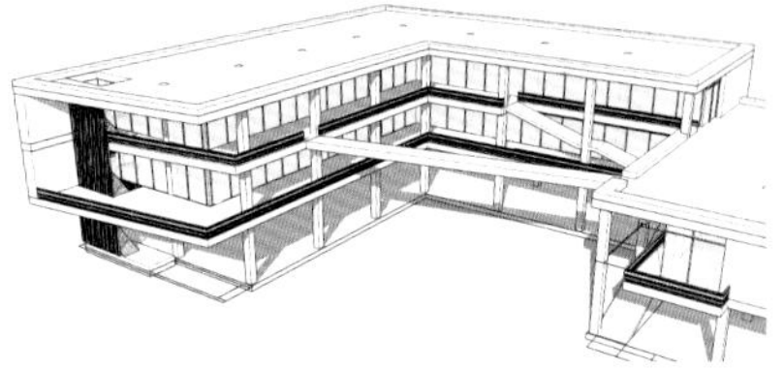

图 5-113~ 图 5-116　创建楼板栏杆步骤

（4）创建坡道栏杆（图 5-117~ 图 5-119）

a.【直线】沿一至二层坡道做线，【偏移】将该线向上挤出 900mm，作为栏杆高度。b. 将挤出的线向下【偏移】45mm，作为扶手厚度。c.【直线】为线段做闭合，【推 / 拉】挤出栏杆 80mm 的宽度，并【组件】。d. 创建截面 60mm × 60mm 的单位作为竖向杆件，并将栏杆复制至坡道另一侧。e. 按此方式，制作二 ~ 三层坡道的栏杆。

注：建议将栏杆于柱子交叉部分删除，以规范模型，删除方式如下。a. 将待修改单位【设为独立项】。b.【直线】做面的分割，【推 / 拉】挤出不需要的部分（视模型情况删除残留的面）。

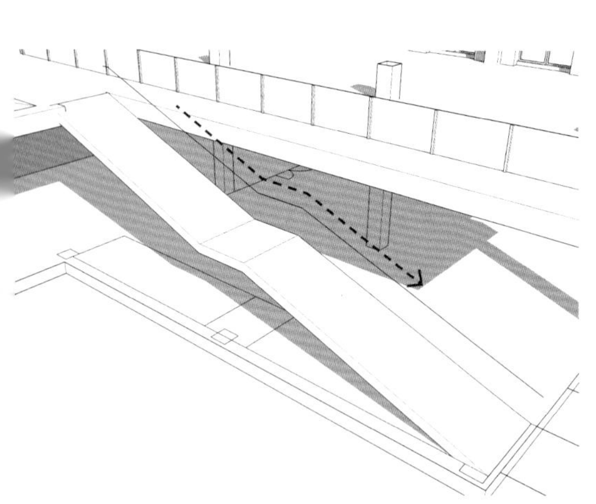

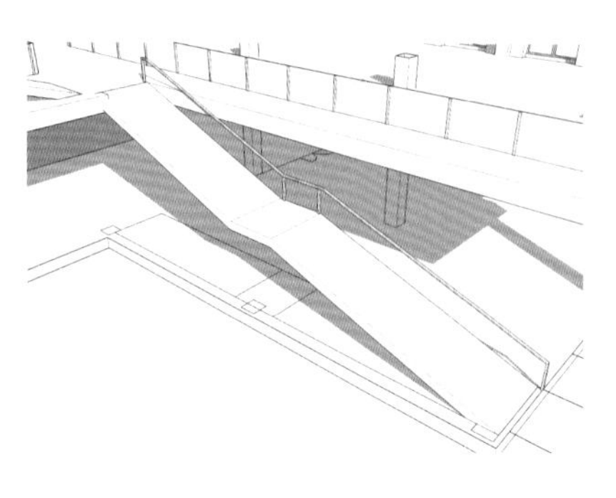

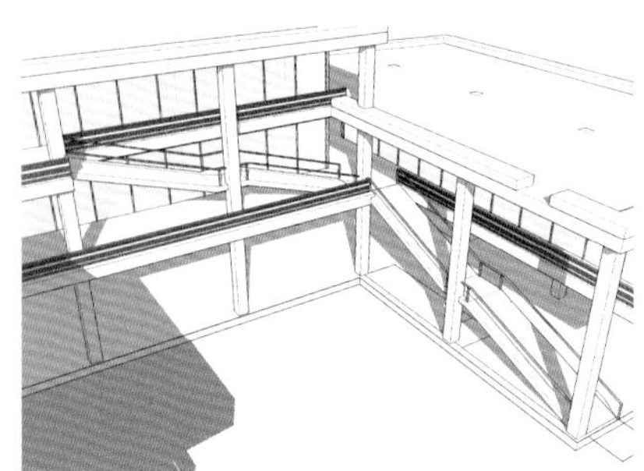

图 5-117~ 图 5-119　创建坡道栏杆步骤

（5）创建天桥玻璃栏杆（图 5–120~ 图 5–122）

a.【直线】沿天桥边缘做线，【偏移】生成 20mm 的玻璃宽度，【直线】闭合面。b.【推 / 拉】挤出 900mm 的高度，按此方式创建另一侧玻璃栏杆，将两侧的玻栏杆创建为一个【组件】。c.【实体工具】生成玻璃分割线。【矩形】配合【推 / 拉】创建一个 2000mm × 15mm × 1000mm 的长方体作为被剪切形。阵列被剪切长方体，轴线间距 1050mm，并将所有的被剪切长方体创建为一个组件或组。d. 激活【实体工具】中的【剪辑】，选择被剪切形，再选择玻璃，删除被剪切形，实体修剪（布尔运算）完成。

注：对于斜向的模型，可通过【轴】工具改变 UCS 坐标方向提高编辑效率。

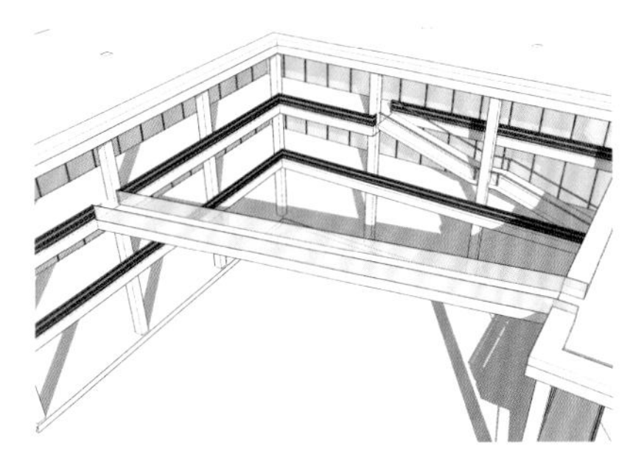

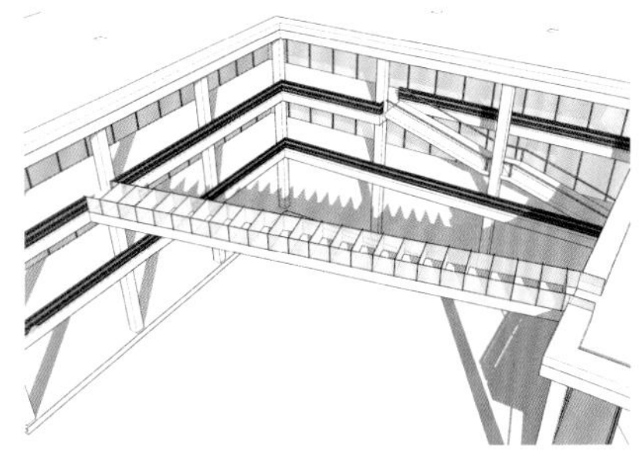

图 5–120~ 图 5–122　创建天桥玻璃栏杆步骤

（6）创建入口坡道

根据 CAD 线稿，如图 5–123、图 5–124 所示创建坡道及周边构建。

建筑素模（白模）创建完成。

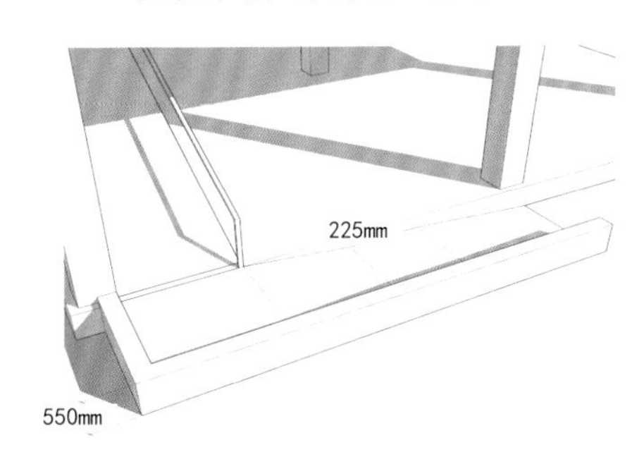

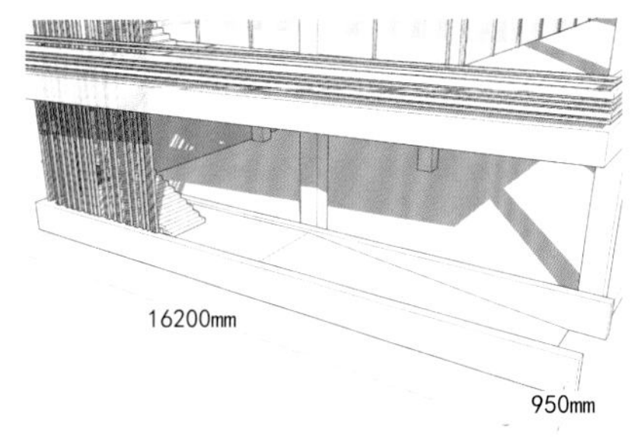

图 5–123、图 5–124　创建入口坡道步骤

5.3.5　材质应用

（1）应用材质

激活【材质】，如图 5–125、图 5–126 所示为模型应用材质。读者可自行发挥这部分内容，或参考 5.1.4 中的材质。

图 5–125、图 5–126　应用材质

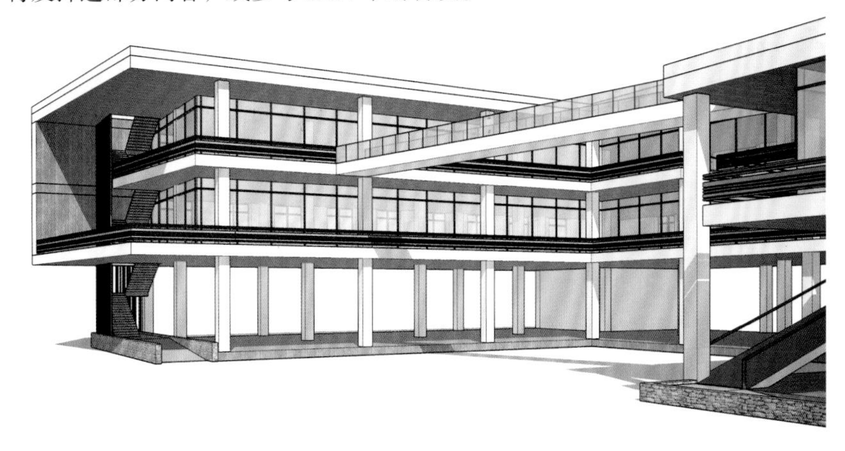

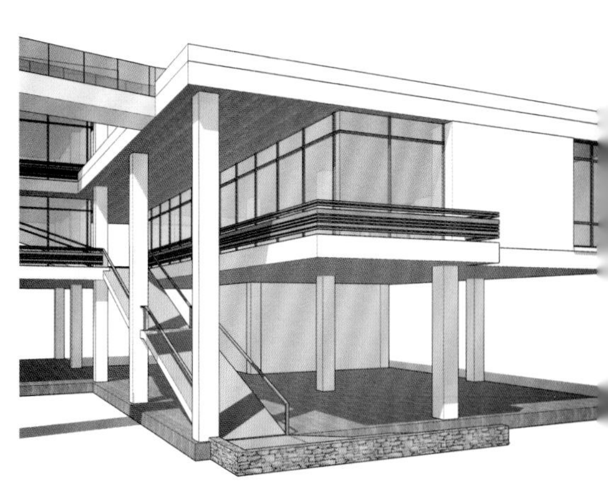

（2）UV 调整

天桥部分的材质需调整 UV，调整方式如下。

① 方法一——【轴】工具调整。双击进入天桥的组内编辑状态，激活【轴】工具，如图 5-127、图 5-128 所示参考线修改坐标轴，退出组内编辑，软件会出现更新组件轴线对话框，点击【是】，轴修改完成。完成后，贴图坐标会自动修改，若未发生改变，只需进入组内编辑再次应用材质即可。

注：【轴】工具可改变单个组件的坐标角度，使贴图方向与模型对齐。【轴】工具还可改变工作界面的坐标，直接创建呈角度的模型。

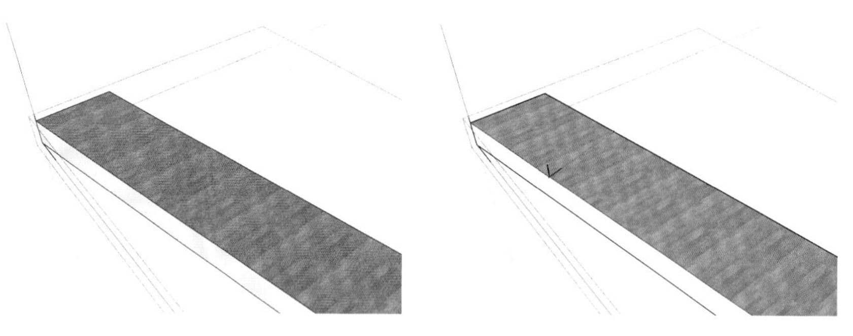

图 5-127、图 5-128 轴工具调整贴图 UV

② 方法二——纹理调整（图 5-129、图 5-130）。双击进入天桥的组内编辑状态，选择材质表面，单击右键【纹理】，【位置】，选择【旋转】符号修改贴图方向，再次鼠标右键【完成】，贴图坐标调整完成。

注：纹理调整一次只能应用于一个表面，无法多选。调整 UV 与未调整的材质效果（图 5-131、图 5-132）。

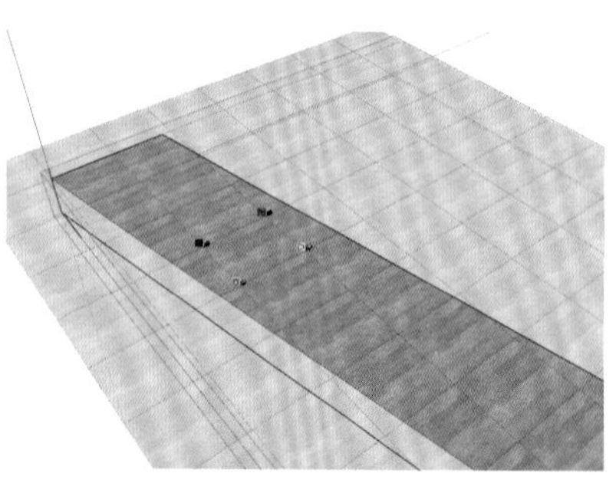

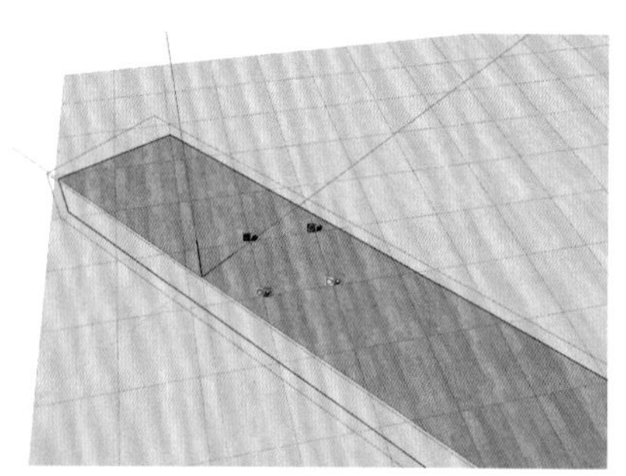

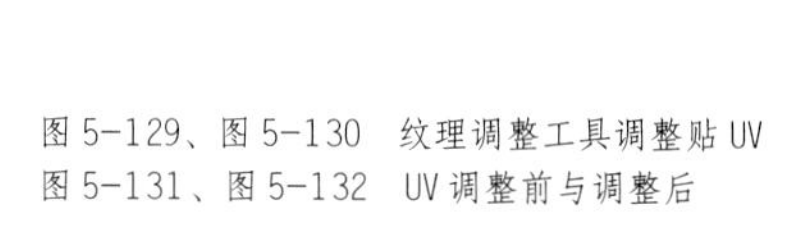

图 5-129、图 5-130 纹理调整工具调整贴 UV
图 5-131、图 5-132 UV 调整前与调整后

操作提示：

1. 不要单纯的记忆某个工具的参数，而是应明白它的功能是什么。

2. 即使是再复杂的模型也往往是简单体量深化的结果。

3. 创建完单位后别忘了创建组件，并将同一类模型群组以提高编辑效率。

5.3.6 案例小结

本案例的制作过程主要应用了【直线】、【矩形】、【推/拉】，【偏移】等常用工具。对于 SketchUp 的构想表达，其实通常所使用的工具并不复杂，而整个操作可视为一种设计方法的培养。

完成电子文件：Chapter05/5.3.6/ 建筑完成。

第 6 章　实践二：SketchUp 景观设计构想

第 5 章的主要目的在于熟悉 SketchUp 的工具与操作，读者学习后已基本能使用软件，但是，会操作与会设计还是有本质的区别，就如同好的绘图员并不一定是优秀的设计师。为此，本章会将重点内容定位于通过 SketchUp 表达设计构想。案例会在过程中简述设计意图，使读者了解每一步的操作为何产生，目的在于强调 SketchUp 存在的本源——构想表达。

SketchUp 是面向设计过程的软件，可以在三维界面中直接创作，这是一种电脑草图的设计思路。也由于 SketchUp 高效的操作方式，在设计时，设计师往往是手绘几笔草图，然后在电脑中进行数据化，以观察“空间中”的效果，并及时地对构想进行调整，这是一种草图与电脑设计配合的好方法。

6.1　微型小庭院

6.1.1　构想来源

本书 3.2 部分中的设计草图表达了微型小庭院的主要设计构想，使设计有了视觉的回馈，但草图只表达了一个概念，并没有表达具体的细节，而设计还需深化。本部分通过 SketchUp 将手绘的草图“空间化”，以进一步展示设计构想，并不断深化设计。

本案例的模型成果将用于 8.1 中 Lumion 的素材。其实软件间的配合也是一种设计表达的工作方式，本部分及 6.2 中的模型已为 Lumion 的设计深化埋下了许多巧妙的伏笔，如空间造型、材质搭配（图 6-1）。

图 6-1　构想表达过程
本案例完成的 SketchUp 模型效果

6.1.2 构想表达

建筑模型电子文件：Chapter06/6.1.2/ 小庭院建筑。地形 CAD 电子文件：Chapter06/6.1.2/ 小庭院地形。

（1）文件导入

导入地形文件操作如下。a. SketchUp【文件】菜单，【导入】场景的地形 CAD（需关闭【填充】、【植物】、【文字】图层），导入参数同前章。b. 导入后将文件全选，单击鼠标右键【创建群组】。

（2）创建基座

设计构想——案例为山地建筑以及景观，最终的场景效果为可以眺望远方的屋前花园，因此首先创建一个带有一定高度的基座（导入 Lumion 后可直接使用），并用于地形起伏的切割。

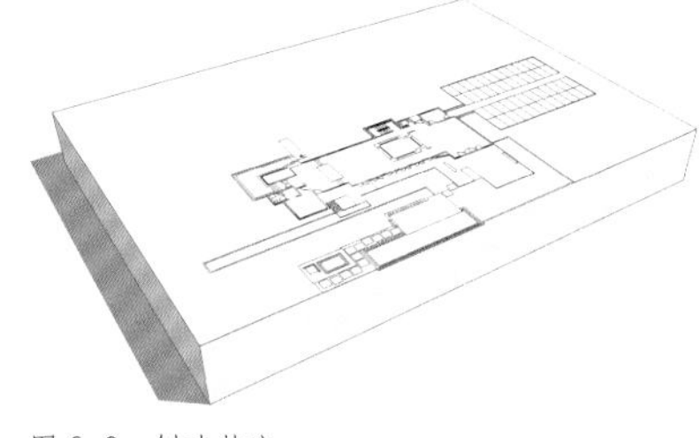

图 6-2 创建基座

基座创建方式如下（图 6-2）。a.【矩形】沿场景边界线创建一个平面。b.【推 / 拉】向下挤出 9000mm 高度，并【组件】。c. 将基座下皮对齐坐标原点。

（3）创建水景

① 创建池底结构

a. 进入基座组内编辑状态，【直线】根据 CAD 线稿做面分割，【推 / 拉】向下挤出 900mm 深度。b.【直线】配合【推 / 拉】制作侧面瀑布造型（图 6-3、图 6-4）。

② 创建水面

a.【直线】抓点方式，根据 CAD 线稿创建闭合水平面，【移动】将水面向下移动 150mm。b.【直线】创建竖向的瀑布，全选并【组件】。水与结构的剖面关系（由【剖截面】工具制作）如图 6-5 所示。

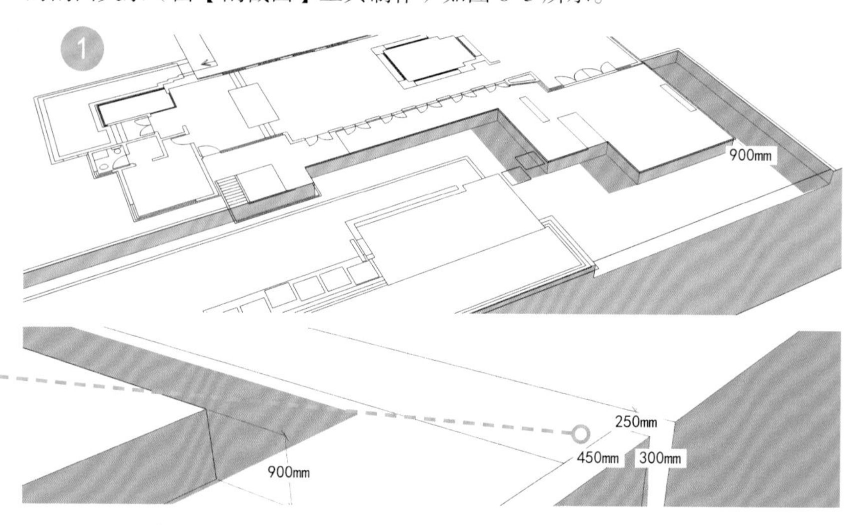

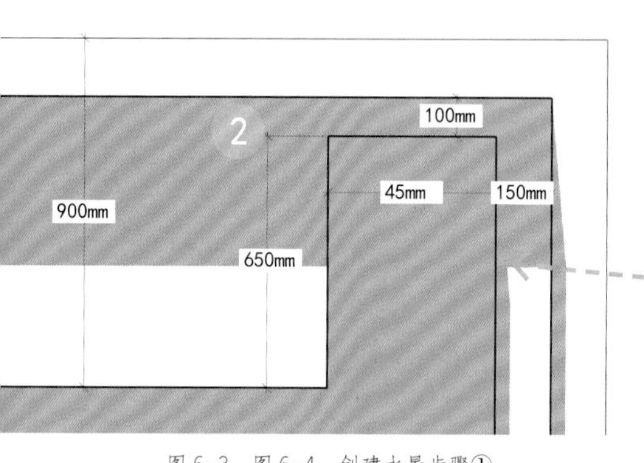

图 6-3、图 6-4 创建水景步骤①
图 6-5 创建水景步骤②
创建水面时，可进入基座的组内编辑状态，通过【Ctrl+C】、【Ctrl+V】的方式将池底面提取出，快速生成水面

（4）创建硬质休息场地

设计构想——硬质场地中，花园小汀步的厚度考虑了 Lumion 草地，若需要表现材质与草融合的效果，则可以将模型拉得稍微薄些，使 Lumion 的草地高度可以超过，但还需 Lumion【草】的参数配合产生这一效果。

① 创建泳池边的休息场地（图 6-6~ 图 6-8）

a.【直线】工具根据 CAD 线稿创建面，【推 / 拉】向上挤出 150mm 高度，并【组件】。b.【直线】配合【推 / 拉】创建壁炉体量，并【组件】。c. 根据 CAD 线稿，如图 6-8 所示剖面关系，【直线】配合【推 / 拉】创建凹龛。

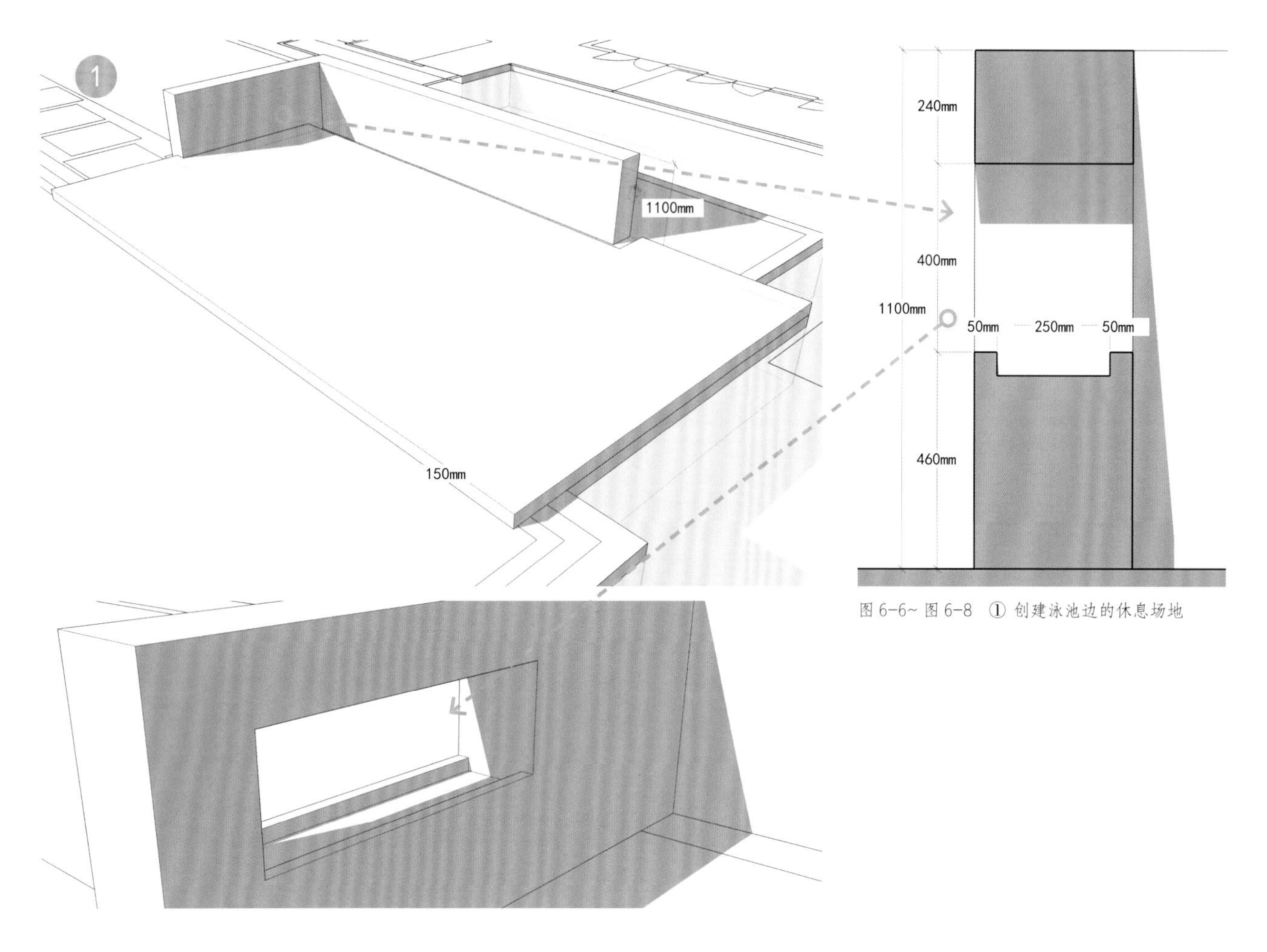

图 6-6~ 图 6-8　① 创建泳池边的休息场地

② 创建屋前灰空间（图 6-9）

a. 根据 CAD 线稿，【直线】创建闭合面，【推 / 拉】向上基础 450mm 高度，并【组件】。b.【矩形】配合【推 / 拉】创建平台上的凹花坛。

注：创建凹花坛时，可将 CAD 线稿移至平台上皮（便于点位的捕捉），再进入平台组内编辑状态，【矩形】抓点做面的分割。

③ 创建汀步（图 6-10、图 6-11）

a.【矩形】配合【推 / 拉】，根据 CAD 线稿，创建两种汀步，厚度分别为 1200mm、60mm，并分别【组件】。b.【Ctrl】配合【移动】复制模型至其他位置。

注：同一类模型复制后，可将各单位【创建群组】，便于统一管理，也可在复制完第二个单位后，先将两个单位群组，再进入组内编辑状态进行复制操作，将群组操作提前。

图 6-9　② 创建屋前灰空间

图 6-10、图 6-11　③ 创建汀步步骤

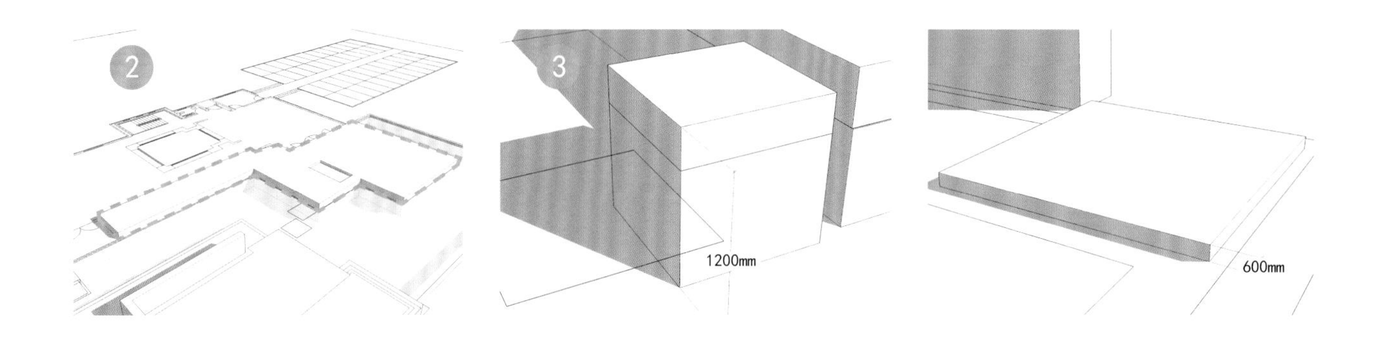

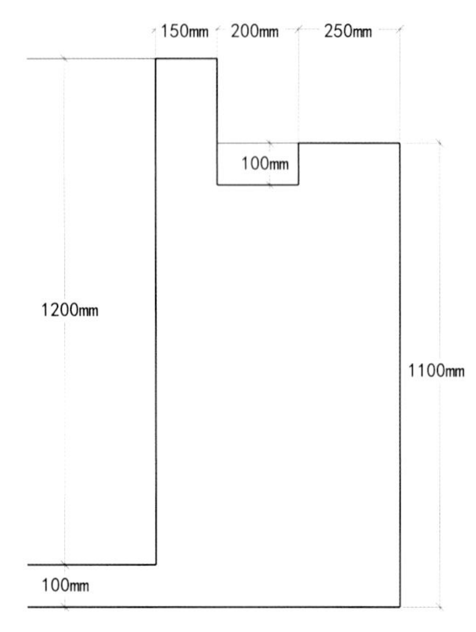

（5）创建泳池及温泉池

设计构想——通过两种不同的方法创建泳池，充分理解工具的组合功能。

① 创建泳池主体结构。剖面结构如图 6-12 所示。

创建泳池方法一，通过【组件】与【镜像】创建单位，创建方式如下。

a. 创建 8100mm × 2100mm × 1300mm 的 1/4 模型体量，并【组件】。b. 将该单位镜像三次。c. 完成细部造型（图 6-13~ 图 6-15）。

注：该方法创建完模型后，可将四部分单位【分解】，先利用【图元耦合】操作，再删除镜像线，并重新【创建组件】，使模型的视觉效果更单纯。

创建泳池方法二，通过截面及路径创建泳池，创建方式如下。

a. 创建截面及路径，全选路径，【路径跟随】拾取截面。b.【推 / 拉】闭合模型。并【组件】。c.【直线】配合【推 / 拉】创建 100mm 高池底，并【组件】，完成后将模型【组件】（图 6-16、图 6-17）。

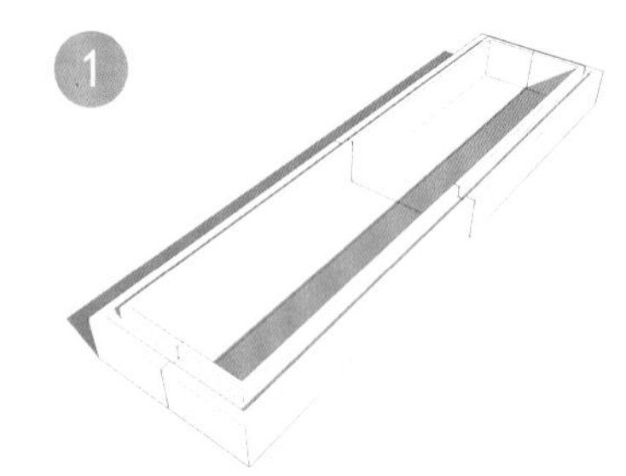

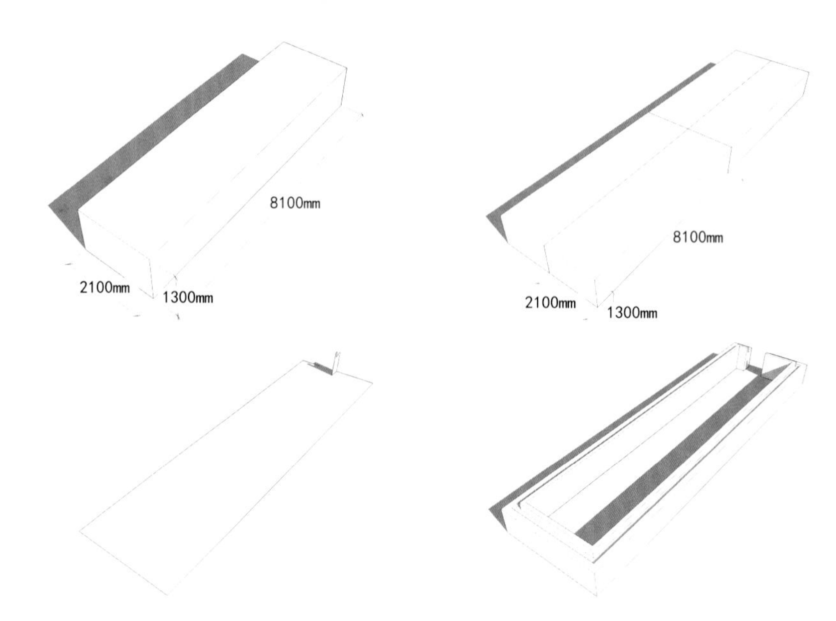

图 6-12 ① 泳池结构剖面
图 6-13~ 图 6-15 创建泳池方法一步骤
图 6-16、图 6-17 创建泳池方法二步骤

② 添加泳池细节

a. 如图 6-18 所示创建一根路径及一个圆形截面，通过【路径跟随】制作泳池的栏杆。b. 通过【直线】及【推 / 拉】创建泳池的入水楼梯。c.【矩形】创建泳池的水面，与池壁的距离为 15mm。每个单位需分别【组件】。

图 6-18 ② 添加泳池细节

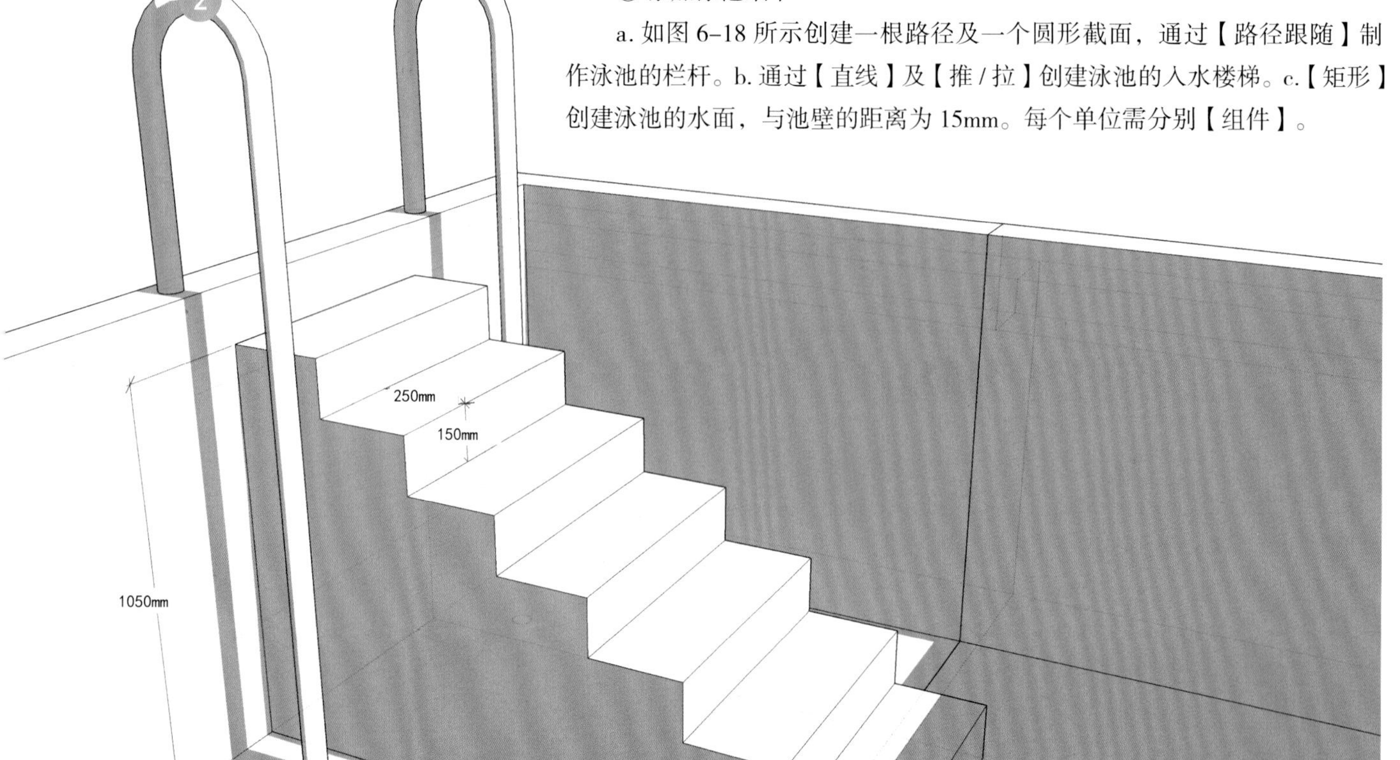

③ 完善泳池场景（图 6-19~ 图 6-21）

a. 进入基座的组内编辑状态，根据 CAD 线稿，【直线】或【矩形】配合【推 / 拉】在基座上创建一个凹形，深度 1200mm，将泳池定位其中。b. 根据 CAD 线稿，将 5.1 中创建的温泉池模型导入场景，通过【移动】抓点定位。

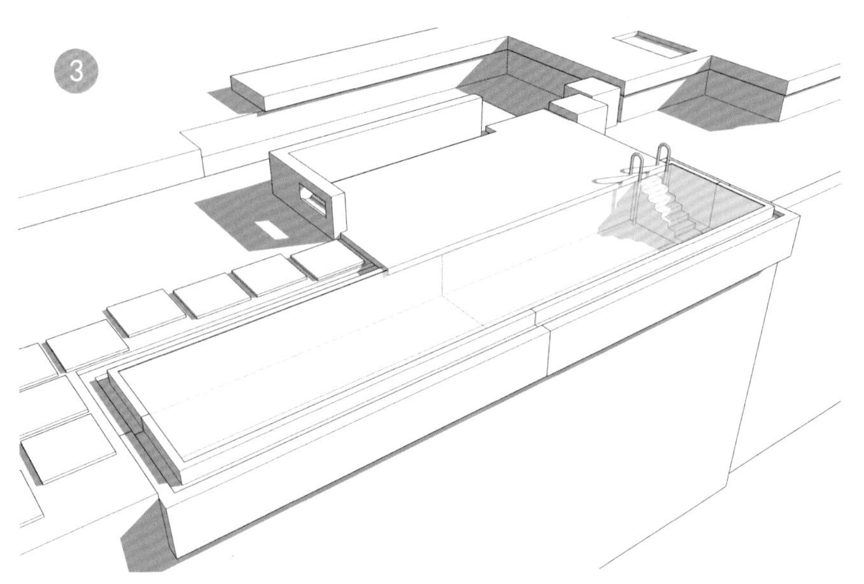

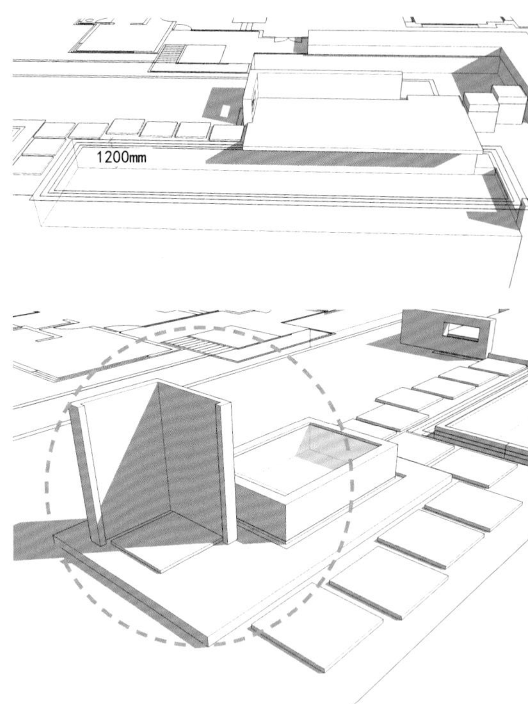

图 6-19~ 图 6-21　③ 完善泳池场景步骤

（6）添加场景细节

如图 6-22、图 6-23 所示为花园的场景添加一些细节。

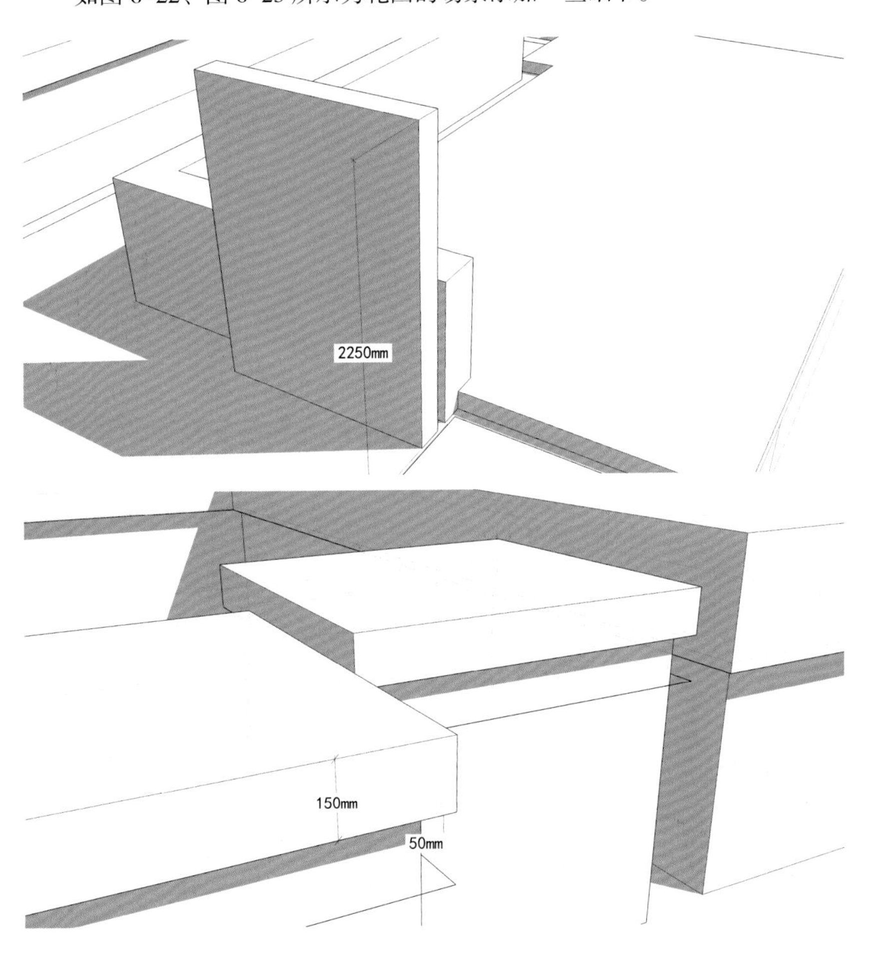

图 6-22、图 6-23　添加场景细节

（7）应用材质

设计构想——本案例的材质以木色及毛石为主，表现自然感。

进入每个模型的组内编辑状态，如图 6-24~ 图 6-27 所示，应用 SketchUp 的内建材质。

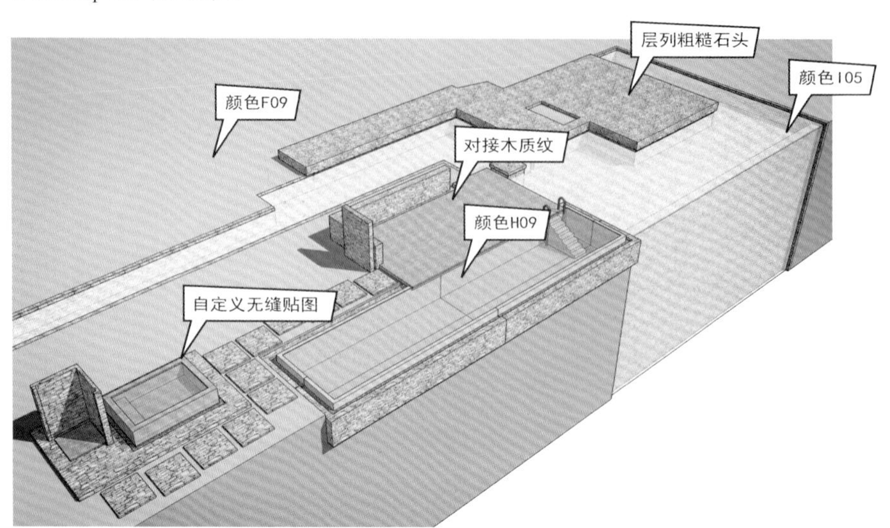

图 6-24~ 图 6-27　应用材质

（8）完善场景

设计构想——本场景最终通过 Lumion 完成，届时将调用 Lumion 素材，因此场景完成后建议将树木等配件创建组，便于导出前快速隐藏。

根据 CAD 线稿，导入已创建好的建筑，并为场景添加植物等配饰（组件的电子文件路径：Chapter06/6.1.2/ 小庭院组件），读者也可自己寻找素材完成这一步操作（图 6-28、图 6-29）。

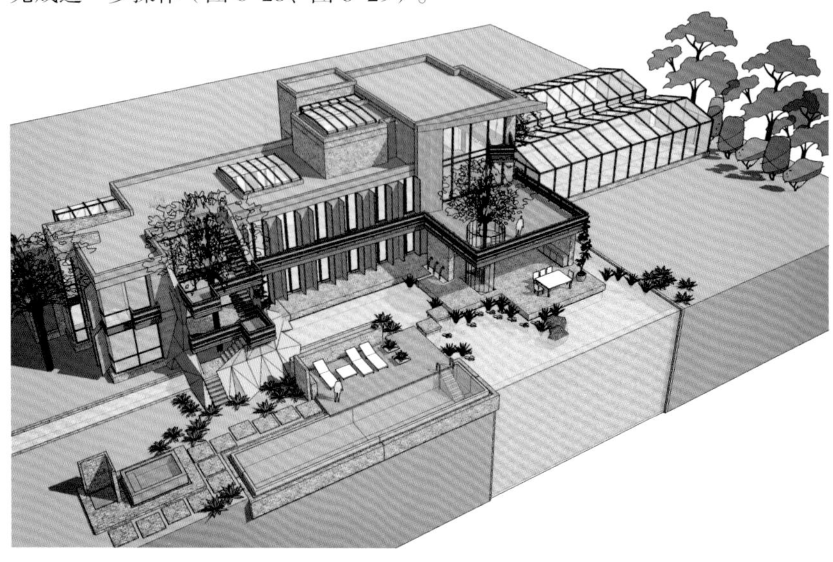

图 6-28　完善场景

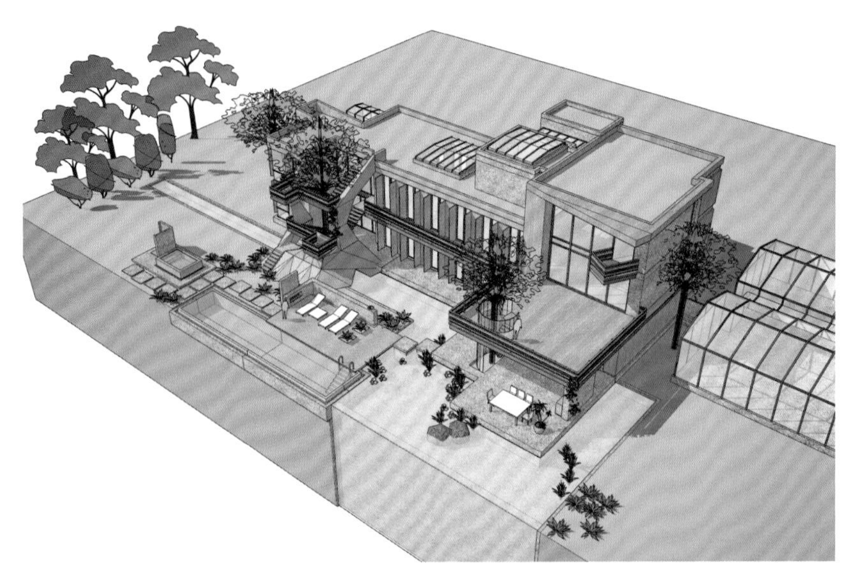

图6-29　完善场景

植物添加技巧如下。

① 按植物大小的布置，注意前景、中景、背景的层次。

② 植物可从片植入手，再向局部点缀发展。

③ 配合相机能使植物的点位更巧妙。

④ 树种的选择遵循“少就是多”。

注：由于写作需要，建筑直到本阶段才导入，但实际设计中，建筑可在先前就导入，通过建筑与景观间的整体关系，发展景观设计构想。

为场景添加植物及配饰是件十分有趣的工作，可使场景进一步接近设计构想，并表达空间氛围，但切忌盲目使用面过多的植物，以造成电脑负担。可通过二维植物代替三维植物，特别是背景部分。同时，组件不一定使用既有的模型，一些自己制作且总面数十分少的小家具，足以表达场景的氛围了。

（9）创建相机

设计构想——根据空间层次需要，壁炉后的竖向体量成了视觉端景，并与远处的淋浴面形成造型序列。

创建相机时，可与植物配置同步进行，在前景适当多布置植物，形成前景式构图。一些局部的小透视十分容易出效果。

选取人的视角确定构图，场景中设置的【场景】（相机），便于随时调用，设置方式如下。

a. 激活【绕轴旋转】，输入视点高度，本案例的主要构图（非小透视）视点高度为10700（9000mm基座高度+1700mm视线高度）。b. 激活【相机】菜单，【两点透视】。c. 通过【窗口】菜单，【场景】，【新建场景】保存相机。本案例的部分相机如图6-30~图6-32所示。

场景制作完成，场景将用于8.1部分。本节案例为建筑的南向景观，北向景观读者可按自己的构想设计。

图6-30~图6-32　创建相机

6.1.3　案例小结

SketchUp虽然能运用草图般的设计方式，但在设计过程中仍然需注意设计工作方法。本案例便是一个从整体到局部的SketchUp案例演示。

完成电子文件：Chapter06/6.1.3/小庭院完成。

6.2 叠水小广场

6.2.1 构想来源

图 6-33 案例 SketchUp 材质效果

本案例为一栋处于森林中的办公楼（5.3.2 制作的建筑）景观设计，包括前院及立体景观。建筑呈半围合形，底层架空。景观设计构想来源于上海世博会的法国馆内庭，以及五彩湖的水景效果。设计主要表现立体的水、自然纹理与人工材质间的碰撞以及绿植与它们间的穿插（图 6-33）。

读者会发现本案例场景中仍然出现了水，其实这是笔者有意设计的。因为 Lumion 对水的表现出色，在设计构想中，特别是概念设计阶段，可运用水来加强画面效果。

6.2.2 构想表达

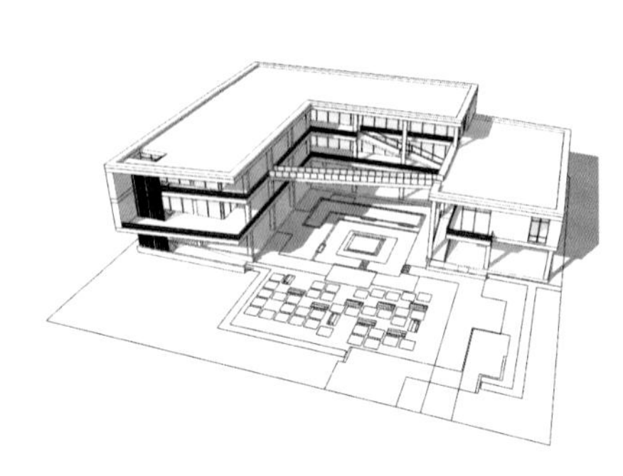

图 6-34 导入 CAD 及建筑模型

设计构想——本部分内容的景观创建的主要方式同前，但细节及造型更复杂，为立体景观与平面景观的综合。

按前一案例的方式，将 CAD 文件（电子文件：Chapter06/6.2.2/ 叠水广场地形）及建筑（电子文件：Chapter06/6.2.2/ 叠水广场建筑）导入场景（图 6-34）。CAD 文件导出前，需关闭【文字】、【植物】及【填充】层。

注：CAD 文件导入后，将所有的线【成组】。

（1）创建模型主要体量

① 创建基座（图 6 -35、图 6 -36）

a. 根据 CAD 线稿，【矩形】、【推拉】创建基座，高度 900mm。b. 将基座底面边线向外【移动】4500mm。c. 将基座【创建组件】。

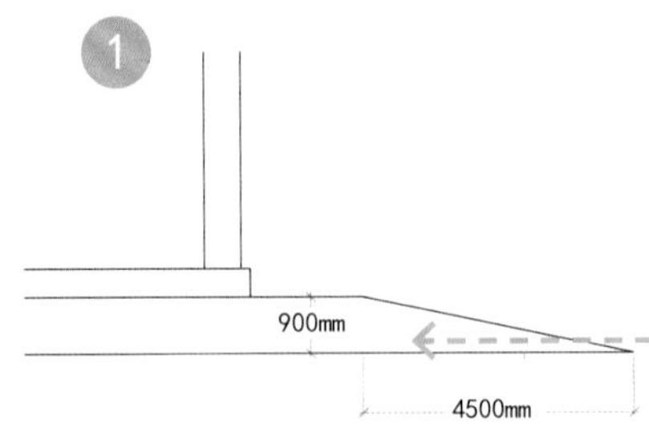

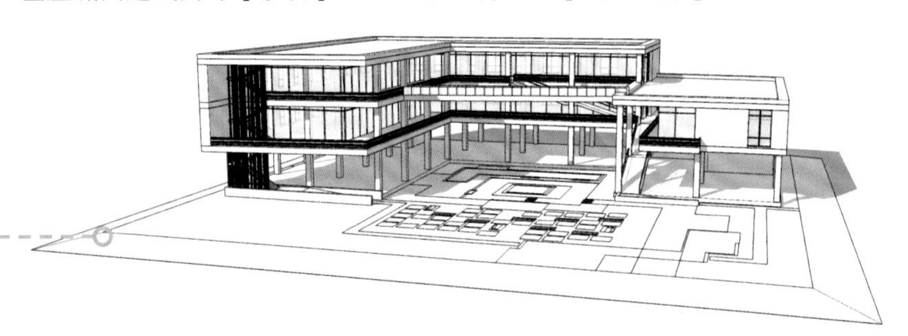

图 6-35、图 6-36 ① 创建基座步骤

② 创建水池（图 6-37~ 图 6-40）。设计构想——水池部分，特别是叠水，按照真实的构造创建模型结构与水面，再应用 Lumion 的瀑布材质，能表达出逼真的叠水效果。

a. 双击进入基座的组内编辑状态，根据 CAD 线稿，【直线】做面的分割。b.【推 / 拉】向下挤出水池深度。c. 为水池边缘添加造型并修改细部尺寸。

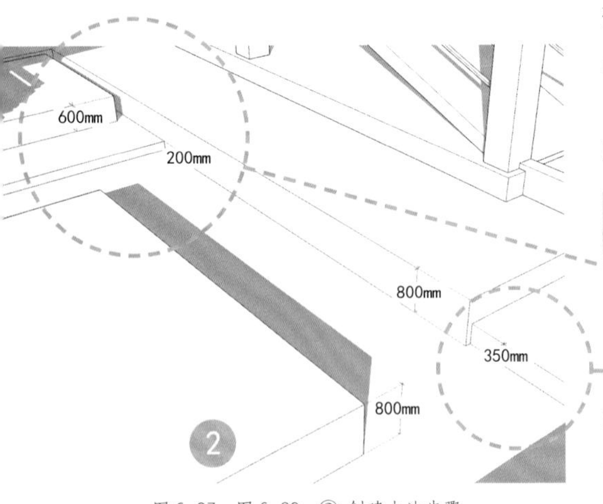

图 6-37~ 图 6-39 ② 创建水池步骤

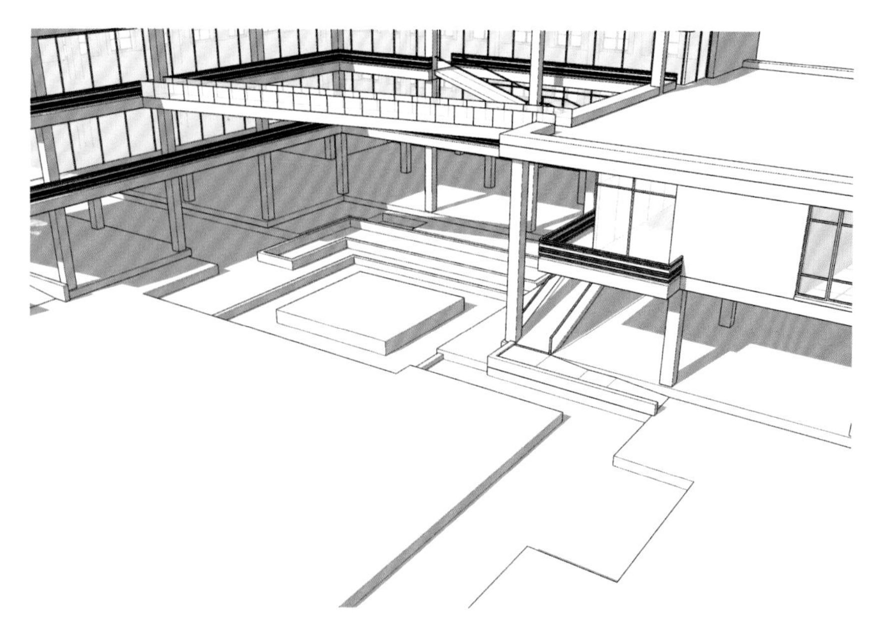

图 6-40　② 创建水池步骤

③ 创建立体绿化（图 6-41~ 图 6-43）。设计构想——立体绿化为统一中求变化的造型，先创建一个基本单位，复制后再修改造型，可提高建模效率。

a.【直线】、【推 / 拉】创建一个"L"形体量，【直线】对模型表面做面的分割，【移动】对线做拉伸操作，并【组件】。b. 将模型的中心线对柱中心线进行阵列操作，每跨中的数量为九组，并按疏密需要随机删除机组模型。c. 随机选取机组模型，鼠标右键【设为独立项】，修改最下段尺寸（读者可根据构想自定义），以进一步打乱造型序列。

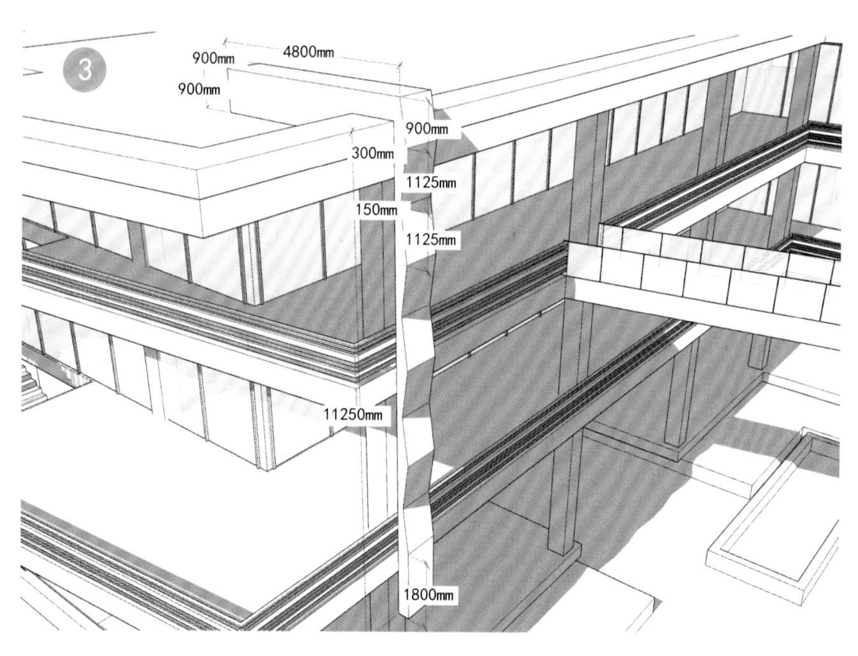

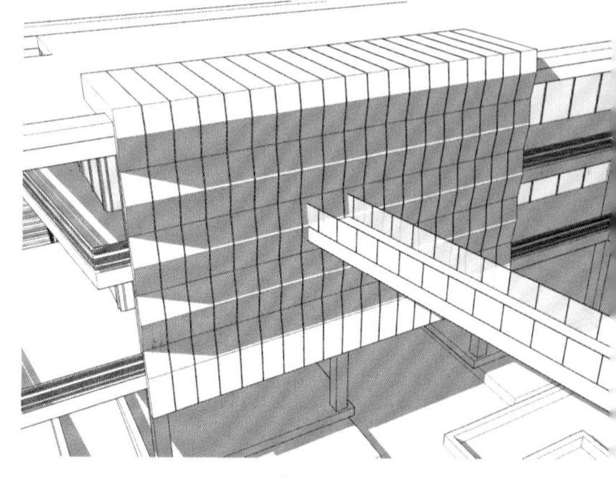

图 6-41~ 图 6-43　③ 创建立体绿化步骤

④ 创建硬质场地

a. 根据CAD线稿，【直线】配合【推/拉】，如图6–44所示创建两个平台，并分别【组件】。b. 如图6–45所示，【矩形】配合【推/拉】创建两个长方体体量，并组件（可将CAD该部分单位创建块，复制再单独导出，利用【块】导入SketchUp后组件关联属性，快速创建图元）。

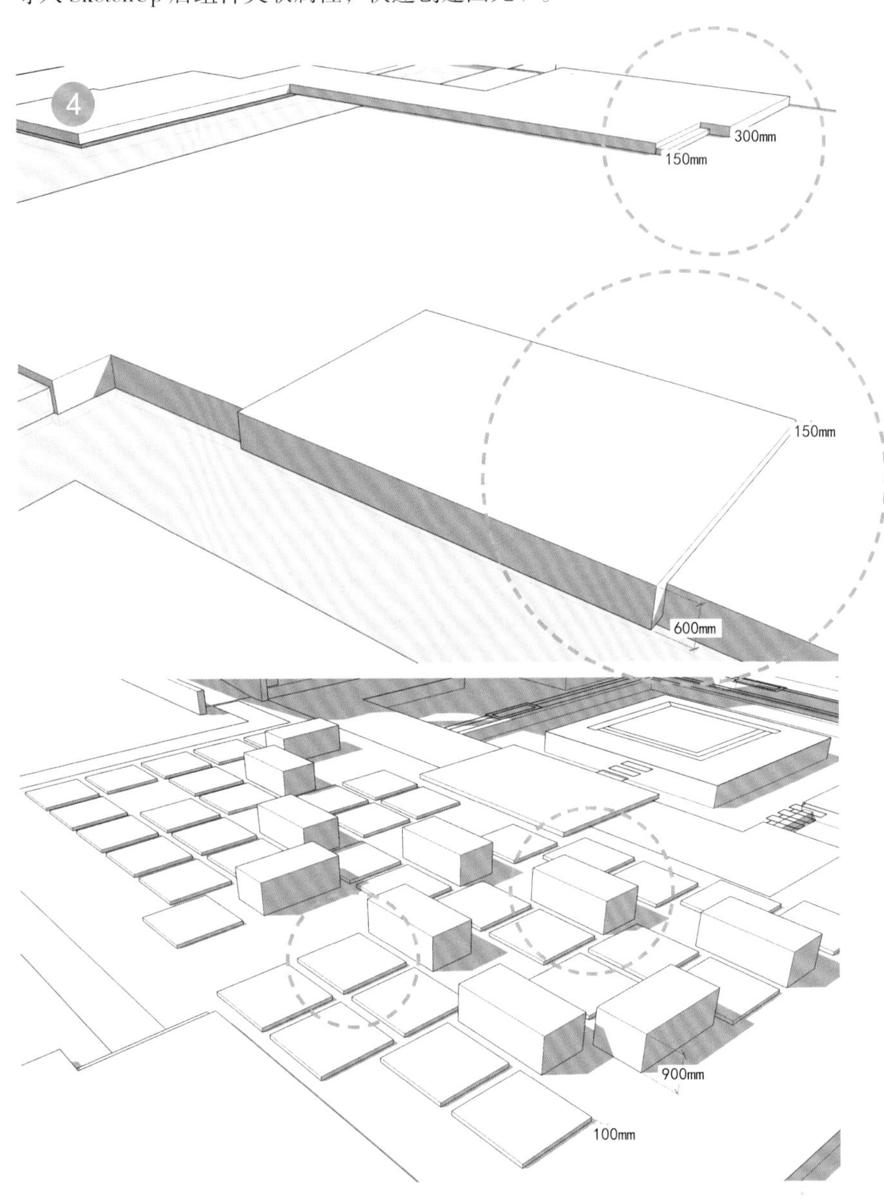

图6–44、图6–45 ④ 创建硬质场地步骤

（2）深化模型

① 创建叠水（图6–46、图6–47）。设计构想——叠水特点为结构层的轮廓放大，制作时遵循这一原理即可。叠水的垂直面不可与水平面交叉。

a. 根据CAD线稿的水域范围，【直线】为不同的水面做面的闭合。b.【矩形】或【直线】为带有叠水的水面创建面，【推/拉】向下挤出厚度，并再次向四周挤出水的厚度（水面层与结构层的距离为50mm），删除底部的面。c. 按此方式创建其余部分的叠水。

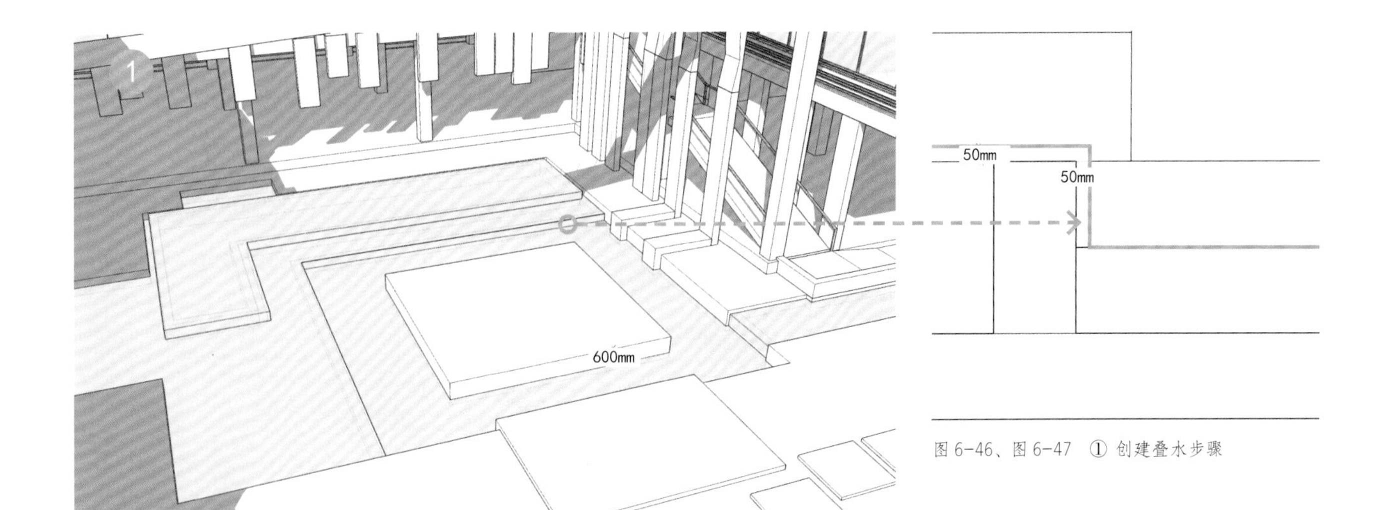

图 6-46、图 6-47 ① 创建叠水步骤

② 创建瀑布基本结构。设计构想——立体水景造型丰富，但此处做得比较概念，且并未过多考虑实际中的构造，这是因为在这一阶段可运用电脑设计的优势进行跳跃式思维。本部分以一个局部做法为例，其余部分读者可根据构想自行设计。

a. 如图 6-48 所示，【矩形】、【偏移】及【推 / 拉】创建一个体量，并【组件】，作为瀑布出水口结构。b. 如图 6-49、图 6-50 所示，创建一条路径（长度 3730mm）及一个截面，【路径跟随】生成立体造型（部分造型带有折角，因此首选【路径跟随】工具生成模型，而不使用【推 / 拉】工具），【直线】配合【推 / 拉】修改两端造型（图 6-51）。

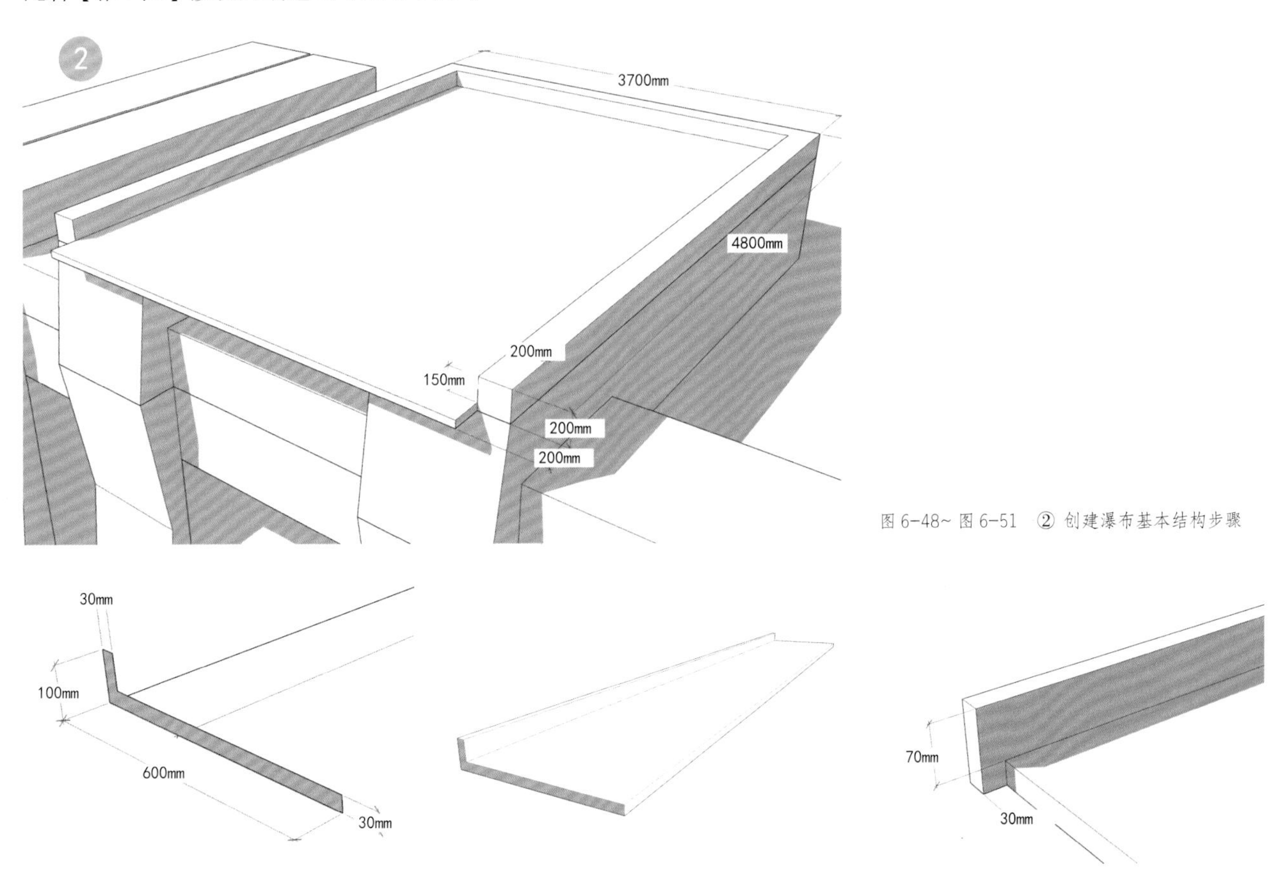

图 6-48~ 图 6-51 ② 创建瀑布基本结构步骤

③ 创建瀑布组合结构及水面（图 6–52~ 图 6–55）

a. 排列两个构建。b.【直线】创建一片折形的水，作为瀑布面。c. 按此方式完成其余部分的模型。

注：创建立体瀑布的结构需要耐心及空间想象能力，读者需多进行这方面的训练。

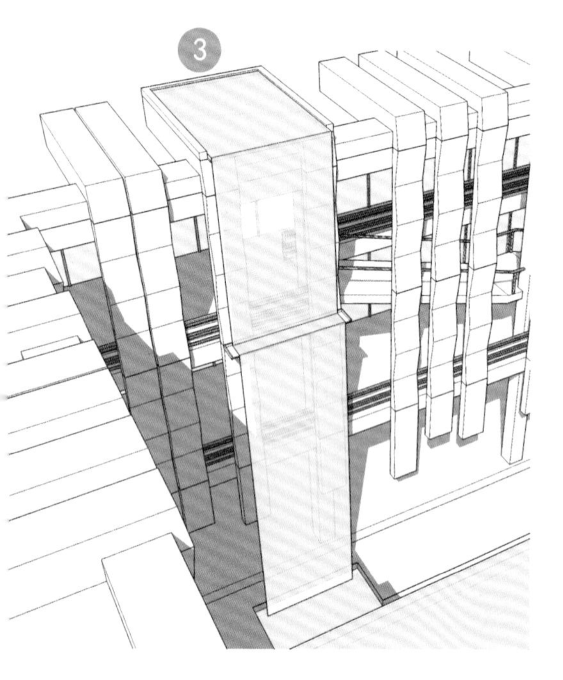

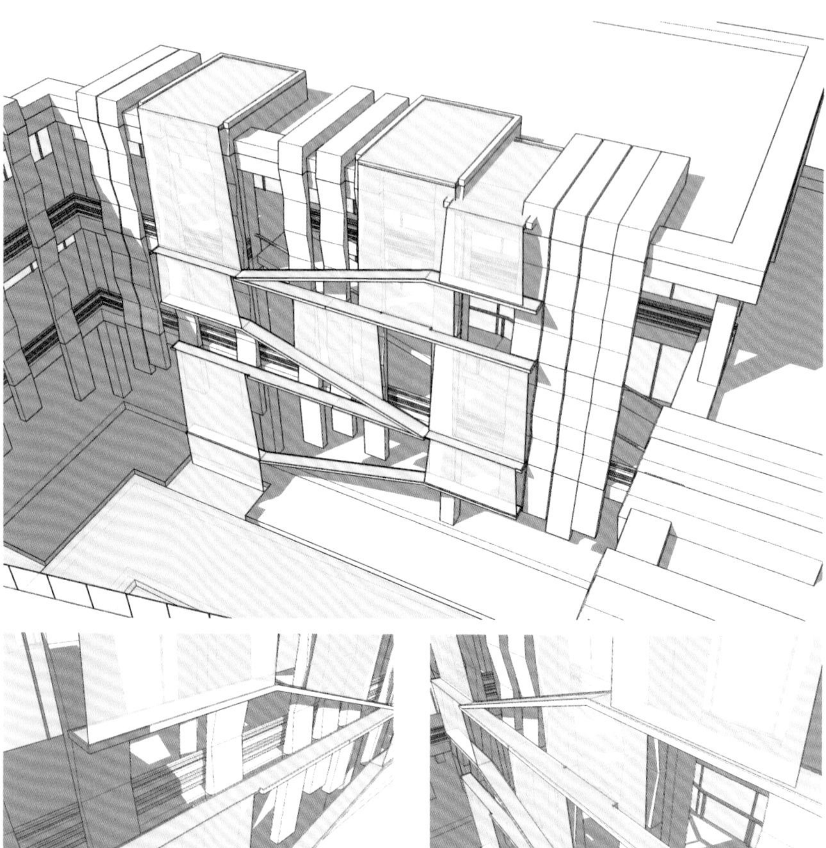

图 6–52~ 图 6–55 ③创建瀑布组合结构及水面步骤

④ 创建道路。根据 CAD 线稿，进入基座的组内编辑状态，【直线】为道路做面的分割。

（3）增加细节

① 添加汀步及花坛（图 6–56、图 6–57）

a. 根据 CAD 线稿添加汀步。b. 根据 CAD 线稿，添加卡在叠水池上的花坛。

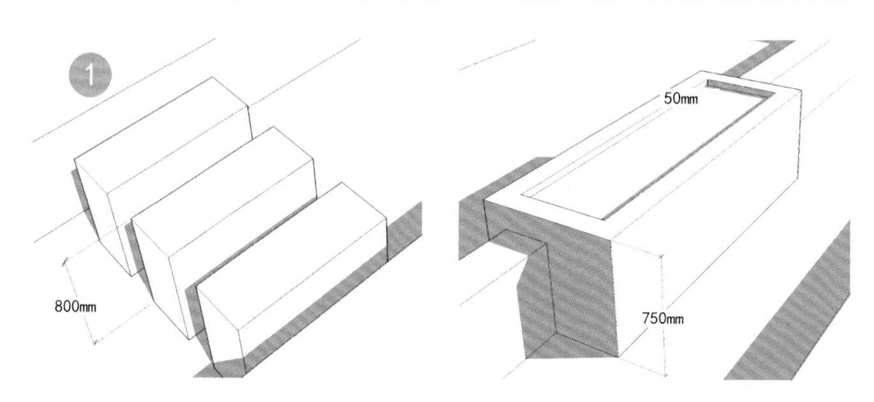

图 6–56、图 6–57 ① 添加汀步及花坛步骤

② 置入户外休息座模型（图 6–58、图 6–59）。设计构想——利用组件关联方式快速批量替换组件内部的单位。

a. 进入长方形体量的组内编辑状态。b. 通过【Ctrl+C】、【Ctrl+V】的方式置入 5.1.3 创建的户外休息座模型。c.【移动】这些组家具到指定位置，并删除原始体块。

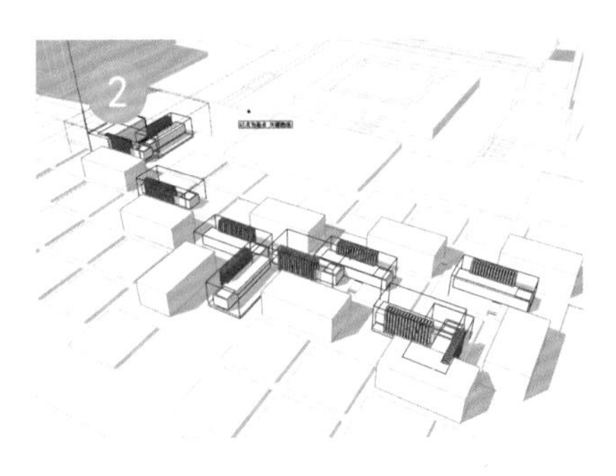

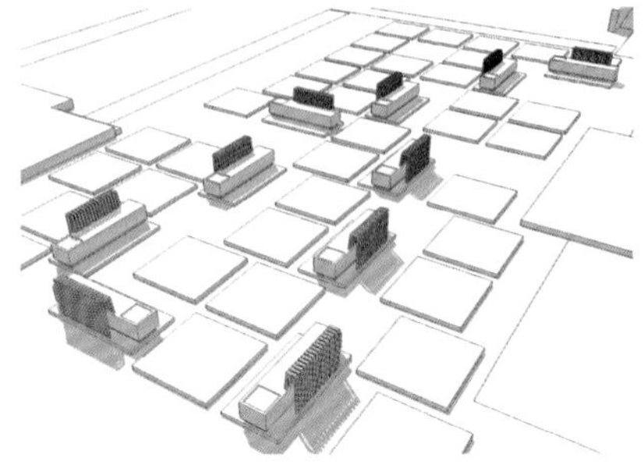

图 6–58、图 6–59 ② 置入户外休息座模型步骤

③ 深化水景花园（图 6–60）

a. 根据 CAD 线稿，【直线】配合【推 / 拉】创建下凹造型。b.【直线】配合【推 / 拉】创建坐面，厚度 50mm，并【组件】。

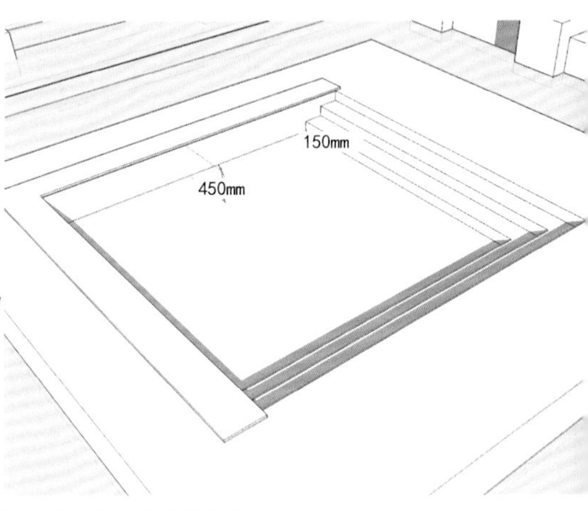

图 6–60 ③ 深化水景花园

（4）应用材质

双击进入每一个单位的组内编辑状态为模型应用 SketchUp 的自带材质（图 6–61~ 图 6–64）。

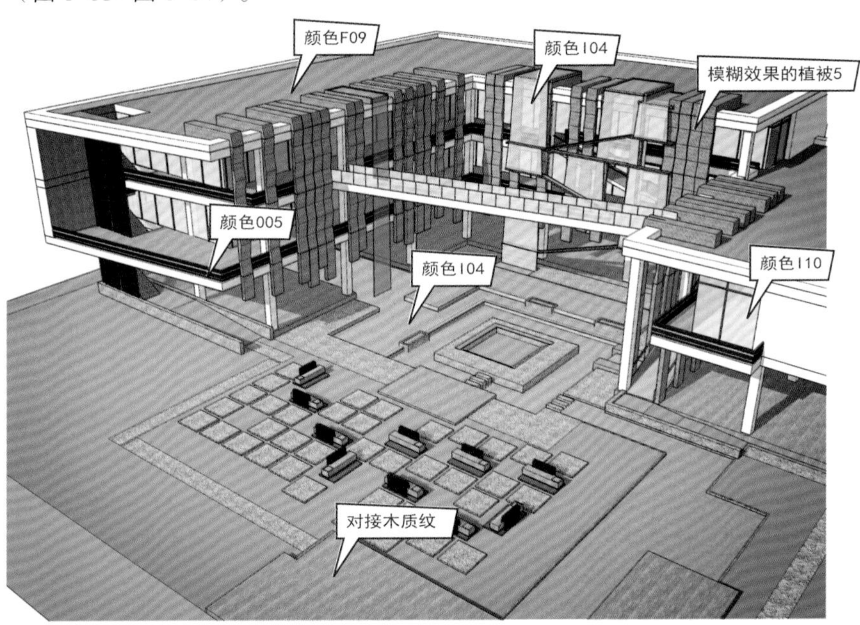

图 6–61~ 图 6–64 应用材质

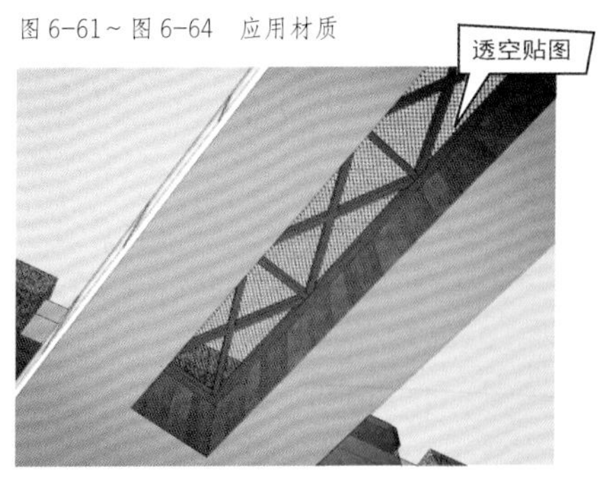

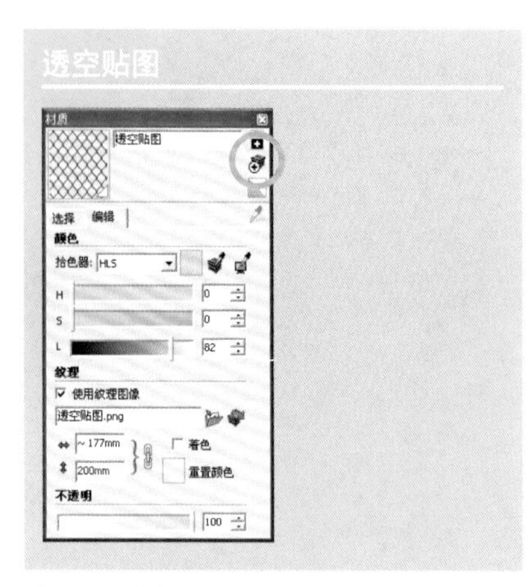

图 6-65 透空贴图

本案例在天桥处使用了透空材质，材质编辑方式如下。

a. 进入 Photoshop，打开一个包含透明属性的图层文件（电子文件：Chapter06/6.2.2/ 透空贴图），将其另存为 PNG 格式（该格式为 SketchUp 可识别的透空贴图格式）。b. 新建一个 SketchUp 材质，载入此贴图文件（图 6-65），并应用于模型。c. 场景导入 Lumion 后，材质透空属性将保留。读者可利用该原理自定义透空贴图。

（5）完善场景

a. 通过【沙盒】创建些随机的地形作为场景背景。b. 如图 6-66、图 6-67 所示为场景插入植物等组件（组件电子文件：Chapter06/6.2.2/ 叠水广场组件）。完成后的场景将用于 8.3 部分。

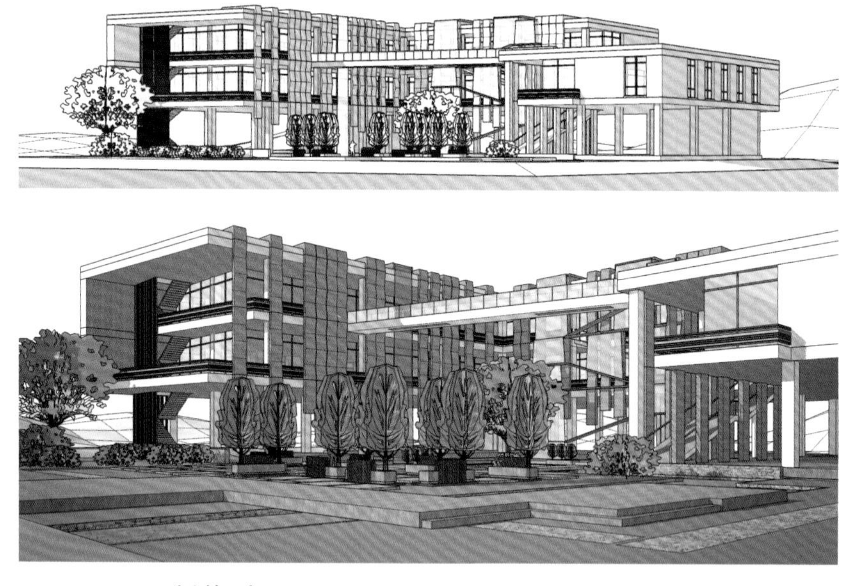

图 6-66、图 6-67 创建背景地形及插入组件

6.2.3 制作动画

（1）创建关键帧

a. 激活【缩放】工具，将视角设置为 45°，以获得一个更宽的视域（选作部分）。b.【窗口】菜单，【场景】，通过新建场景保存相机的位置（关键帧）。c.【窗口】菜单，【模型信息】，【动画】，设置【场景过度】（用于帧与帧间的切换时间），视效果而定，并将【场景暂停】设置为 0s。d. 右键工作区上方的场景符，【播放动画】预览效果，并按需设置【场景过度】的时间（图 6-68）。

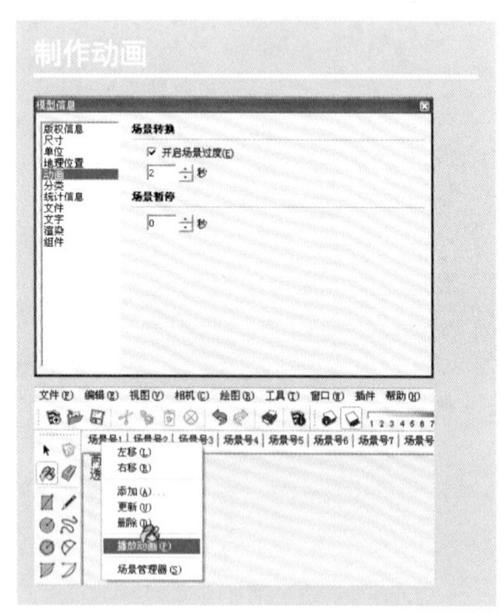

图 6-68 制作动画

（2）动画输出

a.【文件】菜单，【导出】，【动画】，【视频】。b. 设置输出类型（*.avi）或（*.mp4），以及【选项】中的分辨率。

操作提示：

1. SketchUp 并不是一个单纯的建模工具，它的构想表达工作可与 CAD 同步进行。

2. 合理的设计工作步骤是一个设计师清晰思路的体现。

3. SketchUp 与 Lumion 配合的设计工作需为后者预留发展空间，体现整体运用软件的思路。

6.2.4 案例小结

电脑设计的优势，特别是概念设计阶段，在于不受现实的约束，可以在虚拟的世界中大胆地表达设计构想，待造型与效果确定后，再一步一步将所有的构造实现。本案例中的水景部分便是基于这样的理念展开工作的。

完成电子文件：Chapter06/6.2.4/ 叠水广场完成。

第 7 章　Lumion 景观设计基础

如今，我们已处在一个高节奏、高效率的时代，传统尺规作图的设计方式已渐渐退出历史舞台。在电脑设计领域，这种对高效的追求也从未停步，SketchUp 如此，Lumion 也同样如此。Lumion 作为一款场景渲染软件将原始的渲染效率成倍提高，荧幕上所呈现的，也许就是最终的结果，“所见即所得”。这除了是对 SketchUp 特色的描述外，也非常适用于 Lumion。基于 Lumion 的即时场景显示特点，设计师们将拥有更多的时间来推进构想，而不用受制于漫长的渲染等待过程。同时，Lumion 真实的画面效果也满足了当今人们对画面“逼真”度的苛刻要求。

从最初 Lumion 1.0 版本到本书撰写过程中发布的 Lumion 5.0 版本，只用了短短的几年时间。这体现了时代的需求，也许是开发者也未曾想到的。由于版本不断更新，软件的界面也在不断发生着变化，但读者不必为此感到苦恼，因为本章的内容将从景观设计实用的角度，以及工作方式的角度介绍 Lumion，使读者理解软件，已达到“以不变应万变”。

Lumion 所见即所得，许多参数只要移动滑竿就能在屏幕上呈现效果，将光标置于图标上便可看到功能的文字提示。本章的重点在于熟悉软件界面，对于不常用的功能，读者可自行研究，或阅读以参数教学为主的 Lumion 书籍。

7.1　Lumion 简介

Lumion 是一款实时的 3D 可视化软件，它如同一件好工具，用于制作静帧和视频作品，它的领域可涉及建筑、规划和景观，以及任何我们想到之处。Lumion 的特点就在于能提供高品质的图像（图 7-1）。荷兰 ACT-3D 公司的技术总监 Remko Jacobs 说：“我相信我们创造了非常特别的东西（Lumion），这个软件的最大优点就在于人们能够直接预览并且节省时间和精力。”

与复杂的 3ds Max 课程相比，也许只要几个小时便可掌握 Lumion 的主要功能，并可进入设计状态。

本书的 Lumion 版本为 4.02 中文版。

图 7-1　Lumion 官方宣传图

7.2 界面与设置

7.2.1 启动界面

Lumion 启动界面的内容构成如下（图 7-2~ 图 7-6）。

① 首页。软件设置及在线服务。

② 新建场景。软件预提供了九种不同的天气及地貌场景，如草地场景、黄昏场景、湖泊场景等，供设计师直接加载。【新建场景】如【新建】文件，鼠标左键单击任意场景缩略图即可进入编辑状态。

③ 示例（场景）。Lumion 开发者通过九个场景来演示软件的主要特性，如材质效果、草地效果、海洋效果。读者可通过【示例】场景的效果参数熟悉软件性能与参数设置方式。鼠标左键任意场景缩略图即可进入示例场景。

④ 载入场景。加载保存场景，载入方式同【新建场景】及【示例】。

⑤ 导入整个场景。导入其他计算机保存的场景（模型）。

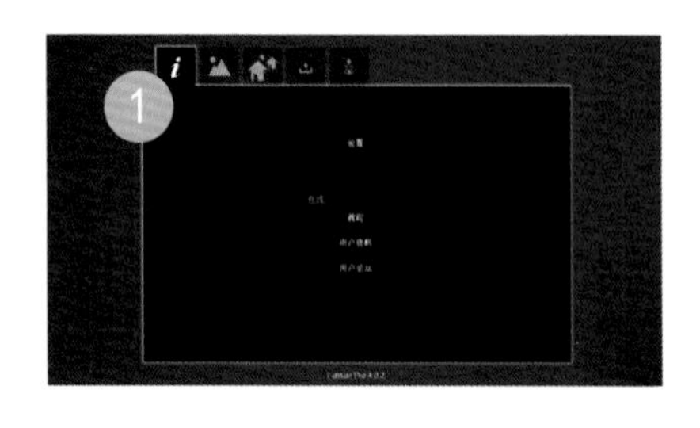

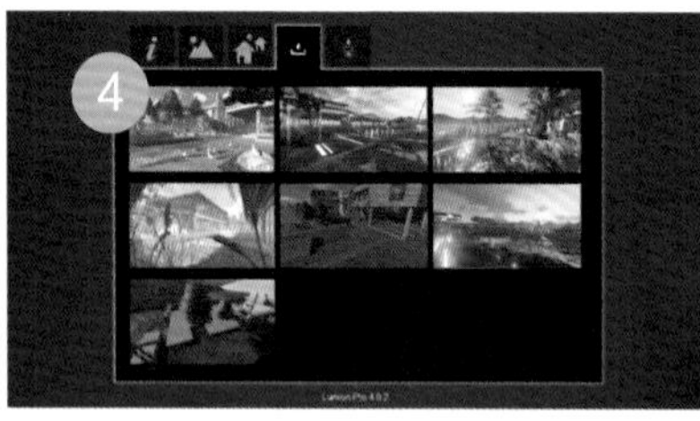

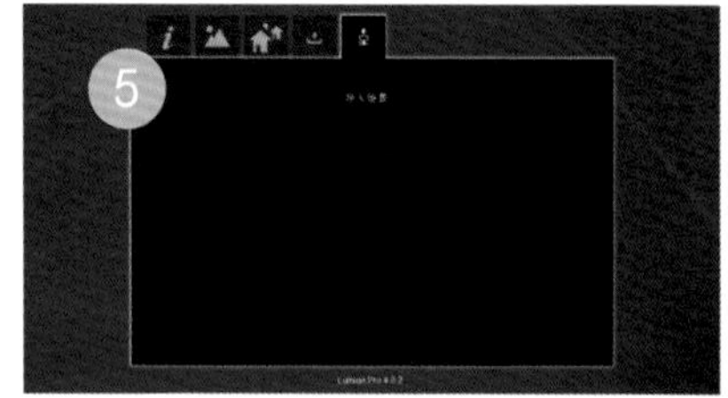

图 7-2~ 图 7-6 Lumion 启动界面

7.2.2 软件设置

Lumion 的软件设置面板位于【导航栏】的【首页】，【软件设置】，或 Lumion【启动界面】右下角的【设置】中（图 7-7、图 7-8）。

Lumion 的软件设置参数单纯，几乎无需特别设置就能开展设计工作，将光标处于图标上可显示设置内容，读者可根据个人习惯设置软件。

注：由于 Lumion 对硬件要求较高，因此读者可根据电脑配置设置【编辑器质量】的星数（1~5 星），星数的快捷键为 F1~F5，在场景编辑时可通过快捷键调整画面预览质量。

图 7-7、图 7-8 Lumion 软件设置

7.2.3　操作界面

左键单击任意【新建场景】或【示例】或【载入场景】的缩略图进入主 Lumion 的操作界面。Lumion 的操作界面分为四个部分：【编辑模式】、【拍照模式】、【动画模式】、【文件】。通过软件右下角图标按钮可在四个操作界面中切换，不同模式的功能如下。

① 编辑模式（图 7–9）。Lumion 的场景编辑窗口，用于场景载入、材质设置、屏幕环境设置、场景的配置，如植物、人、灯光及图层等内容的设置。Lumion 的场景编辑主要在【编辑模式】中完成。

② 拍照模式（图 7–10）。记录镜头位置、添加特效与位图输出。

③ 动画模式（图 7–11）。制作动画、添加特效与视频输出。

④ 文件（图 7–12、图 7–13）。【保存场景】及【导出整个场景】两项内容。

图 7–9　① Lumion 编辑模式
图 7–10　② Lumion 拍照模式
图 7–11　③ Lumion 动画模式
图 7–12、图 7–13　④ Lumion 文件面板

注：屏幕鼠标操作如下。

① 鼠标中键——平移镜头。

② 鼠标右键——旋转镜头。

③ 鼠标操作中配合【Shift】键——加速屏幕操作速度。

图 7-14　Lumion 编辑模式

图 7-15　① Lumion【天气】

7.3　场景编辑

7.3.1　编辑模式

【编辑模式】包含四个功能:【天气】、【景观】、【导入】、【物体】,每个功能用途及分项如下(图 7-14)。

(1)【天气】

天气编辑用于太阳角度及云的调整,其包含五个编辑内容:【太阳方位】、【太阳高度】、【云的密度】、【太阳亮度】、【云彩类型】(图 7-15)。

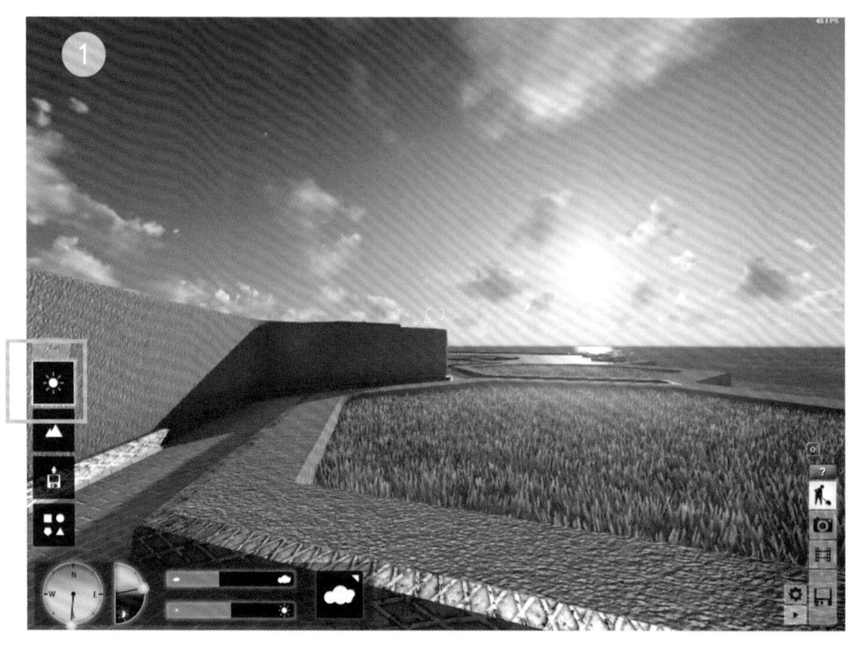

(2)【景观】

景观编辑用于创建地形构造及地貌特征,其包含六个编辑内容:【地形高度】、【(创建)水】、【开 / 关海洋(模式)】、【地形表面材质喷笔】、【生成地形】、【开 / 关立体草地】。切换每一项编辑图标后,其子选项也会相应的展开(图 7-16)。

图 7-16　② Lumion【景观】

（3）【导入】

导入编辑用于外部模型的加载以及导入后的进一步编辑工作，其包含十个编辑内容：【添加模型】、【编辑材质】、【放置物体】、【移动物体】、【调整尺寸】、【调整高度】、【绕轴（X、Y、Z）旋转】、【关联菜单】、【编辑属性】、【删除物体】（图7-17）。

注：【导入】还包含了我们熟知的【图层】（屏幕左上角），用于不同类别模型间的快速管理。

图7-17 ③Lumion【导入】

（4）【物体】

物体编辑用场景配置及特效的添加，其包含16个编辑内容：【添加植物】、【添加交通工具】、【添加声音】、【添加特效】、【添加室内配置】、【添加人和动物】、【添加室外配置】、【添加灯具和特殊物体】、【放置物体】、【移动物体】、【调整高度】、【调整尺寸】、【绕轴（X、Y、Z）旋转】、【关联菜单】、【编辑属性】、【删除物体】（图7-18）。

注：【编辑模式】中的部分拓展项十分实用，本书将结合案例进行讲解。

图7-18 ④Lumion【物体】

7.3.2 拍照模式

（1）【拍照模式】包含内容（图 7–19）

① 特效。【新增特效】、【复制（特效）】、【粘贴（特效）】、【在特效下对场景进行编辑】（需添加特效后才能激活）。

② 相机。【记录镜头】、【取景框】（调整场景构图）、改变【焦距】。

③ 位图输出。【图像输出】解析度的选项。

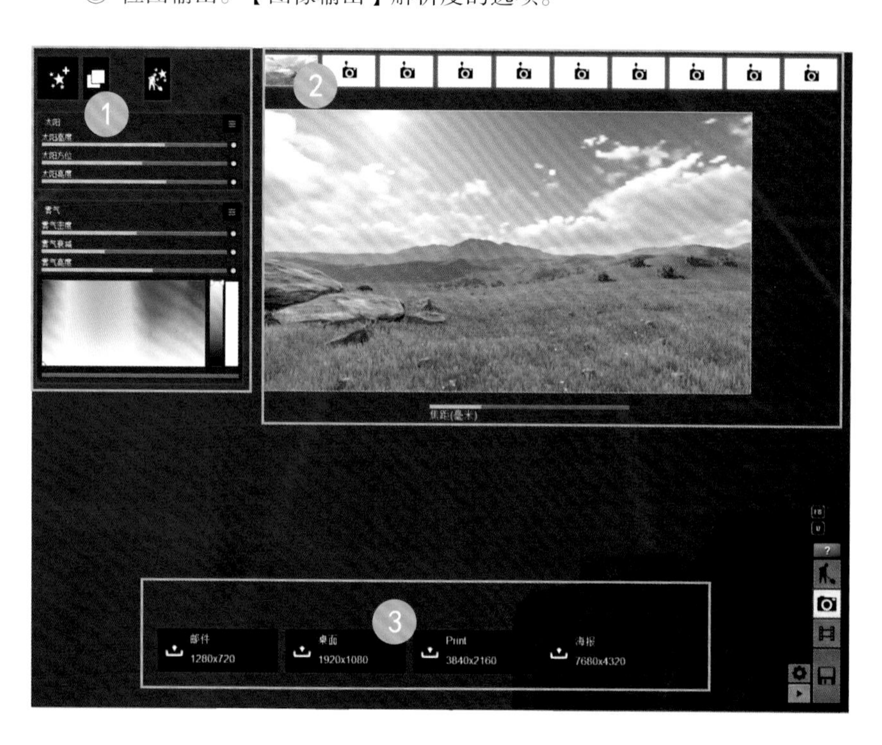

图 7–19 Lumion【拍照模式】

（2）【拍照模式】的工作步骤

a. 通过鼠标操作调整【取景框】，点击【记录镜头】下的相机图标保存相机位置。b. 为场景【新增特效】，并根据设计需要进入【在特效下对场景进行编辑】或【编辑模式】下完善场景。c. 按打印需要进行【图像输出】。

注：若需构图发生变化，只需调整【取景框】后，再次点击【记录镜头】，【保存摄像机视口】即可。不同相机间通过鼠标左键单击【记录镜头】切换。

7.3.3 动画模式

（1）【动画模式】包含内容（图 7–20）

① 特效。【新增特效】、【复制（特效）】【粘贴（特效）】、【在特效下对场景进行编辑】（需添加特效后才能激活）。

② 预览。用于观看动画的【动画窗口】。

③ 动画编辑。【选中整个片段】、【编辑片段】、【时间轴】、【保存视频】。

（2）【动画模式】记录关键帧工作步骤

a. 通过【编辑片段】为场景设置镜头动画。b. 按设计标准为场景【新增特效】。c. 通过【保存视频】输出成果。

图 7-20　Lumion【动画模式】

7.3.4　文件

Lumion 通过【文件】,【保存场景】按钮进行保存操作。通过【文件】,【载入场景】按钮打开保存的场景文件（图 7-21）。

注：Lumion 只能识别英语文件名及材质，中文命名的文件在再编辑过程中会发生模型丢失现象。Lumion 的保存方式为覆盖保存，即首次保存后，只需点击保存图标即可，文件名后会自动生成数字已显示保存次数。

图 7-21　Lumion【文件】

7.4 特效

7.4.1 相机与动画特效

Lumion【编辑模型】中的天气参数与效果单纯，多用于场景的预览，若想表达逼真的场景氛围，需通过新增特效来实现与完善。

7.4.2 新增特效

鼠标左键【拍照模式】或【动画模式】的【新增特效】图标添加特效。特效包含六个分类，即【世界】、【天气】、【物体】、【摄像机】、【风格样式】、【艺术】，特效分项如下（图 7-22~ 图 7-27）。

①【世界】。太阳、阴影、飞机尾迹云、水下、全局照明、反射、太阳定位。

②【天气】。云、雾气、雨、雪、卷云（体积云）、叶风、天际云。

③【物体】。隐藏图层、显示图层。

④【摄像机】。景深、镜头光晕、近剪切平面、鱼眼、手持摄像机、曝光度、两点透视。

⑤【风格样式】。泛光、图像叠加、噪点特效、锐化、选择性调整饱和度、颜色校正、褪色。

⑥【艺术】。谍影、天光、油画、水彩、素描、漫画、色散、广播级安全、卡通。

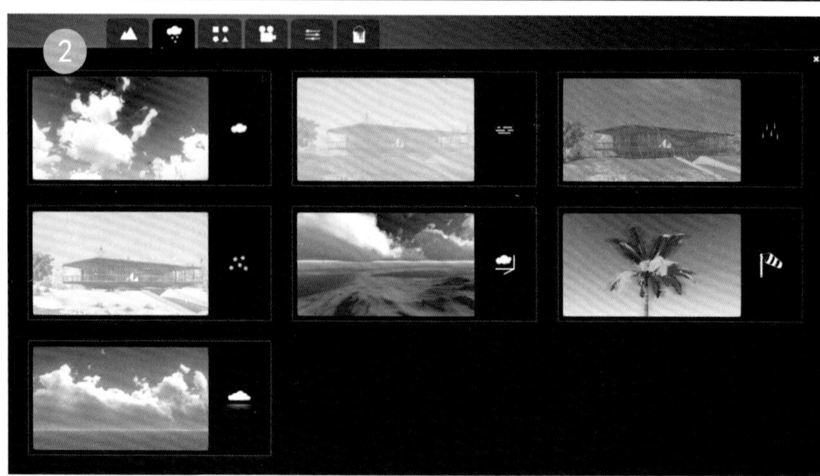

图 7-22、图 7-23 Lumion 新增特效（一）

图 7-24～图 7-27　Lumion 新增特效（二）

7.5 Lumion 景观设计工作方式

图 7-28 Lumion 景观设计工作方式练习成图

如字典般的 Lumion 参数教学较枯燥，这里将通过一个与 SketchUp 配合的日景小案例介绍 Lumion 的工作方式（图 7-28）。

与 SketchUp 配合的 Lumion 景观设计工作方式可如下。

① SketchUp 场景准备与文件输出。

② Lumion 文件输入与合成。

③ Lumion 场景编辑，包括完善场景配置及添加特效。

④ 位图或视频文件输出。

7.5.1 文件输出与输入

（1）SketchUp 坐标设置

SketchUp 模型导入 Lumion 前首先需检查模型与坐标点的距离关系，因为导入 Lumion 的 SketchUp 模型将通过 Sketchup 的原点坐标点（Lumion 中显示为一个小绿点）拾取，若 SketchUp 的原点坐标远离模型，导入后将影响模型拾取。检查模型与坐标点的距离关系将提高工作效率，这是一个重要的操作步骤。

打开案例的 SketchUp 文件（电子文件：Chapter07/7.5.1/ 日景小案例），全选整个模型，如图 7-29、图 7-30 所示移动模型至坐标原点附件。

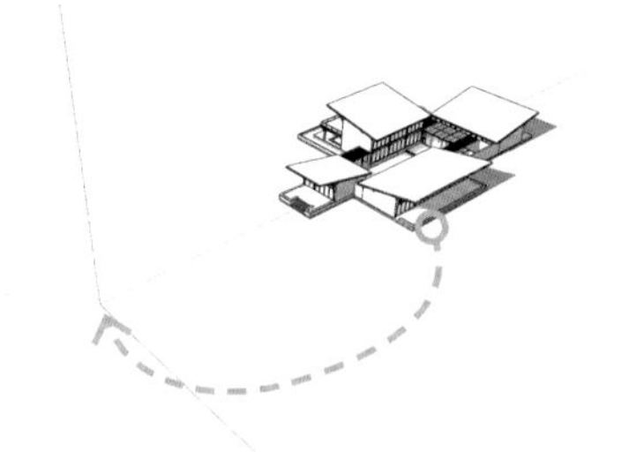

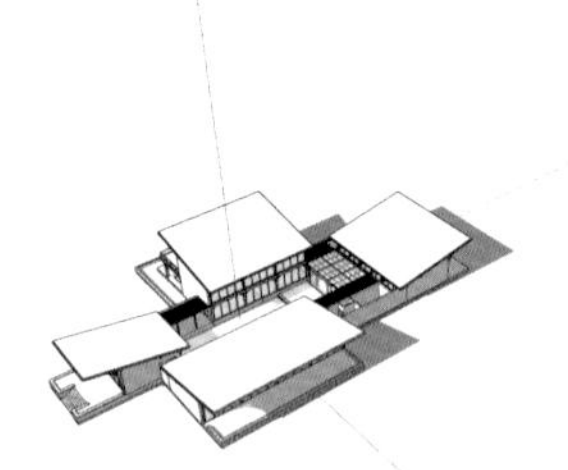

图 7-29、图 7-30 SketchUp 坐标设置

（2）SketchUp 输出格式设置

Lumion 无法修改模型，因此建议将 SketchUp 的场景文件分批输出，以利于修改部分的模型替换工作。模型输出方式如下（图 7-31、图 7-32）。

a.【选择】选中 Group1（建筑），【文件】菜单，【导出】，【三维模型】，文件格式 COLLADA 文件 *.dae。设置保存路径，勾选【选项】面板中的【仅导出所选集合】。b. 按此方法导出 Group2（基座）。

注：Lumion 只能识别英语或数字命名的文件，导出文件不可为中文名称，包括路径中所有的文件夹名。导出后，软件会为每个单位自动生成一个文件夹，贴图文件也包含在内。

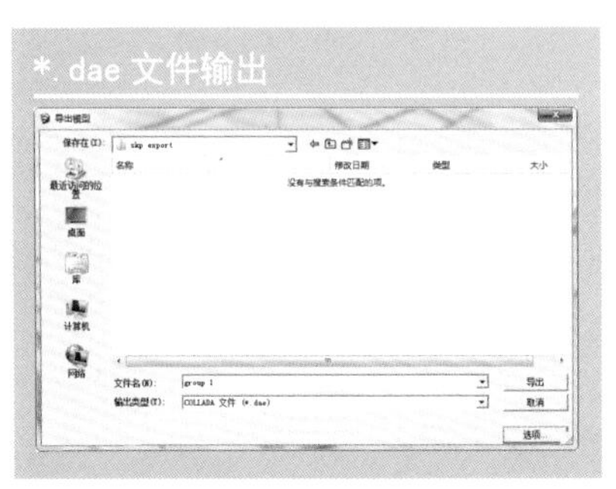

图 7-31、图 7-32 SketchUp 输出格式设置

（3）Lumion 文件输入

文件导入步骤如下（图 7-33~ 图 7-35）。

a. 启动 Lumion，选择【新建场景】【Grass】场景，进入【场景编辑】的工作界面。b.【编辑模式】，【导入】，【添加新模型】，选择模型路径。c. 鼠标左键将模型（Group1、Group2）放置在场景中。

目前两个模型为分离关系，通过【编辑属性】方式，运用参数对齐模型，对齐方式如下。

a. 激活【编辑模式】，【导入】，【编辑属性】工具。b. 光标处于任意模型表面，拾取坐标点（一个白色的小圆点），激活单数对话框，设置 X、Y、Z 轴坐标，数值均为 0。c.【Esc】退出编辑，并【取消所有选择】。d. 按此方式设置另一个模型的坐标，模型对齐完毕。

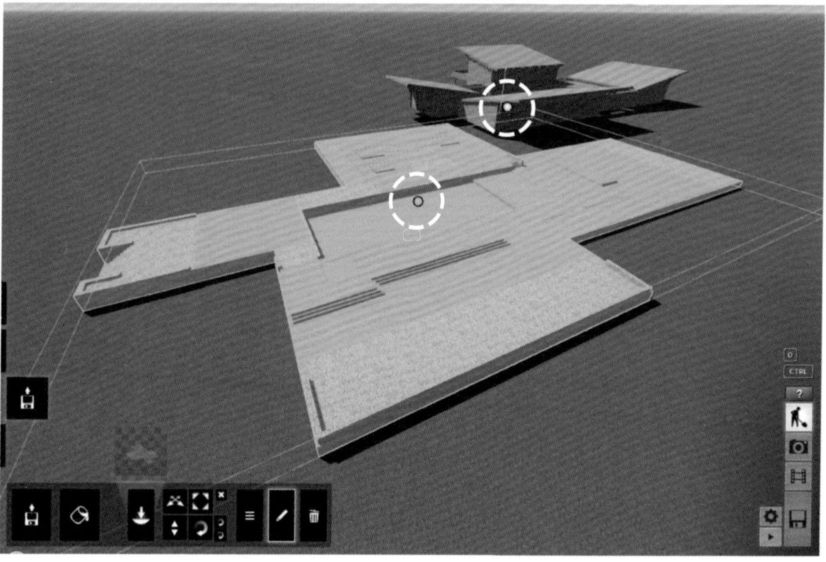

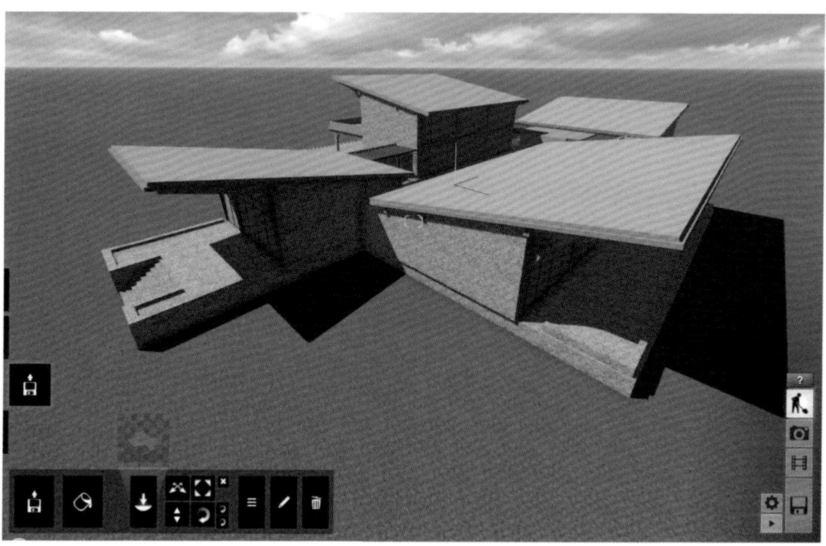

注：多个模型导入的方法相同。更新后的 SketchUp 模型，只需在 Lumion 中【删除物体】并替换该部分即可。若在 Lumion 中由于原点重合无法拾取某单位，可通过【编辑模式】,【导入】,【移动物体】将场景“打散”，再【删除物体】。

图 7-33~ 图 7-35 Lumion 文件输入

Lumion 4.0 后的版本可直接导入 SketchUp 的（*.skp）文件，而无需输出 COLLADA（*.dae）格式，读者将体验到 Lumion 的无接缝工作模式

7.5.2 场景编辑

（1）编辑地形

Lumion 可对地面的起伏及景观地貌特征进行高效的修改与编辑（只针对 Lumion 场景，不包括载入文件），并可快速生成水面、海洋及草地。

① 生成山地与河床（图 7-36~ 图 7-38）

a.【编辑模式】,【景观】,【高度】。b. 选择【提升高度】或【降低高度】并配合【笔刷压力】与【笔刷大小】创建凸出的山地或凹陷的小溪等地形（通过【平整】,【起伏】,【平滑】调整地形造型）。

图 7-36~ 图 7-38 生成山地与河床

通过【选择景观】改变地貌及环境特征。【选择景观】可与材质编辑器中的景观材质配合使用，见 7.5.2【景观】材质设置

② 生成水面（图 7-39~ 图 7-41）

a. 激活【水】图标，通过【放置物体】按钮，鼠标左键拖拽生成水面。b. 通过四个顶点的【拉伸】及【向上移动】符号修改水的范围及高度（通过【类型】选择水系形态）。

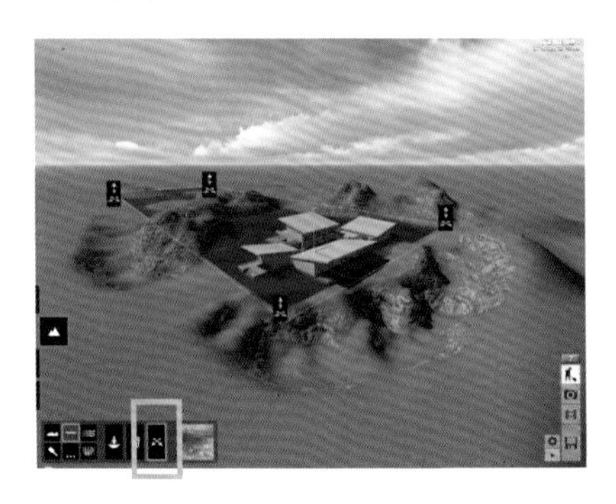

图 7-39~ 图 7-41 生成水面

③ 改变局部地面材质（图 7-42、图 7-43）

a. 激活【编辑模式】,【景观】,【喷绘】工具。b. 通过【笔刷压力】与【笔刷大小】，点击鼠标左键改变局部地貌材质，操作方式同 Photoshop【笔刷】。

图 7-42、图 7-43 改变局部地面材质

通过【地形】可一次性改变场景的全局地貌，通过【海洋】及【草地】图标开启特效（默认关闭）（图 7-44、图 7-45）。

图 7-44、图 7-45 开启地面草地效果

注：地形设置需根据设计需要灵活编辑，若已在 SketchUp 中创建完成的场景或以硬质景观为主的设计则基本无需进行该操作。设计师可根据工作习惯灵活调整编辑地形及编程材质的先后顺序。

（2）编辑材质

与 Lumion 配合工作的 SketchUp 材质属性类似 3ds Max 中的多维材质（ID 材质），即每一个贴图或材质色都代表一个 ID 号。由于 Lumion 无法分离模型面，因此 SketchUp 中未应用材质的白色面将默认视为同一 ID。

① 编辑材质步骤（图 7-46~ 图 7-48）

a. 激活【编辑模式】，【导入】，【编辑材质】图标。b. 光标处于任何材质表面，同一组模型呈高亮显示，进入材质编辑器。c. 通过【+】添加需编辑的材质。d. 完成后通过勾选图标确认编辑。

Lumion 已预设多种材质，设计师可直接加载。

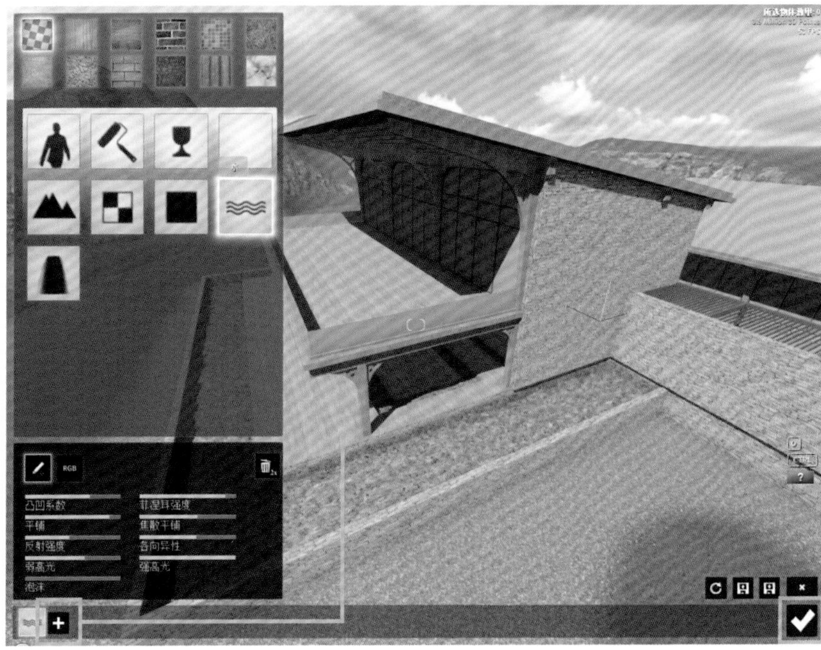

图 7-46~ 图 7-48 编辑材质

② 预设材质。分为自定义及贴图两类。

a. 自定义。包括布告牌、颜色、玻璃、隐形（隐藏模型）、景观（Lumion 场景地貌材质）、照明贴图、标准、水、瀑布。

b. 贴图。包括木材、木地板、砖、瓷砖、地面、混凝土、地毯、杂类、沥青、金属、大理石。

注：Lumion 的水材质质感逼真，效果优秀，读者可在设计时尝试运用水材质来丰富画面构成。Lumion 的默认材质参数已可提供不错的视觉效果，读者可移动每个材质参数的滚动条查看修改内容。由于 Lumion 拥有“所见即所得”的即时显示特性，材质调整无需任何等待时间。单项材质参数本书不做展开，读者可通过软件自行查看。

本案例材质效果如图 7-49~ 图 7-52 所示。

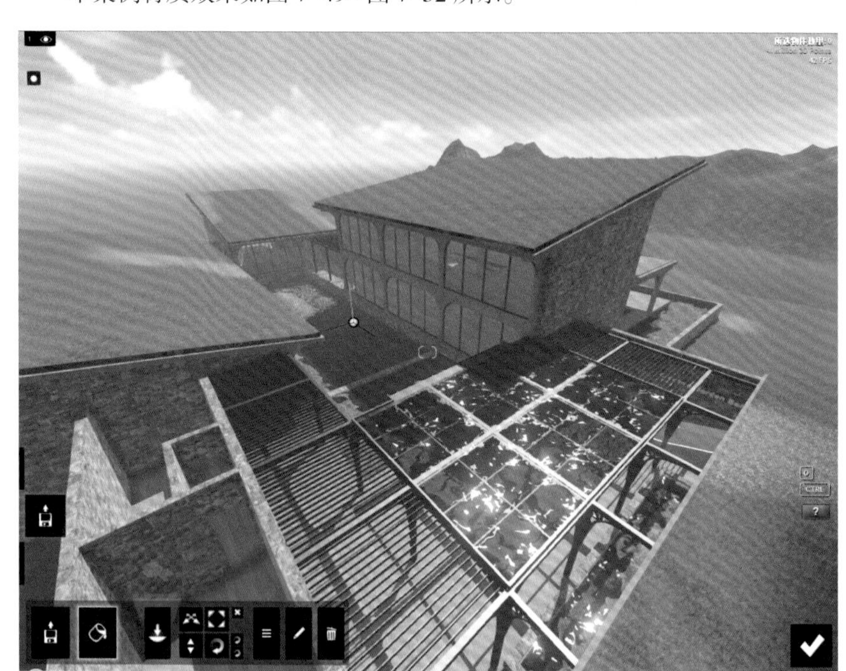

图 7-49~ 图 7-52　案例材质效果

（3）完善环境（图 7-53~ 图 7-55）

通过【编辑模式】，【物体】，按设计需要为场景添加配置，如植物、交通工具、人物、人工光及特效。添加方式如下（以植物为例）。

a. 激活【植物】图标，【更改物体】加载【植物库】并选择合适的植物。b. 通过【放置物体】鼠标左键单击基面完成放置操作。

注：植物放置后，可通过【移动物体】、【调整尺寸】、【调整高度】、【绕轴旋转】等操作对单位做再编辑。

（4）镜头与特效设置（以拍照模式为例）

① 记录镜头（图 7-56）

a.【拍照模式】下，通过【取景框】与【记录镜头】功能的配合保存相机。b. 根据构图需要调整【焦距】。

注：Lumion【拍照模式】可记录 10 个相机，【编辑模式】下通过 Ctrl+1~0 切换场景。保存相机这一步其实可提前进行，待构图确定后再编辑场景，可省去取景框外的配置设置，提高工作效率。

图 7-53~ 图 7-55　完善环境

图 7-56　记录镜头

② 新增特效（图 7-57）

a. 通过【新增特效】为场景添加视觉效果。b. 本案例运用【两点透视】、【太阳】、【雾气】三种特效。

图 7-57　新增特效

Lumion 的特效丰富，但其实特效的运用是基于画面效果而存在的，设计师可根据预想灵活运用（图 7-58），但也需要理解这些特效的真正作用，而不是被如此多的特效所“迷惑”。景观设计最常用的特效如下。

a.【世界】。【太阳】，调整阳光的角度及方位，如表现日景、黄昏或傍晚的画面氛围。

b.【天气】。【云】，云的密度及造型，如黄昏效果下可增加云的数量，表现火烧云效果。【雾】，表现空气透视及空间深度。许多 Photoshop 合成的 3D 透视图容易产生画面层次单调，景深浅的现象，其实是画面的雾化效果没有体现，而 Lumion 的雾化特效很好地解决了这个问题。

c.【摄像机】。【两点透视】，修正三点透视的构图变形。

添加特效后，通过【在特效下对场景进行编辑】，在“逼真”的环境下继续优化场景。

Lumion【拍照模式】与【动画模式】的特效参数与编辑方式相同，7.4.2 部分将进行讲解。

【拍照模式】下的【新增特效】仅应用于单个相机，但可通过【复制（特效）】与【粘贴（特效）】按钮将特效属性延续至下一相机。不同相机间的特效为非关联属性，可独立编辑。【动画模式】下的单个片段特效编辑方式同【拍照模式】，但可通过激活【整个动画】按钮，一次性添加特效。

注：特效是 Lumion 的重要组成部分，也是设计氛围的主要编辑内容，第 2 章中所提及的许多画面的构成要素，如空气透视（雾气）、明暗（太阳）、冷暖，透视都是通过特效来实现的。在场景模型编辑过程中，有必要通过添加特效来完善场景气氛，这也是一种 Lumion 的工作方式。

图 7-58 新增特效

注：【天气】编辑中的自然环境，如阳光，云的参数变化仅为屏幕即时显示效果，而实际输出的文件为【新增特效】后的效果。

（5）文件保存

制作过程中及完成后需保存文件。

7.5.3 成果输出

所有的场景编辑完成后需将屏幕的内容输出，输出方式如下。

【拍照模式】，【Print】按钮，设置保存路径，该分辨率下的文件保存类型为【Bitmap file *.bmp】（图 7-59~ 图 7-62）。

虽然 Lumion 所见即所得，但根据硬件的配置（显卡），屏幕显示效果会略有不同，实际的画面效果需以输出文件为准。读者在制作过程中可预输出位图查看画面效果。动画输出将在 8.3 讲解。

输出位图电子文件：Chapter07/7.5.3/ 日景小案例输出。

图 7-59、图 7-60 成果输出

图 7-61、图 7-62 成果输出

操作提示：

Lumion 所见即所得，任何操作，包括参数效果，将迅速呈现在屏幕上。

第 8 章　实践三：Lumion 景观设计构想

同样一支画笔在不同的艺术家手中能创作出不同的设计作品，有的理想，而有的则不尽如人意。其实作为一件电脑设计工具，Lumion 也有类似的情况。有的设计师所呈现的画面构图优美、色调和谐、光影迷离，表达出了空气流动般的空间效果，而有的则得不到中意的效果。

Lumion 对场景的深化，不是一种重复的计算机场景操作，而是通过空间与氛围表达设计构想的一种方法。这既需要设计的把控，也需要美学的支持。创意的构思与经验需要时间的磨炼，而美学知识从何人来？其实本书的第 2 章已有介绍。因为无论哪个艺术领域，美学都是想通的，这种有机的关系也是本书想传达给读者的。

8.1　阳光下的微型小庭院

8.1.1　画面效果构想

微型小庭院的设计构想从 3.2 部分到 6.1 部分在不断得到展现与完善，本部分将通过 Lumion 继续深化该设计构想，通过 Lumion 影视级的表现力展现设计细腻的材质与艺术化的构图（图 8-1）。本部分的侧重点内容为自然植物搭配的景观、构图以及不同种类的材质搭配。

图 8-1　阳光下的微型小庭院完成图

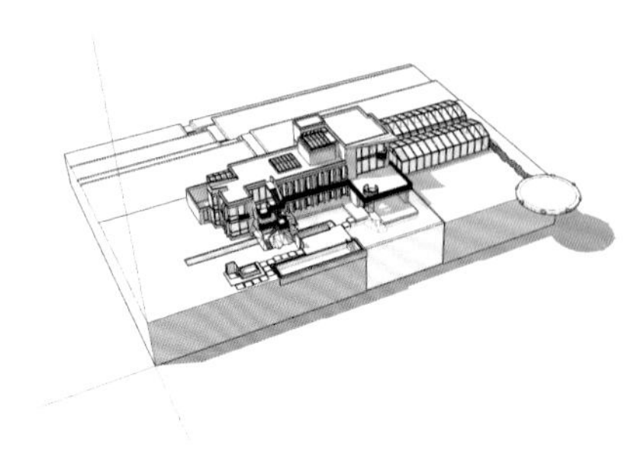

图 8-2、图 8-3 SketchUp 模型导出

8.1.2 模型的导出与导入

SketchUp 电子文件：Chapter08/8.1.2/ 阳光下的微型小庭院模型。

注：由于 Lumion 已包含了丰富的场景素材，因此不用导出 SketchUp 场景中的植物、家具等内容。

（1）SketchUp 模型导出

与 Lumion 配合的 SketchUp 模型导出前，需检查模型与坐标原点关系。若无法确定坐标原点，可新建一个文件，将模型置入其中，并调整模型的位置，再导出文件，本案例的模型导出方式如下。

a.【隐藏】场景中的植物及家配，全选剩余的模型，执行【Ctrl+C】操作，新建一个工作空间，将模型通过【Ctrl+V】的方式置入。b. 通过【移动】将模型左下点对齐坐标原点（图 8-2）。c. 将模型的建筑与地形两部分内容分别通过【文件】菜单，【导出】，【三维模型】输出。【输出类型】为【COLLADA 文件（*.dae）】，设置非中文的导出文件及导出路径，导出参数如图 8-3 所示。

（2）Lumion 模型的导入及设置

导入 Lumion 的模型并不建议随意的放置于工作空间内，因为这不规范，也不利于分组导出的模型对齐，模型导入方式如下。

a. 进入 Lumion 界面，【新建场景】，【Grass】（图 8-4）。b.【导入】，【添加新模型】，选择导出文件（根据需要为模型进行非中文的重命名），鼠标左键将模型置于场景中。

模型对齐方式如下。

a. 激活【编辑属性】工具，选择模型的坐标点（一个小圆点）。b. 将模型位置的 X、Y、Z 轴的值设置为 0，以精确定位模型。c. 按此方式导入另一个模型，并对齐。模型导入完毕（图 8-5~ 图 8-7）。

注：若同一个场景分组导出后，只需每次将坐标点做相同值设置即可实现模型对齐。

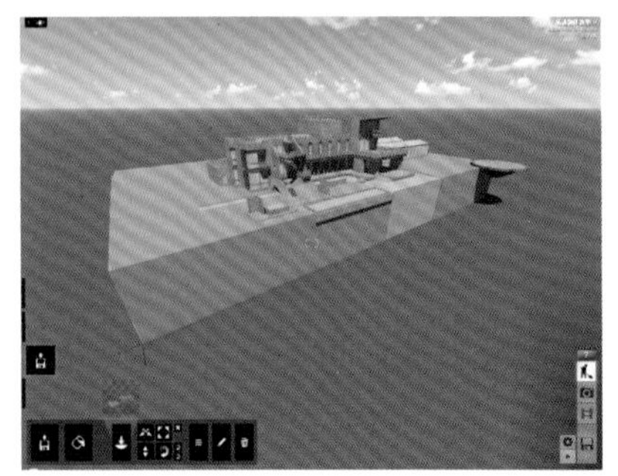

图 8-4 新建场景
图 8-5~ 图 8-7 模型导入及对齐

8.1.3 设置材质

（1）草地

材质提取方式如下。激活【导入】下的【编辑材质】，拾取模型任意面，进入材质编辑。通过材质预览的【+】提取材质。若在 SketchUp 中为每个单位单独应用材质，同一 ID 将在光标下呈高亮显示。

注：Lumion 所见即所得，任意的参数修改效果将立刻呈现于屏幕上，读者可通移动滑竿查看效果，Lumion 的参数读者可自行研究（下同）。

Lumion 4.0 后版本可生成立体草，激活方式如下（图 8–8~ 图 8–11）。

a.【导入】，【编辑材质】，为模型地形的绿色 ID 应用【景观】材质，以使其获得场景的地形属性。b. 激活【编辑模式】、【景观】、【草】的开关。c. 设置草的【尺寸】、【高度】、【比例】参数，并且为草的【类型】进行再修改。d. 按此方式激活户外楼梯周围的草。

注：分次导入的模型需分别设置材质。

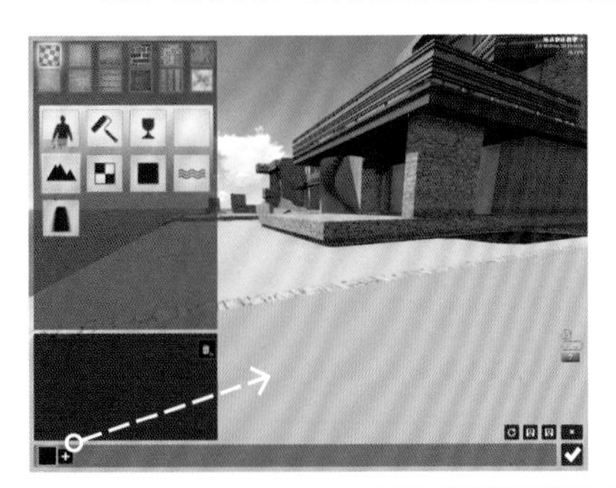

图 8–8~ 图 8–11　激活草地

（2）水材质

本案例的水材质分为清澈的泳池水（【水】材质）与莲花池的池塘的水（【瀑布】材质），设置方式如下。

a. 通过【+】拾取泳池面，选择【水】材质（图 8–12）。b. 按此方式拾取莲花池面，选择【瀑布】材质，并调整颜色（图 8–13、图 8 –14）。

图 8–12　设置【水】材质

图 8–13、图 8–14　设置【瀑布】材质

水材质是 Lumion 的一大特色，Lumion 与水有关的材质分类如下（四类）。

a.【编辑模式】，【景观】下的【（创建）水】。

b.【开 / 关海洋（模式）】。

c.【编辑模式】，【导入】，【编辑材质】的【水】。

d.【编辑模式】，【导入】，【编辑材质】的【瀑布】。

几种水的区别在于：【编辑模式】，【景观】下的水材质拥有水底效果，而自定义材质中的水则无此效果。【景观】下的【（创建）水】通过矩形框拖拽生成，范围较小，而【开 / 关海洋（模式）】的水为无边界效果。自定义材质中的【水】与【瀑布】应用于材质贴图（图 8-15~ 图 8-17）。

图 8-15~ 图 8-17　Lumion 不同类型的水

（3）带有凹凸感的材质

Lumion 的内建材质效果出色，读者可直接调用，本案例运用了卵石、马赛克、木饰面等材质替换了导入的 SketchUp 材质（图 8-18~ 图 8-21）。

图 8-18~ 图 8-21　本案例应用的主要材料

Lumion 的内建材质只适用于正坐标的模型，呈一定角度的模型将会发生坐标错误。若希望导入的 SketchUp 材质产生凹凸起伏，通过 Photoshop 的【Nvidia Normal Map Filter（法线贴图滤镜）】插件（插件电子文件：Chapter08/8.1.3/ 法线贴图插件）创建凹凸贴图通道文件。

凹凸贴图制作及应用方式如下（以地面毛石为例）。

a. 进入 Photoshop 界面，打开素材（电子文件：Chapter08/8.1.3/ 石材法线贴图）。b. 激活【滤镜】，【Nvidia Normal Map Filter（法线贴图滤镜）】编辑器，如图 8-22 所示设置参数（凹凸值的正负需根据效果灵活自定义），将文件另存为待用（非中文路径及名称）。c.【材质编辑器】,【标准】,【纹理】,【更改法线贴图】，加载文件。调整【属性】，【凹凸度】的起伏值及其他参数（图 8-23~ 图 8-25）。d. 按此方式创建并应用建筑露台地板的凹凸材质（素材电子文件：Chapter08/8.1.3/ 木纹法线贴图）（图 8-26、图 8-27）。

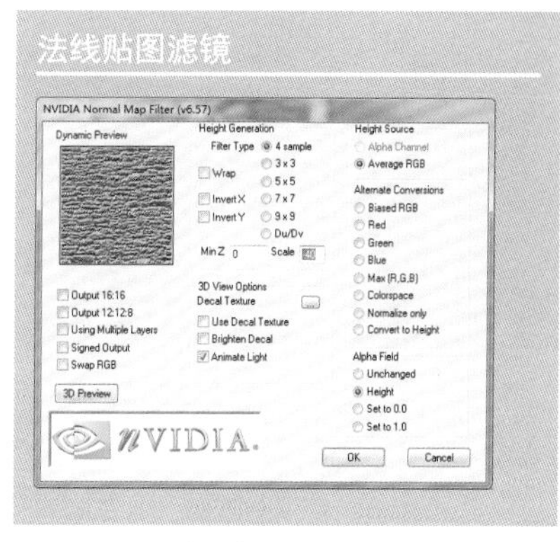

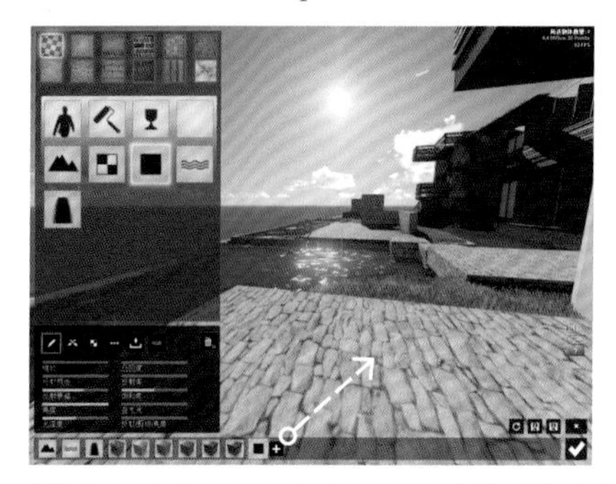

图 8-22　法线贴图滤镜
图 8-23~ 图 8-25　为自定义材质应用凹凸贴图
图 8-26、图 8-27　露台凹凸材质

（4）折射及反射材质

应用玻璃及金属两类折射及反射材质（图 8-28~ 图 8-32）。

图 8-28~ 图 8-32 折射及反射材质

8.1.4 完善场景

（1）编辑地形（图 8-33~ 图 8-39）

案例预想的场景是俯瞰的河谷，这部分未创建的地形通过 Lumion 完成，这是软件间的一种配合。进入【编辑模式】，【景观】，编辑方式如下。

a.【地形】，激活【创建群山】，为场景添加背景的山。b.【高度】，【降低高度】，通过笔刷大小及强度的调节为平地创建河谷。c.通过【水】配合【放置物体】按钮创建水面，并通过【类型】选择水的效果。d.通过【平滑】、【起伏】、【平缓】等工具优化水域造型。

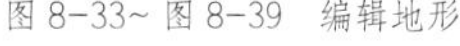

图 8-33~ 图 8-39 编辑地形

注：地面高度修改中，需通过【导入】，【关联菜单】，【变换】，【锁定位置】，否则模型有可能会因地形变化而“浮动”。

（2）添加配景

Lumion 内建的配景丰富，通过它们的组合能形成生动的场景效果，放置这些物体是设计师们乐此不疲的工作，也是 Lumion 独特的魅力。有时会发现一个普通的场景，通过几颗植物的点缀会即刻妙趣横生。

通过【编辑模式】，【物体】来完成添加配景的工作。案例中的搭配只作为一种参考，读者可自由发挥构想，尽情体验 Lumion 的设计乐趣。

添加背景植物及建筑周围植物后的效果如图 8-40~ 图 8-47 所示。

添加水边石块后的效果如图 8-48、图 8-49 所示。

图 8-40~ 图 8-47　添加植物
图 8-48、图 8-49　添加石块

场景添加灌木、小花草以及添加家具后的效果如图 8-50~ 图 8-64 所示。

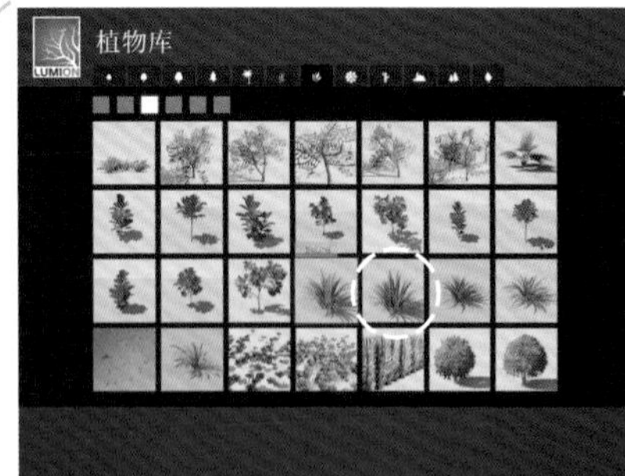

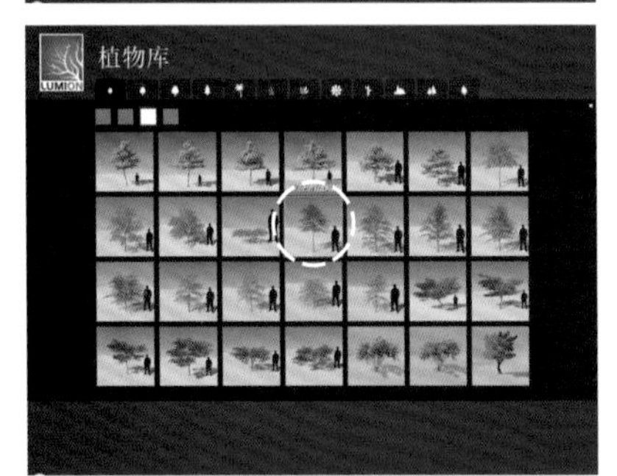

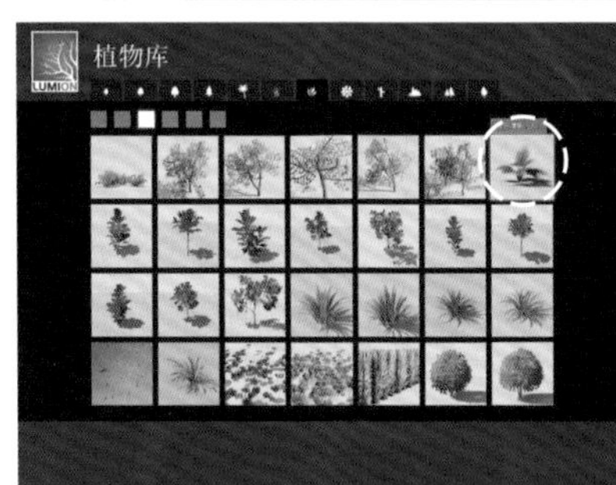

图 8-50~ 图 8-60 添加灌木、小花草、家具(一)

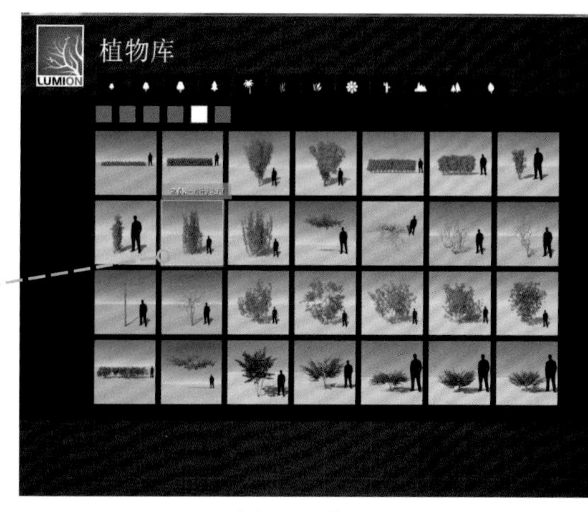

图 8-61、图 8-62　添加灌木、小花草、家具（二）

图 8-63、图 8-64　添加灌木、小花草、家具（三）

添加配置要点如下。

① 切换【图层】，以便于模型管理，本案例将植物应用于【图层 2】，家配等内容应用于【图层 3】。

② 灌木、草本植物建议片植，以体现色块及画面整体感。

③ 植物的种类、色调从整体出发，局部点缀色彩，并尽可能在同一个气候类型中选择素材。

④ 不同界面间的重叠出，如建筑勒脚、乔木与草坪处，可通过小配置过渡，弱化材质边缘。

⑤ 丰富的、搭配合理的素材可体现出生活感，有利于表现出真实的环境。

8.1.5 相机、特效与输出

（1）记录镜头

为突出空间的层次，本案例在镜头处理上注重前景的营造。通过前景的细节、明暗、虚实来加强前景式构图效果，这种构图方式在西方的概念设计中十分流行。常见的构图要点已在 2.2.3 中有过介绍，供读者在设置相机时参考。添加相机方式如下。

a. 进入【拍照模式】，通过镜头窗口确定视角，并【保存摄像机视口】。b. 按此方式继续添加相机，本案例的部分构图如 8-65 所示。

图 8-65 记录镜头

注：添加相机后可根据构图需要继续完善场景配置，当然，添加相机工作也完全可在添加环境配置前进行，使得环境配置与构图的关系更紧密。【拍照模式】只能记录九个镜头，超出部分通过【动画模式】记录，方式见 8.3.5。

（2）添加特效

由于 Lumion 默认为三点透视，为避免透视变形，可根据需要进行视角修正，通过【两点透视】特效解决，设置方式如下。

a. 激活【新增特效】按钮，选择【摄像机】，【两点透视】。b. 通过滑竿开启或关闭两点透视。

本案例设置的其他特效如下。【世界】，【太阳】；【天气】，【雾气】。较丰富的特效组合将在 8.2.3 中介绍。

（3）位图输出

工作完成后，将场景通过【Print】输出成位图（图 8-66、图 8-67），按需选择输出像素大小。Lumion 动画输出将在 8.3 中讲解。

案例输出电子文件：Chapter08/8.1.6/ 阳光下的微型小庭院输出。

8.1.6 案例小结

Lumion 的场景构想深化需要一定的艺术功底支持，这也是本书第 2 章内容的又一个立足点，通过设计构想与艺术的配合运用 Lumion。

图8-66、图8-67 位图输出

8.2 黄昏下的小码头

图 8-68 案例完成图

8.2.1 画面效果构想

Lumion 可以表达十分迷离的光效以及十分逼真的雾化（在概念设计中，即使是一个人物的表达，也会将光与雾化效果处理得十分到位，可见这两项的重要性），若忽视了这两项内容，画面的层次会显得单薄，空间也会显得干涩。因此，本案例将通过这两个特效搭配其他特效表现空间的氛围，充分展现 Lumion 特有的“魅力”，同时也希望通过 Lumion 巩固第 2 章的美学知识。

本部分的侧重点内容为硬质景观、用光以及大气效果（图 8-68）。

8.2.2 完善场景

案例 SketchUp 电子文件：Chapter08/8.2.2/ 黄昏下的小码头模型。

（1）模型导出与导入（图 8-69、图 8-70）

a. 按 8.1.2 中的方法，检查 SketchUp 模型的坐标，隐藏海平面，并将模型的地形及建筑部分分层导入 Lumion 的【Sunset】场景中（【Sunset】默认比较暗，通过【编辑模式】，【天气】，【太阳高度】调整）。b. 对齐两个模型（由于本案例将激活 Lumion 的海洋，为表现海洋的深度，在模型导入后需在【编辑属性】时，将 Y 轴的值设置为 5，以拉开地面的距离，X、Z 轴值任设为 0）。通过【导入】，【关联菜单】，【变换】，【锁定位置】。

图 8-69、图 8-70 模型导入

（2）创建地形（图 8-71、图 8-72）

a. 按 8.1.4 中的方法，通过【景观】，【地形】，为本场景【创建群山】。b. 激活【海洋】的开关按钮，海洋高度值 9（双击数值可手工输入参数）。

图 8-71、图 8-72 创建地形

（3）编辑材质（图 8-73~ 图 8-86）

材质构成如下：草、木纹、素水泥、两种不同颜色的玻璃、两种金属、自发光材质（SketchUp 中，这部分材质只需应用一个颜色即可）、毛石（毛石为自定义凹凸材质，制作方式同 8.1.3）。

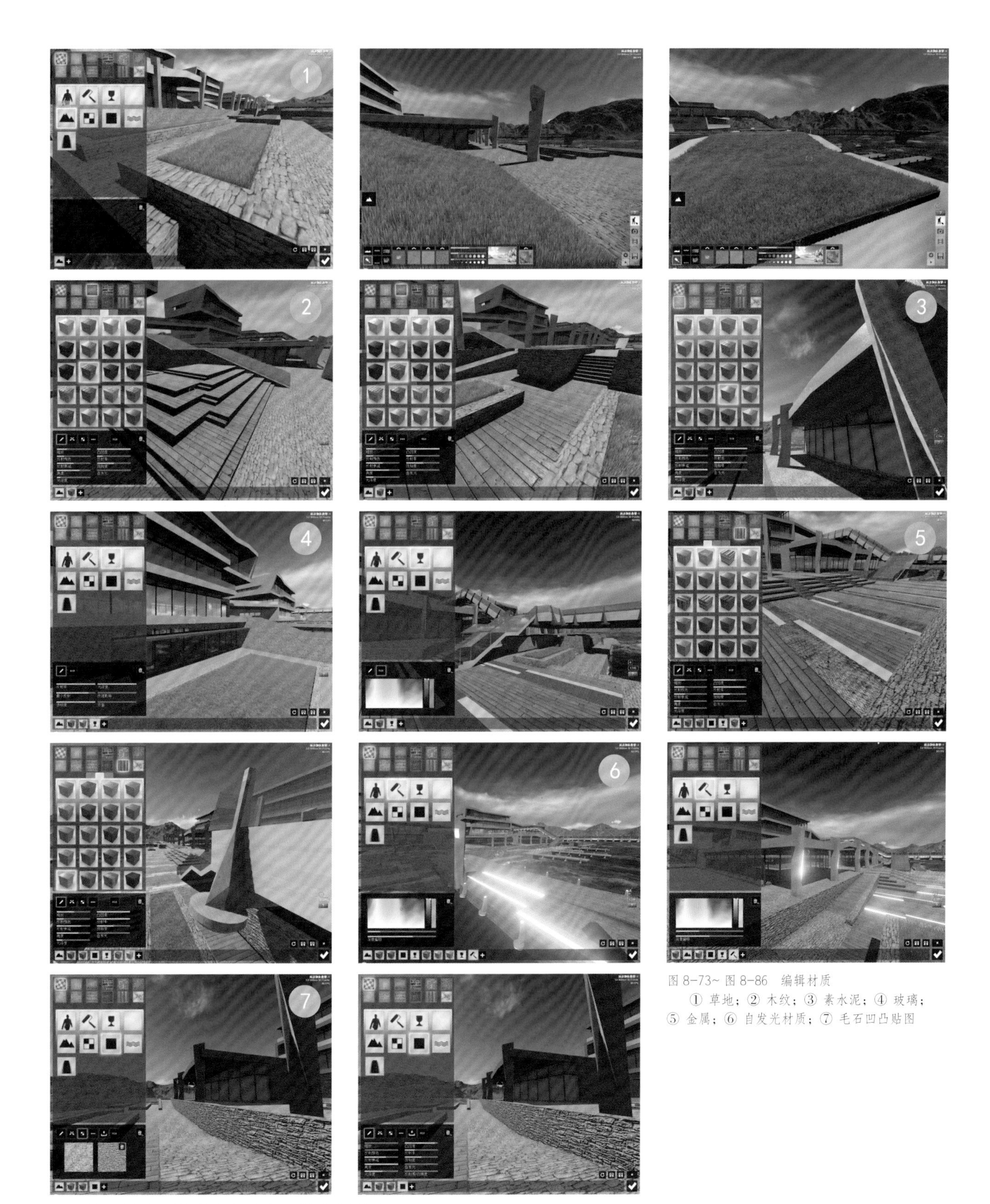

图 8-73~ 图 8-86　编辑材质
①草地；②木纹；③素水泥；④玻璃；⑤金属；⑥自发光材质；⑦毛石凹凸贴图

注：读者可根据喜好自定义该案例材质。

（4）添加配景

由于是海景，植物主要以热带植物及椰子树为主，并配以行人及一些装饰，如图 8-87~ 图 8-92 所示，将配景应用于【图层 2】中。

图 8-87~ 图 8-92 添加配景

8.2.3 相机与特效

（1）相机设置

按 8.1.5 中的方式，进入【拍照模式】为场景添加相机（图 8-93）。

图 8-93 添加相机

（2）特效设置

本案例通过丰富的特效表现了空气流动、光影迷离的效果，而每个特效件的参数又设置的恰到好处、关系协调，案例设置的特效如下（图 8-94）。

①【世界】类的特效的【太阳】，【飞机尾迹云】。本案例选用了黄昏的效果，通过天光的暖色来统一整个画面的色调。飞机尾迹云点缀了天空，也与场景中放置的飞机产生了呼应。

②【天气】类的特效的【云】，【雾气】，【天际云】。激活雾化特效能减弱背景物体的对比度，加强整个画面的空间感。黄昏的光线配合云的特效产生了火烧云的效果，进一步加强了黄昏的基调。

③【摄像机】类的特效的【景深】，【两点透视】。为表达空间，景深的特效使得画面产生了摄影搬的真实性，再一次加强了画面的层次。

④【风格样式】类的特效的【泛光】。泛光特效使得高光及镜头产生了光晕，犹如增加了星光滤镜。

⑤【艺术】类的特效的【天光】。天光使得阳光产生了容积光效果（丁达尔效应）。

读者可能会产生疑问，是否要添加如此之多的特效？其实答案是需要的，因为仔细分析后就会发现，所设置的这些特效其实都是生活中所能看到的现象，而不是人为的夸张。得益于这些特效，Lumion 才能制作出符合人们视觉习惯的优质画面。

图 8-94　添加特效

8.2.4　文件输出

按 8.1.5 中的方法将完成后的场景输出成位图（图 8-95、图 8-96）。

8.2.5　案例小结

许多 Photoshop 合成的构想图感觉很假，原因之一便是场景没有雾化，而 Lumion 的雾化特效轻松地解决了这一问题。通过 Lumion 逼真的光效与雾化配合，画面充满了空气流动感。

本案例输出电子文件：Chapter08/8.2.5/ 黄昏下的小码头输出。

图 8-95、图 8-96　位图输出

本案例在最终输出时还尝试了【素描】特效，以体现不同的画面效果，设置方式如下。【新增特效】，【艺术】，【素描】

8.3 暮色下的叠水小广场

8.3.1 画面效果构想

图 8-97 案例完成图

要衡量一个空间设计的好坏，其实最好的方法是在其中走走。单帧的透视图很难表达构想的全貌，而动画则能解决这个问题。本案例除了制作单帧的画面外，还将通过 Lumion 动画的方式表达设计构想的全貌，同时在其中穿插了 Lumion 人工光的一些运用方式（图 8-97）。

8.3.2 完善场景

案例 SketchUp 电子文件：Chapter08/8.3.1/ 暮色下的叠水小广场模型。

（1）文件输出与输入（图 8-98、图 8-99）

a. 将 SketchUp 模型文件导入 Lumion 中，【新建场景】选择【Night】。b. 为便于观察，调整【编辑模式】，【天气】的【太阳高度】。

图 8-98、图 8-99 文件输入

（2）编辑材质与环境配置

如图 8-100~ 图 8-117 所示编辑模型的材质。

图 8-100~ 图 8-105 编辑材质（一）

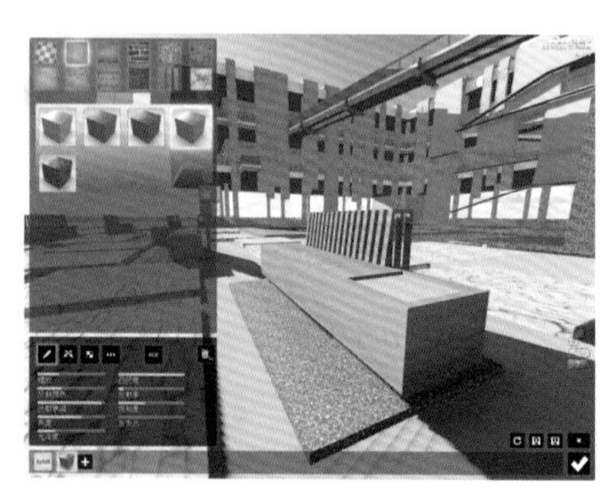

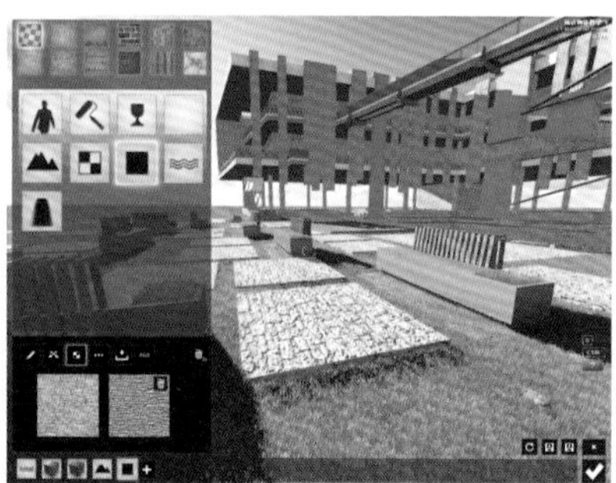

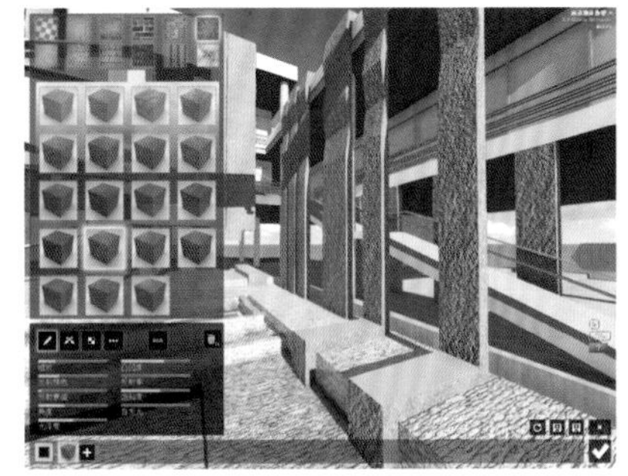

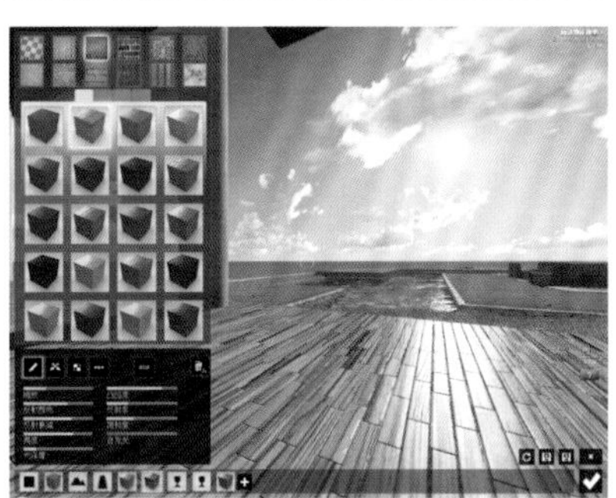
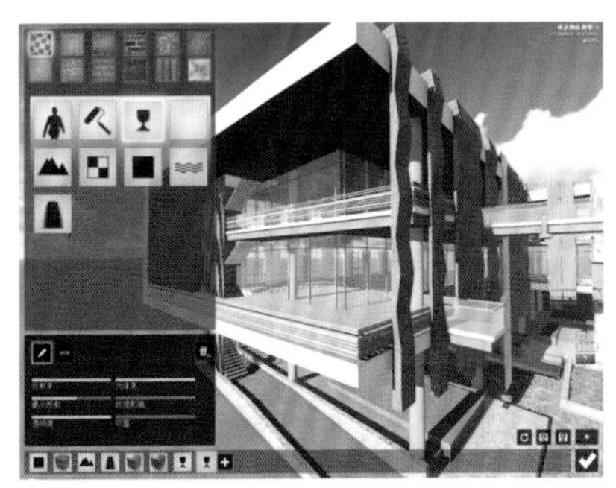

图 8-106~ 图 8-116　编辑材质（二）

如图 8-117~ 图 8-121 所示为场景添加植物、人物、家具等配置。

植物的层次搭配上主要由背景的松树林、侧景建筑边的植物以及景观主体休息座的植物三者构成，并点缀了小红花作为补色。对于本部分场景，读者完全可根据自己的构想进行植物搭配。

图 8-117~ 图 8-121 添加环境配置

（3）添加相机与特效

由于本场景主要用于动画输出，【拍照模式】下的特效可作为画面效果预设，待效果满意后再将这些特效复制至动画模式下（特效复制的方式见 8.3.4）。【拍照模式】的特效设置项如下：【太阳】，【云】，【雾气】，【两点透视】，【镜头光晕】（图 8–122~ 图 8–124）。

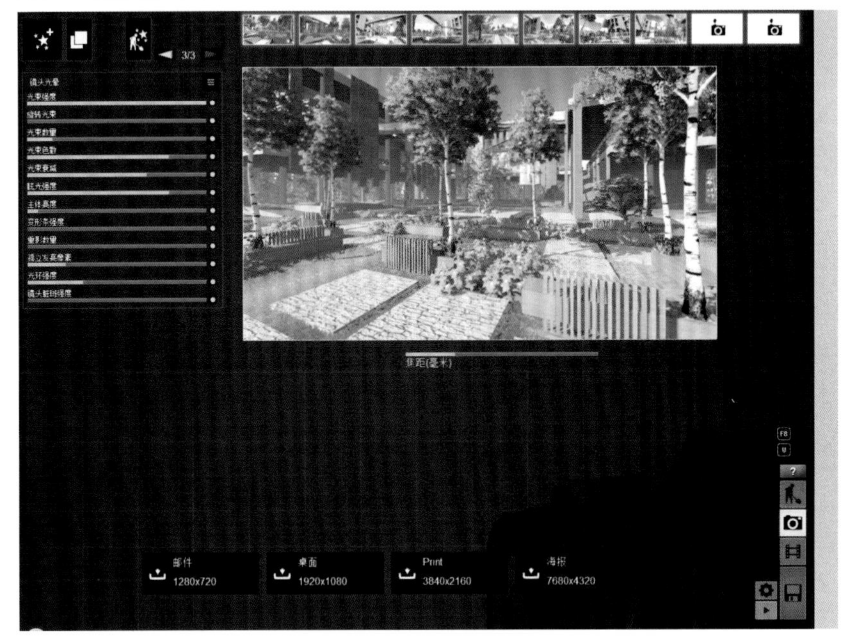

图 8–122~ 图 8–124 添加相机与特效

8.3.3 人工光设置

图 8-125 【编辑模式】,【天气】

本场景表现黄昏微光与人工光搭配效果。4.0 版本后的 Lumion 可产生全局照明效果,这使得人工光表现得更逼真。将人工光应用于【图层 3】,进入【编辑模式】,降低【天气】,【太阳高度】(凸显人工光)(图 8–125)。光源创建方法如下(以休息座的树灯为例)(图 8–126~ 图 8–134)。

a.【编辑模式】,【物体】,【灯具和特殊物体】,通过【更改物体】加载【光源和工具库】,选择【光源】放置于场景中。b.【编辑属性】拾取光源,编辑光色、目标点等项,并复制光源。c.【拍照模式】,【新增特效】,【世界】,【全局照明】,编辑光源的全局照明效果。通过【Select Light】按钮拾取光源(可一次多选),通过【聚光灯全局照明的强度】滑竿,调节光源对周围环境影响的效果。通过【全局照明】面板下的参数调整整体效果。

图 8-126~ 图 8-134 应用人工光

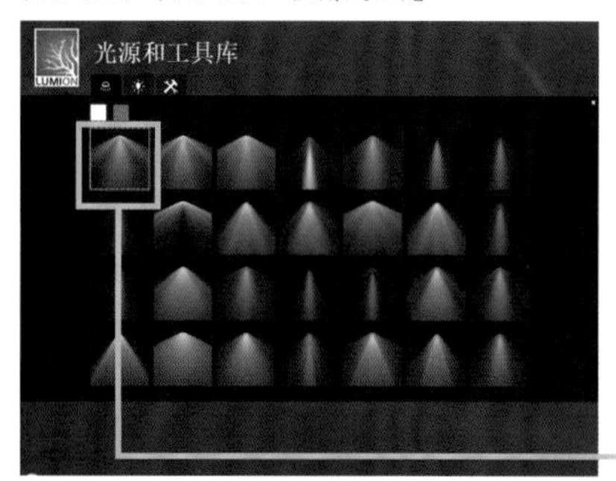

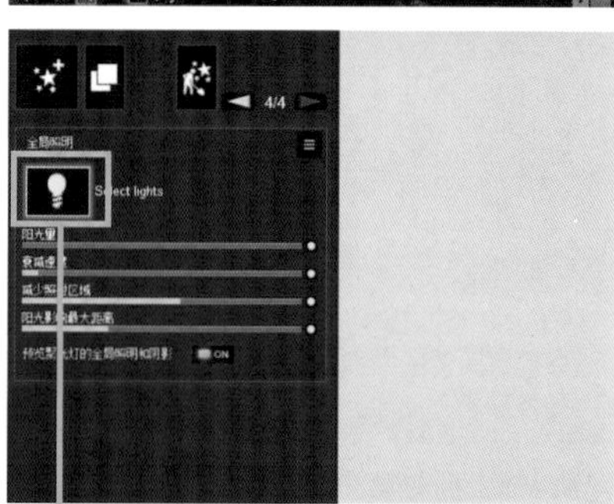

其余人工光如下（读者可尝试自定义光源）（图 8-135~ 图 8-139）。

① 过道上由上往下照射的光源。

② 立体绿化边由下往上照射的光源。

③ 水底横向照射的光源。

为室内添加几组泛光灯作为辅助，最终光效渲染成果如图 8-140 所示。

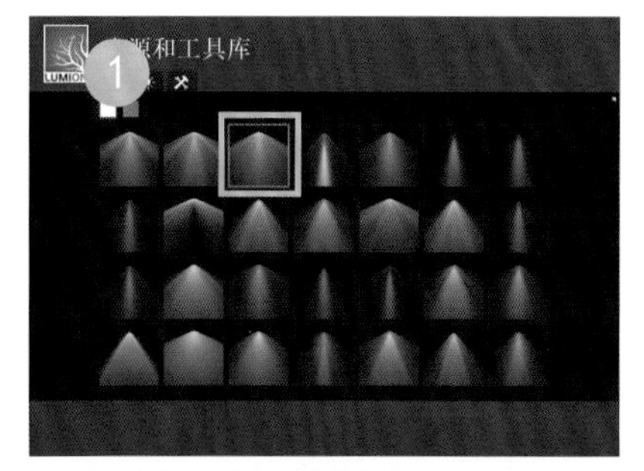

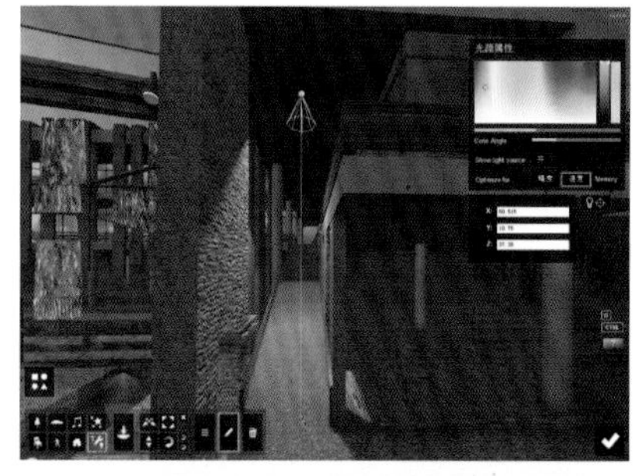

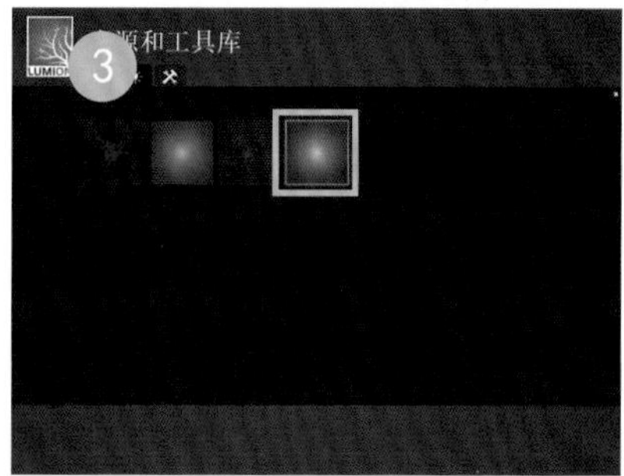

图 8-135~ 图 8-139　其余位置人工光

图 8-140　光效渲染图

图 8-141 关闭人工光的场景

8.3.4 动画与特效

(1)记录动画

案例动画表现日景效果，编辑前需关闭人工光所在层(图 8-141)。

Lumion 的记录动画与编辑方式高效、直观，和传统 3D 设置路径相机的方式有着很大的区别，动画设置方式如下(图 8-142~ 图 8-147)。

a. 进入【动画模式】，选择【1- 漫游动画】，通过【录制】按钮进入关键帧编辑器。b.【拍摄照片】记录不同镜头间的关键帧(如选择一个镜头，点击【拍摄照片】，动镜头，再次点击【拍摄照片】，软件会自动计算镜头间的帧数)。若效果不满意，可再次【拍摄照片】。c. 通过【播放按钮】预览动画，并设置【播放速度】，【返回】按钮退出编辑。d. 按此方式，进入其余的【漫游动画】，设置关键帧。

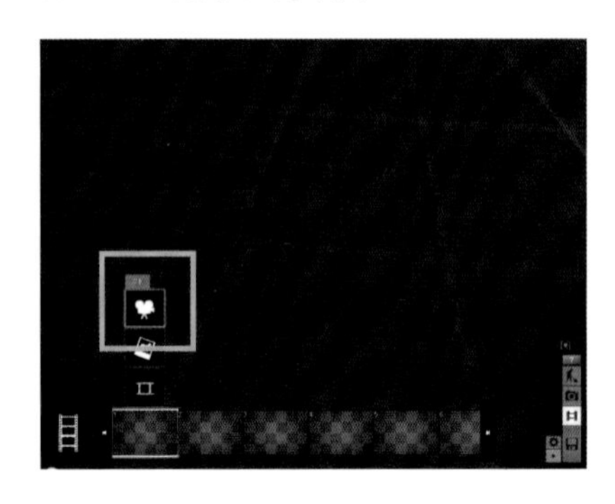

图 8-142~ 图 8-145 记录动画(一)

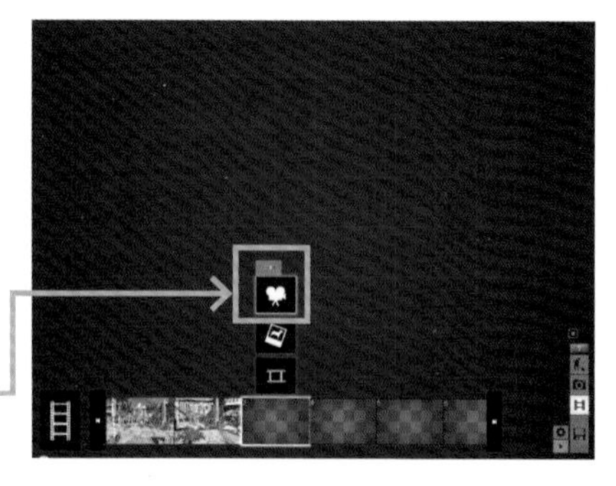

图 8-146、图 8-147　记录动画（二）

动画设置技巧如下。

① 漫游动画的编辑不求在一个镜头中记录所有的内容，过长的镜头难以控制帧与帧间的时间，在观看时也容易使人产生乏味与紧张感。通过【整个动画】按钮可以观察段与段间的时间关系。

② 镜头路径避免直线，带有弧形变化的镜头更有美感（俗称摇镜头）。

③ 远景与近景，整体与局部搭配的镜头容易产生戏剧的效果。

（2）动画特效

【动画模式】的特效有两种形式，即为每个【漫游动画】单独添特效加及添加【整个动画】的特效（图 8-148、图 8-149）。

① 添加【漫游动画】特效方式如下。a. 选取任意【x- 漫游动画】。b. 激活【新增特效】按钮添加特效。

② 添加【整个动画】特效方式如下。a. 激活【整个动画】按钮。b. 通过【新增特效】按钮添加特效。

注：【动画模式】的特效增加了一些场景切换、文字内容及物体移动功能，其余项同【拍照模式】。【拍照模式】中的特效可复制至【动画模式】中；也可将某个【漫游动画】的特效复制至其他【漫游动画】（图 8-150、图 8-151）。读者可根据喜好自行设置该案例的特效。

（3）动画预览（图 8-152）

激活【整个动画】，通过【播放】预览动画，并按需做出调整。

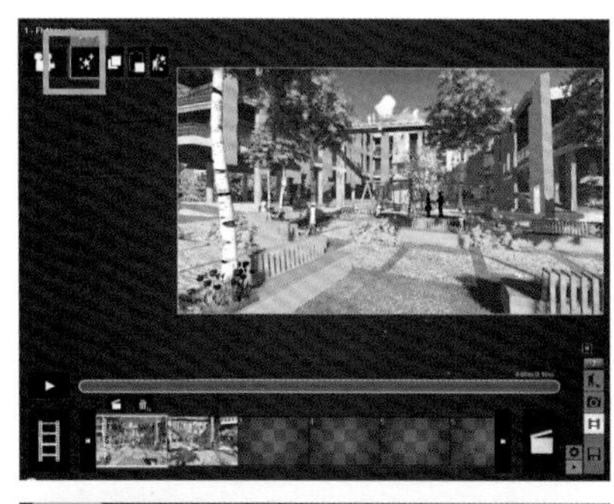

图 8-148、图 8-149　添加【漫游动画】特效、添加【整个动画】特效
图 8-150、图 8-151　复制粘贴特效
图 8-152　动画预览

8.3.5 动画输出

Lumion 提供了三种视频输出格式，读者可根据实际情况选择输出方式与画面质量，格式分类如下（图 8-153~ 图 8-155）。

① MP4。完整的视频文件，输出后可通过视频播放软件直接预览。

② 图像序列。输出每一帧图像，输出成后需通过视频编辑软件合成动画。

③ 单张。仅输出一帧的图像，可用于补充【拍照模式】镜头不足的问题。

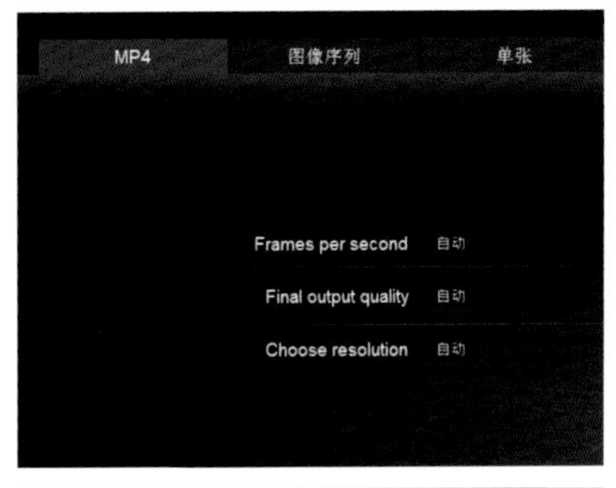

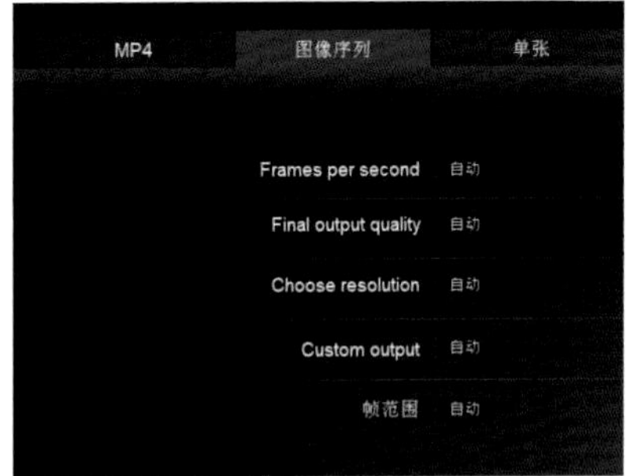

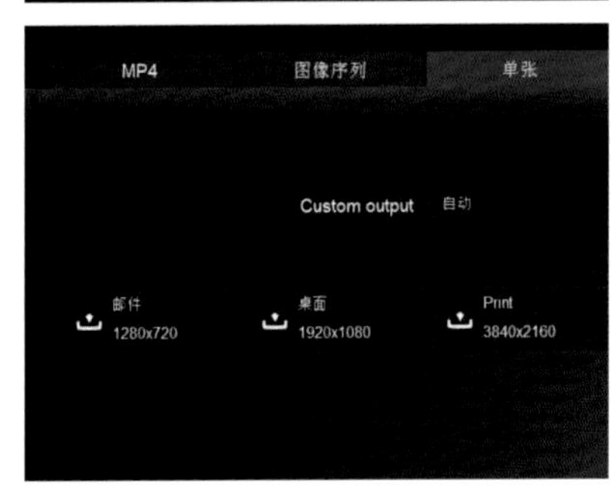

8.3.6 案例小结

Lumion 4.0 后的版本已经添加了全局照明特效，弥补了夜间人工光效果不足的遗憾。大量的人工光对电脑的硬件要求很高，读者可根据电脑配置巧妙的设置光源，如配合黄昏的人工光设置可减少灯光数量。本案例夜景位图输出成果如图 8-156、图 8-157 所示。

本案例位图输出电子文件：Chapter08/8.3.6/ 暮色下的叠水小广场输出。

图 8-153~ 图 8-155　动画输出
图 8-156、图 8-157　案例夜景效果

操作提示：

1.Lumion 深化过程不是构想的终结，需配合 SketchUp 模型的导出与导入深化不断修改。

2. 美学知识是 Lumion 构想表达时的重要支撑，不可忽视这一要素。

3. 运用环境符号（如植物）需目标明确并统一，不要因过多的素材挑花眼。

第 9 章　实践四：景观设计综合表达

服务于设计构想表达的手绘与电脑设计，它们不是两个独立的系统，而是一个有机的整体。本章将通过案例将书中手绘与电脑设计的知识进行串联，案例的效果虽然不及 3D 渲染图般的“真”与“细致”，但足以将原始的设计构想简洁明了地呈现于观者。而且，本部分表达方式的又一特点是“快”与“概括”，这对于构想前期，特别是设计师间的交流十分便利。

由于篇幅的限制，本章不能将所有的步骤展现给读者，但是本部分的内容可作为一种方法，供读者在设计构想阶段使用。笔者更希望读者运用自己的设计构想来实践与拓展这些方法。若想进一步了解这些表达方式，可阅读有关的书籍。

9.1　SketchUp 模型 + 手绘表达设计构想

9.1.1　表达特点与优势

将电脑中创建的模型打印输出，再用手绘的方式进行修改与深化是设计师常用的工作方法。在电脑中创建模型可省去透视的计算工作，而手绘修改的效率不言而喻。实际工作中，设计师往往会先制作一个空间，如创建一个 SketchUp 空间模型，可以是单纯的空间结构，也可以是一定深度的模型，然后将文件打印，在打印稿基础上手绘修改，或通过透明纸修改构想，并回到电脑中继续深化。

注：在设计工作中还有一种方式，将现场照片进行打印，在图片基础上进行手绘构想表达，也是一种直观的构想与环境结合的设计方式。

9.1.2　素材准备

本案例将 6.2 的微型小庭院为例。电子文件：Chapter09/9.1.2/ 小庭院模型。

（1）SketchUp 位图输出

未避免颜色干扰，可将画面风格设置成素模效果，设置方式如下。

a.【窗口】菜单，【样式】，【编辑】。b. 将【背景】设置为白色，并取消【地面】与【天空】的勾选。c. 工具栏【样式】，【消隐】，将画面切换为纯白色。d. 开启【阴影】。e. 将【场景】【导出】成【二维图形】。

（2）Photoshop 添加图片肌理特效（图 9-1、图 9-2）

通过 Photoshop 为底图添加特效，以增强画面肌理感，制作方式如下。

a. 打开 SketchUp 输出的图片，将背景层复制 1 次，并执行【滤镜】，【彩色半调】，图层混合模式【颜色加深】。b. 将该图层的【不透明度】设置为 70%。c. 输出纸质图片待用。

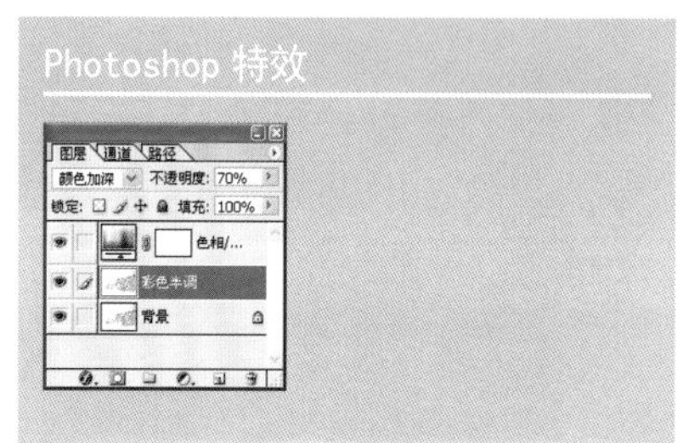

图 9-1、图 9-2　添加底图肌理特效

9.1.3 手绘构想

（1）线稿深化

a. 绘制一根地平线作为辅助线， 由远及近为画面添加地形及植物。b. 添加中景及近景的植物，绘画的时候注意用笔的轻松感、线条的疏密以及线条粗细的变化（图 9–3、图 9–4）。

（2）应用调子及色彩

a. 为画面添加灰调子。b. 彩铅为画面点缀色彩（图 9–5、图 9–6）。

（3）画面色调处理

扫描入电脑，通过 Photoshop 为画面处理色调（图 9–7）。

图 9–3、图 9–4　线稿深化
图 9–5、图 9–6　应用色彩
图 9–7　Photoshop 处理画面色调效果，完成文件 Chapter09/9.1.3/ 小庭院手绘

9.2 草图 +Photoshop 表达设计构想

9.2.1 表达特点与优势

运用数码板配进行构想表达，是当下设计界十分流行的一种构想表达方式。该方式的一大优势就是自由度高，不受键盘输入的限制，可将手绘的高效与电脑修改的便利完美结合。将手绘的草图扫描入电脑，或直接由数码板通过 Photoshop 或 Painter 绘制草图，再渲染调子是它的常见工作方式。许多科幻电影，如我们熟知的《星球大战前传》、《变形金刚》以及《驯龙高手 2》的概念设计（图 9-8），都是基于这样的设计方法。

图 9-8 《驯龙高手 2》概念场景设计

前景式构图的《驯龙高手 2》概念场景，点缀的主角很好地凸显了空间的尺度

9.2.2 素材准备

本案例使用本书 3.3 部分中的小码头草图作为素材（电子文件：Chapter09/9.2.2/ 小码头草图）。将文件扫描入电脑，扫描分辨率为 300dpi。

9.2.3 Photoshop 深化构想

（1）底色与固有色处理（图 9-9~ 图 9-11）

a. 新建一个图层，应用深紫灰色，将混合模式调整为【正片叠底】。b. 新建一个图层，混合模式【变暗】，选取一个深灰色，【画笔工具】完善不足的灰色调子。c. 新建一个图层，混合模式【色相】，【画笔工具】为主要的单位应用固有色，【橡皮擦工具】去除溢出的部分。

图 9-9~ 图 9-11 底色与固有色处理

（2）光效与阴影（图 9-12~ 图 9-14）

a. 新建三个图层，混合模式【线型减淡】，选取一个深蓝色与深橙色为画面背景及光源应用色彩，选取两个蓝色为灯具应用冷色。b.【橡皮擦工具】擦除阴影部分。光源色的明度不用一步到位，因为画面还将深化。

图 9-12~ 图 9-14 光效与阴影

（3）深化细节（图 9–15、图 9–16）

新建一个图层，【画笔工具】为画面添加细节。

注：添加细节的图层可不用很多，画面深化时可不时的新建图层，利用混合模式生成合适的颜色，再合并图层继续添加细节。

（4）画面调整（图 9–17）

a. 新建一个图层，选取一个深蓝色为画面四周添加深色光晕。b. 通过【色阶】调整最后的画面对比度。c. 将完成的文件复制一层，执行【滤镜】，【添加杂色】以及【高斯模糊】，混合模式改为【柔光】，使画面具有肌理感。

本案例完成电子文件：Chapter09/9.2.2/ 小码头 Photoshop 着色。

图 9–15、图 9–16　深化细节
图 9–17　画面调整

9.3　SketchUp+Photoshop 表达设计构想

9.3.1　表达特点与优势

本部分内容的工作方式为 SketchUp 简模配合实景素材的合成。由于着眼于画面氛围而不是极致的细节，因此表达的效果十分概念。这种构想合成方式的一大特点是高效，画面效果概念可省去大量的 3D 模型制作时间，但对于美术基础的要求也随之增加了。画面的构图、色调、疏密、透视等关系都需要人为地进行控制，这又是设计师综合素养的体现。不过，阅读完本书的读者想必对这些美术知识已不陌生，可以尝试这种概念的表达方式。

9.3.2　素材准备

本案例将使用 6.2 叠水广场的 SketchUp 文件作为素材（电子文件：Chapter09/9.3.2/ 叠水广场模型）。素材准备操作如下。将场景【文件】菜单，【导出】【二维图形】，输出【JPEG 图像（*.jpg）】。

本案例贴图素材电子文件：Chapter09/9.3.2/ 贴图素材。

9.3.3　Photoshop 素材合成处理

（1）画面色调处理（图 9–18~ 图 9–20）

a.【色阶】、【色相 / 饱和度】处理画面色调。b. 新建两个图层，选取一冷一暖色执行【对称渐变】生成雾化效果。

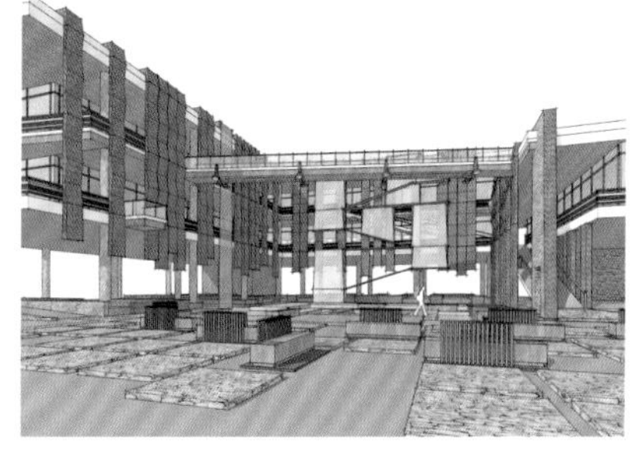

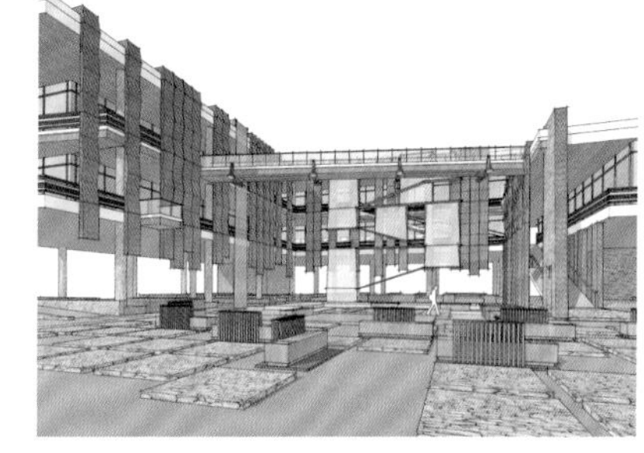

图 9–18~ 图 9–20　画面色调处理

（2）合成天空与背景（图 9–21~ 图 9–23）

a. 创建一根水平辅助线作为视平线用于参考。b. 将两张天空图片通过【滤色】混合模式合成在一起作为背景，调整【色相 / 饱和度】、【亮度 / 对比度】。c. 将背景的植物置于地平线处，并调整【亮度 / 对比度】。

图 9–21~ 图 9–23　合成天空与背景

（3）地面应用贴图（图 9-24、图 9-25）

a. 将草地图片应用于地面。b. 调整图片的【色相 / 饱和度】。

图 9-24、图 9-25 地面应用贴图

（4）添加中景植物（图 9-26）

a. 将中景植物复制到座椅的花坛里，并应用【图层样式】，【颜色叠加】，叠加色为白色。b. 为座椅花坛添加花草以及水景花园的树，并通过【色相 / 饱和度】降低两种植物的纯度。

图 9-26 添加中景植物

（5）添加前景植物（图 9–27）

a. 添加前景植物，通过【橡皮擦工具】擦除构图不理想的树干。b. 继续应用前景的小灌木。

图 9–27　添加前景植物

（6）添加光效（图 9–28~ 图 9–31）

a. 根据 SketchUp 的模型光源方向，【画笔工具】配合【高斯模糊】为画面添加容积光，图层混合模式【柔光】。b.【画笔工具】为画面前景添加受光面的泛光效果，混合模式【滤色】。

图 9–28~ 图 9–31　添加光效

（7）画面调整（图 9-32）

a.【画笔工具】选取暖色和冷色，修饰画面色彩，混合模式【变亮】。b. 为画面进行【色彩平衡】调整，使画面色调偏暖。c. 加入点缀的人，获得尺度感。

注：若画面色调无法预想，可寻找意向图（图 9-33、图 9-34）。

本案例完成电子文件：Chapter09/9.3.3/ 叠水广场 Photoshop 素材合成。

图 9-32 画面调整

图 9-33、图 9-34 案例色调意向图

操作提示：

1.SketchUp 与手绘配合时可尝试有色纸打印。

2. 手绘与 Photoshop 配合表现的场景效果可参考概念场景设计类丛书。

3. Photoshop、SketchUp 配合的前期，可寻找合适的色彩参考图。

第 10 章　景观设计构想与技巧

学习手绘（草图）与电脑设计的目的是表达创意与构思，而不是简单地练练手上功夫，读者不要被一些看似技巧“娴熟”、线条“老练”的手稿吓倒，也许它只是一副写生；更不要被那些渲染“逼真”，光影“迷离”的效果图所蒙蔽，也许它没有包含任何设计构思。衡量一件设计作品的主要标准还是创意，但创意不是简单的灵光一现，而是有着构思方法作为工作依据的。

本章为读者搜集了一部分实用的手绘与电脑设计作品，包括大师草图与设计分析图（电子文件：Chapter10/ 景观设计案例欣赏）。

10.1　构想方式

10.1.1　构想与思维

（1）认识设计构想

建筑从设计到图纸，乃至施工完都有一个过程。同样的，设计构想的形成与发展也有一个过程，也有一定的方法可循（图 10–1）。

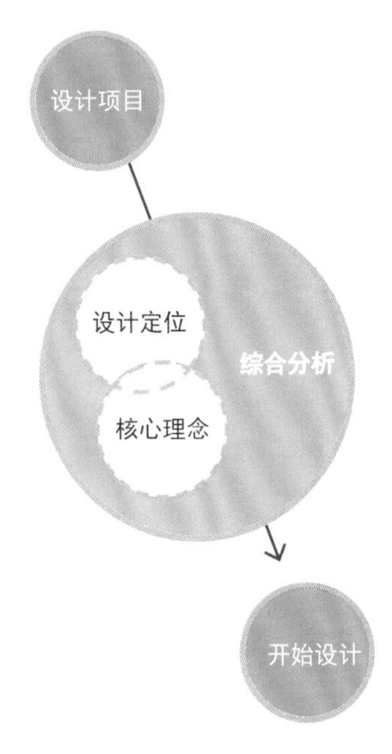

图 10-1　认识设计构想
设计不是凭空的捏造，在真正的设计之前，是设计项目的综合分析阶段

景观设计是三维设计，也是空间设计，它包含复杂的综合因素。虽然本书的主要内容是手绘（草图）以及电脑设计，但是每一步都有着设计构想的支持。无论用什么手法，设计构想的产生方式其实质还是一样的。

环境设计的构思是在各种信息的基础上周密比较、分析，并与他人讨论，以寻求解决问题的过程中产生的。虽然人的思维是感性的，但景观设计因其专业具有工程性与专业性，更多是理性思考与分析所产生的结果。它不可能完全依靠毫无基础可言的、虚幻的、神秘的“灵光一现”而产生。

（2）构想过程

设计构想的产生过程，可以是周密的、层层递进的过程；也可以是感性与理性相互作用的渐进过程。通过这样的过程，构想在不断得到升华，不断得到检验，结果也不断得到明朗（图 10–2）。但是，设计构想的每一个阶段也都具有不确定性，在结论未产生之前，任何过程都是可以变化的。因为每一个信息都有可能改变构想，每一个启迪都有可能派生新的创意。

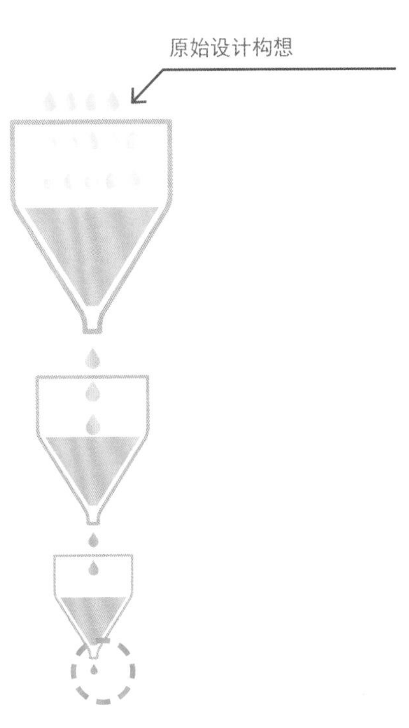

图 10-2　构想过程

不可否认，思维的火花的确存在，并可催生构想，但它的存在不无依据，它是设计师平日生活体会与感悟的反映。要将所谓的“灵感”转变为能供人所使用的、具有空间与功能的建筑或景观，将精神转化为物质，仅仅凭借空泛的灵感是不够的，还得需要一个周密的过程将其合理化与可行化。

因此说，设计构想的产生是一个综合的、复杂的过程。它是一种理性的、逻辑的分析与排查过程，这个过程就好比一个层叠式的过滤器，它将分散的构想层层过滤，层层提炼，最终得到更合理的答案。

每个设计师都拥有属于自己产生设计构想的思维方式，同时，理性的、清晰的思维与工作方式也会使人心情愉悦、效率事半功倍。当设计构想确定后，具体的设计才有了依据，工作得以安排，设计过程的乐趣才真正开始。

10.1.2 观察与定位方法

（1）观察与思考方法

观察方法既是看待问题与对象的方式，又是分析问题与思考问题的方式。

① 全局观察（图 10-3、图 10-4）。当观察和思考问题时，应从全局的角度入手。因为从全局角度才能看到系统的结构与趋势，许多局部无法处理的问题，当放在整体中考虑时，才能找到与外界的相互指涉关系，并从外界获取解决的线索，这时，问题也许就迎刃而解了。尝试多运用这样的方法，它能让你对问题有宏观和微观的认识。

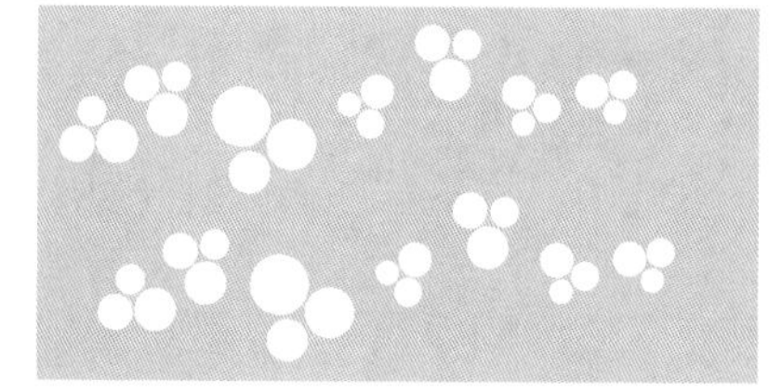

图 10-3、图 10-4　全局观察

② 关注场地关系（图 10-5）。景观设计离不开具体的空间载体，如基地、周边建筑物等。场地为景观设计提供了一个立体的空间以及物质资源的平台，相当多的设计都是以这些资源的合理配置与利用为起点的。因此，设计要从根本上理解这些内容的特性，并充分合理地疏离它们间的关系，没有完全脱离环境的景观设计。

场地概念有大有小，如对于一栋别墅，院子是设计场地；对于规划，城市或社区是设计的场地。但是，无论场地大小，它们都是重要的考虑因素。

图 10-5　场地关系

将景观引入建筑，或景观与建筑共同设计是一种环境整体的设计方法

③ 成果预想（图 10-6、图 10-7）。不要只看当前的现状，要预想能有什么样的发展效果。设计中的每一个造型、每一个元素都对设计的结果产生影响。有时，局部优美的造型却与整体格格不入；有时不起眼的材料经序列后却会产生意想不到的效果；制约因素也许不全是坏事，反而可以摇身一变成为空间亮点。设计过程中运用预想的方式，着眼于未来，尝试考虑各个元素间的搭配组合效果。它可能是美学上的，也可能是心理上的，更可能是人文上的。通过不断的实践与经验的积累，对成果的预想能力也会随之加强。

图 10-6、图 10-7　成果预想

小庭院与叠水广场的 SketchUp 输出文件最终进行了 Photoshop 色调处理，其实画面处理方式是在建模之初就预想好的。色调的处理方式见本书电子文件 Chapter10/10.1.2/Photoshop 画面色调处理

（2）定位方法（图 10–8）

① 什么是定位。定位过程是对于“做什么（要什么）”的正确理解与认识过程。

② 如何定位。设计是服务性行业，在设计之初通常会受到委托方的设计任务书。景观设计的第一步工作是研究任务书，理解设计的内容、要求、条件等问题。

这个过程可以是简单的过程，如委托方直接告知设计意图，或委托方已经找到解决问题的方式，只是需要参考设计师的专业建议；也可以是复杂的过程，通常委托方的要求比较模糊与宽泛，需要设计师从专业角度给出最佳设计方案，这时就要进行综合全面的分析与定位。其过程如下，但也不限于下。

a. 搜集信息。对所需信息进行分类梳理，对资料进行有目的，有针对性的搜集。搜集的信息可包括如下内容：“内部信息”收集，如任务书、预算、在哪里、场地现状、周围环境；“外部信息”收集，如类似案例资料，其中包括类似案例的优缺点，即设计的合理方面与不足之处，以及建成后使用者的反馈信息等内容。

b. 初步思考，寻找依据 。利用搜集到的信息，进行初步分析，建立设计构想。通过对信息搜集过程的体会，对“要什么”做出初步的思考，这时的构想通常不止一个，有一定的数量为好，以利于优劣的对比分析。

c. 综合分析，得出结论。对初步思考的结论进行讨论与优劣比较，将优点与缺点分别列出，为得出结论做参考依据。

d. 安排方法。以得出的结论作为依据，安排相应的对策与分工。

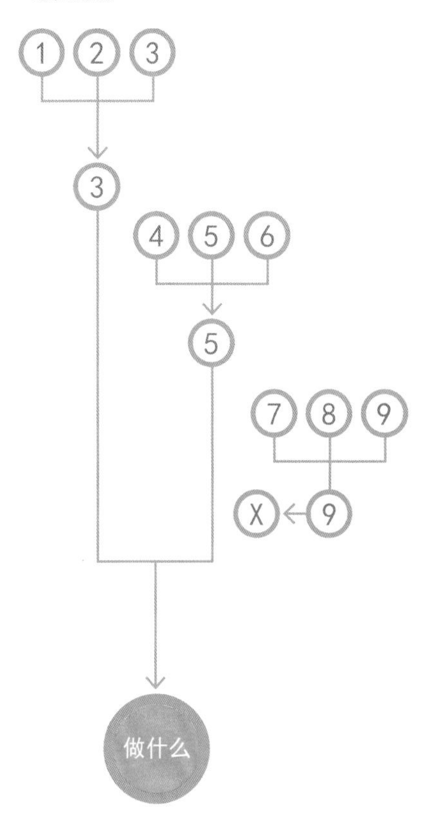

图 10–8 定位过程
定位过程时，依据不同信息做出不同的结论判断，其中的大部分都在分析与比较的过程中舍去，而最后的结论将成为“做什么”的依据

10.2 核心理念

10.2.1 什么是核心理念

在不同的领域，核心理念的构成各不相同。对于绘画，表现主题是它的核心；对于电影，情节与故事是它的核心……

在景观设计领域，它可能是设计的原点，也可能是设计的主要元素、核心语汇或基本造型。它可以来自一句话、一个符号、一个形、一张图片或一件家具……核心理念可能是一种单纯的形式，也可能是几种相互服从的形式。

但是，无论什么类型的设计中，这些语汇、形式、元素都应该是一个基本原点的派生，有着共同的能指与所指，同时，在尺度与特性等方面关系紧密（图 10–9）。

10.2.2 核心理念是单纯的

正如密斯・凡德罗所说，“少就是多”。不要尝试将多个核心理念一次放入一个设计中，这样设计就成了“乱炖”。

核心理念是设计原点，设计从中派生，确定核心理念，然后开始设计。众多领域也同样如此，同一个故事可以有多种不同的插画形式，同一个场景可以画出多种不同的色调，同一个剧本可以由不同的导演拍出不同的版本。但是，请记住，它们都是来自同一个母体（图 10–9）。

所以，在着手开始设计之前，先确定核心理念。

图 10–9 单纯的核心理念
大小不同的立方体构成了叠水广场的核心元素

10.3 分析与改进

10.3.1 用分析完善构想

设计构想的产生是探索与发现的综合过程，期间充满了一个很重要的环节——分析与改进。分析是将研究对象的各个部分、方面、因素和层次，分别地加以考察的认识活动。分析的意义在于细致地寻找能够解决问题的主线，并以此解决问题。我们知道，设计过程并不是直线发展的，任何状况与制约都有可能发生。静心思考与分析可体现出设计师理性的一面。静心思考与分析可使判断、优化与探索问题过程更逻辑。通过分析，设计构想将向更合理的方向发展。

10.3.2 设计修改

设计过程中遇到了问题如何处理，无视还是修改？不断分析与改进的目的是什么？似乎第三个问题更易回答，那就是效果与质量。

施工的好坏看节点，而设计的好坏看效果。古往今来，设计师从未停止对美的追求，而设计的质量则贯穿了工作始终。

质量是事物、产品或工作优劣程度的体现。用户对产品使用要求的满足程度，反映在产品的使用性能、经济特性、服务特性、环境特性和心理特性等方面。景观设计是视觉与功能的综合产物，是一件长期使用的产品。虽然作品完成后，设计师的工作基本完成，但检验产品质量的过程才刚刚开始，设计师可能不会居住在自己设计的建筑或景观中，而委托方可能会使用几十年甚至是上百年，这就意味着设计师需从各个层面把握设计的质量，全心全意地对待自己的作品，以及委托方的“未来”（图 10-10~ 图 10-13）。

为了服务于人，为了长久的使用，设计师将影响效果与质量的因素一一排查、反复推敲、不断优化，以确保产生更合理、更完善的结果。所以，设计过程中如果遇到问题，是无视还是修改，答案不言而喻。

图 10-10 设计的调整与改进

做出是否调整的决策就好比站在十字路口前，正确的选择将引导设计朝更合理的方向发展。虽然调整与改进过程是曲折的，但是结果是美好的

图 10-11~ 图 10-13 设计修改过程

10.4 构想技巧

10.4.1 草图记录法

本书中已充分展现草图的特点与设计方法，任何从脑中闪过的亮点都能通过草图捕捉，它是人思维的表达与反馈，它是过去、现在，也是将来重要的设计方法之一（图 10-14）。

草图的另一个作用是记录构思，记录生活。对于草图，笔者想说，大胆地画，无论想法成熟与否，都将你想到的内容用草图的形式记录下来，当你的思维有了图示的表达，你的视觉才有了回馈与检验。还有一点，用草图记录所见的新奇事物、生活片段，因为创意就在你身边，创意就在你的笔下。

图 10-14 草图记录法

草图能高效地记录生活场景以及设计构想

10.4.2　讨论法（头脑风暴法）

讨论法又称畅谈法或头脑风暴法，是通过集体的智慧对设计理念进行阐述、对设计内容进行分析、对产生的问题进行咨询的方法。参与者往往没有拘束、没有限制地发表自己的观点、意见和建议，而其他人则从中得到启发、产生联想，并提出新的补充内容。通过这样一个讨论过程，新的方案，或优化后的方案即应运而生，水到渠成。

10.4.3　省略过程法

在设计构思过程中，尤其是初学者，常常会遇到几种窘况：因一个问题的困扰而阻碍设计发展；或者，实施方式无法解决，设计结果受到限制。想不通怎么办？解决不了怎么办？先不管吗？是的，先放一放，另辟蹊径或绕道而行，这就是省略过程法（图 10-15）。

这时候的思维方式是：我所想的结果是这样的，希望这样就好了；这个如何做出来？先不去管它、技术的事，以后再说……。通过这种方式，不用将宝贵的精力花费在怎么做上，或不在这个阶段需要解决的问题上，而是将目标着眼在做什么上。如果将做什么比作数字的“1”，怎么做比作“0”，结果很明显，有了“1”后面的“0”才有存在的意义。

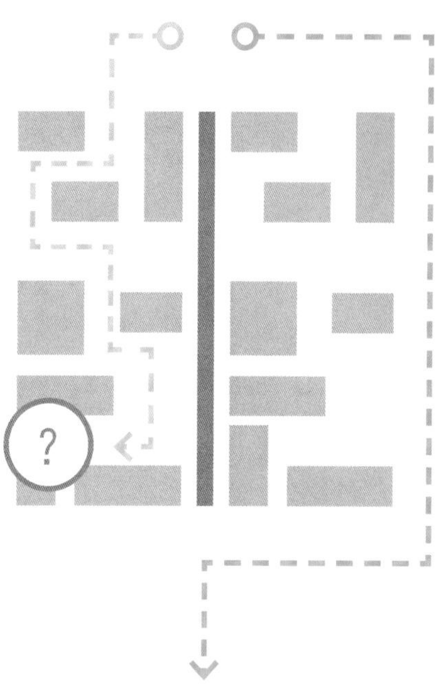

图 10-15　省略过程法
省略过程法不是对问题的妥协，而是一种“直达”目的，寻找目标的策略

10.4.4　缺点分析与改进法

任何事物多少都有缺点，该法是通过对不足之处进行分析并加以改进，使设计更趋于合理与完善的方法。缺点可以是现状的不足，也可以是设计、技术、用户评价、别人与自身的不足。总之，任何的缺点都是信息的来源、设计参考的依据。

在具体运用过程中，缺点分析与改进法的方法可如下：① 找缺点，越多越好，任何对你来说潜在的问题都是缺点；② 将缺点加以分类梳理；③ 分析和研究缺点形成的原因；④ 解决这些缺点。

10.4.5　逆向思维法

逆向思维法也叫求异思维法，它是对司空见惯的、似乎已成定论的事物或观点对立思考的一种思维方式。它从问题的相反面进行探索，建立构想。当多数人都朝着一个方向思考问题，或是方法产生雷同时，就可以尝试逆向思维。逆向思维法可以发现普遍性，拥有批判性，并创造新颖性。

设计的逆向思维法可以是对任何因素的“逆向”：设计理念逆向、设计方法逆向、设计造型逆向、设计表达逆向 ……（图 10-16）。

图 10-16　逆向思维法
尝试避免司空见惯的设计构思以及设计方式，这正所谓冲破那个圈来思考

10.4.6　联想法

运用连带思维进行创造的方法，即为联想法。

生活中充满着联想，并不一定坐在设计桌前才会使用到它，我们在生活中看到的、听到的都是联想的素材来源。造型可以产生联想，方法可以产生联想，语言表达可以产生联想。读者可尝试将每天看到的事物进行“组合”，它可以提升你的逻辑思维与观察能力。

操作提示：

1. 通过本章阅读，对本书中的案例场地进行设计创作。

2. 尝试运用本章的设计构想形成技巧来思考问题，并在设计中不断发掘新的构思方法。

参考文献

[1] 陈新生，陈刚，宋蓓蓓，顾大治 . 建筑景观设计手绘表现 . 北京：机械工业出版社，2010.

[2] 陈新生，陈刚，胡振宇 . 钢笔画表现技法 . 北京：中国建筑工业出版社，2013.

[3] 陈新生 . 设计速写 . 济南：山东画报出版社，2011.

[4] 陈新生，李洋，吴昊 . 设计速写 . 北京：中国轻工业出版社，2012.

[5] 冯信群，刘晓东 . 设计表达：景观绘画徒手表现 . 北京：高等教育出版社，2008.

[6] [西班牙] 阿姐多 · 马哈默 . 世界建筑大师手绘图集方案 · 规划 · 建筑 . 李雯燕译 . 沈阳：辽宁科学技术出版社，2006.

[7] [德] 迪特尔 · 普林茨，[德] 克劳斯 · D · 迈耶保克恩 . 建筑思维的草图表达 . 赵魏岩译 . 上海：上海人民美术出版社，2005.

[8] 刘传凯 . 产品创意设计 . 北京：中国青年出版社，2007.

[9] 马亮，王芬 . SketchUp 建筑设计实例教程 . 北京：人民邮电出版社，2012.

[10 鲁英灿，康玉芬，方旭，刘小波，颜凯 . 设计大师 SketchUp 设计大师提高 . 北京：清华大学出版社，2006.

[11] 杨航，罗礼，李宏利 . LUMION2 建筑 · 规划 · 景观 · 实践项目详解 . 天津：天津大学出版社，2012.

[12] 谭俊鹏，边海 . Lumion/SketchUp 印象三维可视化技术精粹 . 北京：人民邮电出版社，2012.

[13] 陆仰豪 . 绘画透视知识 . 上海：上海人民美术出版社，1999.